Burg Smolenice bei Bratislava

ABHANDLUNGEN DER DEUTSCHEN AKADEMIE DER WISSENSCHAFTEN ZU BERLIN

Klasse für Medizin
Jahrgang 1960 Nr. 2

ZECKENENZEPHALITIS IN EUROPA

Hauptreferate, Diskussionsbeiträge und Resolutionen der internationalen Tagung über die Naturherdenzephalitiden in Mitteleuropa

Smolenice bei Bratislava
9. bis 11. Oktober 1956

Herausgegeben von

Dr. H. LIBÍKOVÁ
Vorstand der Abteilung für neurotrope Virusinfektionen,
Virologisches Institut
der Tschechoslowakischen Akademie der Wissenschaften in Bratislava

Mit 45 Abbildungen,
davon 9 schwarzweißen und 4 farbigen auf 5 Kunstdrucktafeln, und 65 Tabellen

AKADEMIE-VERLAG · BERLIN

1961

Deutsche Bearbeitung: Dr. E. Kuwert
Oberassistent im Friedrich-Loeffler-Institut Insel Riems
der Deutschen Akademie der Landwirtschaftswissenschaften zu Berlin

---

Vorgelegt von Hrn. H. Röhrer in der Sitzung vom 11. Juni 1959
Zum Druck genehmigt am gleichen Tage, ausgegeben am 20. März 1961

Erschienen im Akademie-Verlag GmbH, Berlin W 8, Leipziger Straße 3—4

Kartengenehmigung: MDI Nr. 5571
Lizenz-Nr. 202 · 100/701/61
Satz und Druck: Druckhaus „Maxim Gorki“, Altenburg
Bestellnummer: 2001/60/IV/2
Preis DM: 34,—
Printed in Germany
ES 17 F 4

INHALTSVERZEICHNIS

Vorwort von Prof. Röhrer 7
Vorwort von Prof. Blaškovič 9
Teilnehmer und Gäste an der Internationalen Tagung über die Naturherdenzephalitiden in Mitteleuropa 11
Diskussionsvorschläge zu den Themen 1—7 17

THEMA I

Komplexe Erforschung der Naturherdenzephalitiden 21

Hauptreferat

D. Blaškovič
Die komplexe Erforschung der sogenannten Naturherdenzephalitiden 23

Diskussion

F. Przesmycki
Komplexe Erforschung der Zeckenenzephalitis in Polen 29

F. Hanzal
Beitrag zur komplexen Erforschung der Naturherdinfektionen 30

N. A. Sejtljonok
Organisation der komplexen Erforschung der Naturherdinfektionen und Aufgaben bei der Liquidierung einzelner Naturherde der Zeckenenzephalitis 31

H. Libíková
Die Komplexität der Erforschung von Naturherden der Enzephalitiden im Hinblick auf die Entdeckung von EEE-Naturherden in Europa 31

V. Bárdoš
Entdeckung eines Naturherdes von Pferdeenzephalomyelitis des östlichen Typus (EEE) im Donaugebiet 33

L. Daneš
Zur Frage der Pferdeenzephalomyelitis in der Tschechoslowakei (Isolierung des EEE-Virus vom Menschen) 36

B. Rosický
Grundlagen für die Erforschung der Naturherde 36

F. Fornosi
Erforschung der Naturherde der Zeckenenzephalitis in Ungarn 37

G. Grinschgl
Terrainerforschung der österreichischen Meningoenzephalitis 37

Resolution 38

D. Blaškovič
Nachtrag zum Thema I 39

THEMA II

Gegenüberstellung der epidemiologischen Erfahrungen in den einzelnen Ländern 41

Hauptreferate

K. Raška
Epidemiologie der Zeckenenzephalitis in der Tschechoslowakei 43

F. Przesmycki
Epidemiologie der Zeckenenzephalitis in Polen 53

Diskussion

W. I. Iljenko
Zur Epidemiologie der zweiwelligen Meningoenzephalitis in der Sowjetunion 57

J. Kmet
Epidemiologie der slowenischen Meningoenzephalitis 59

F. Köhler
Enzephalitiden in der Deutschen Demokratischen Republik 60

H. von Magnus
Über Enzephalitiden in Dänemark 61
N. Oker-Blom
Über das Vorkommen der Zeckenenzephalitis in Finnland 62
S. G. Dsagurow
Zweiphasiges Milchfieber im Moskauer Gebiet 63
O. Havlík, J. M. Kolman
Das Vorkommen der spontanen Zeckenenzephalitis bei freilebenden Vögeln 64
H. Libíková
Zur Frage des Saisonvorkommens der Zeckenenzephalitis in Mitteleuropa 69
Resolution 70

THEMA III

Die parasitologische Forschung als Bestandteil der Untersuchung von Naturherden der Enzephalitiden in Mitteleuropa 71
Hauptreferat
B. Rosický
Die parasitologische Forschung als Bestandteil der Untersuchung von Naturherden der Enzephalitiden in Mitteleuropa 73
Diskussion
J. Lachmajer, Z. Kozlowski
Über die Rolle der Ektoparasiten im Naturherd der Zeckenenzephalitis von Białowieża in den Jahren 1955/56 78
J. Řeháček
Mitteilung über das Ansaugen von Zecken an Mäusen unter Laboratoriumsbedingungen 80
Resolution 80

THEMA IV

Biologie der mitteleuropäischen Stämme des Zeckenenzephalitisvirus 81
Hauptreferate
H. Libíková
Biologische Eigenschaften der in Mitteleuropa vorkommenden Virusstämme der Zeckenenzephalitis 83
J. Vesenjak
Biologie der slowenischen und österreichischen Stämme des Zeckenenzephalitisvirus 87
Diskussion
J. Wroblewska
Isolation der Zeckenenzephalitisviren in polnischen Naturherden 92
Z. Kawecki
Isolation von Zeckenenzephalitisviren im Gebiet Gdańsk und Szczecin 93
Z. Taytsch
Analyse der antigenen Struktur der in Polen im Jahre 1955 isolierten Enzephalitisviren 93
A. I. Iwanenko
Über biologische Eigenarten des Zeckenenzephalitisvirus und der ihm ähnlichen Erreger, die auf Tiertumoren kultiviert werden können 94
E. Molnár
Züchtung eines ungarischen Zeckenenzephalitisvirusstammes im Dottersack und in der Gewebekultur 95
P. Albrecht
Stellungnahme zu gegensätzlichen Ansichten über morphologische Veränderungen im Hühnerembryo nach der Infektion mit dem tschechoslowakischen Stamm des Zeckenenzephalitisvirus 96
N. Oker-Blom
Züchtung des Louping-ill-Virus in HeLa-Zellen 98
H. Libíková
HeLa-Zellen als Substrat für die Vermehrung der Zeckenenzephalitisviren 100

G. GRINSCHGL
Isolierte Virusstämme aus Österreich, Pathologie der Affenerkrankung 101
L. DANEŠ
Zur Kultivierung des Virus der tschechoslowakischen Zeckenenzephalitis in vitro 102
D. MÁLKOVÁ
Desinfektionswirkung von Chlorpräparaten auf das Zeckenenzephalitisvirus 103
M. GREŠÍKOVÁ
Die Temperaturbeständigkeit des Virus der tschechoslowakischen Zeckenenzephalitis in Milch und physiologischer Kochsalzlösung 106
M. GREŠÍKOVÁ
Der Einfluß des p_H auf das Virus der tschechoslowakischen Zeckenenzephalitis 107
D. MÁLKOVÁ
Experimentelle Infektion der Mäuseart „Micromys minutus" mit dem Virus der Zeckenenzephalitis . . 108
H. LIBÍKOVÁ
Resorptive Virämie bei den transmissiven Virusenzephalitiden mit Rücksicht auf den Begriff des Wirts- und Reservoirtieres 109
W. I. ILJENKO
Experimentelle Ergebnisse über den Mechanismus der alimentären Infektion bei der zweiwelligen Virus-Meningoenzephalitis 112
F. FORNOSI
Virämie bei der Zeckenenzephalitis 119
M. GREŠÍKOVÁ
Die Übertragung des Virus der tschechoslowakischen Zeckenenzephalitis durch die Ziegenmilch 121
P. ANTOLÍK
Dynamik der Veränderungen des Eiweißspektrums in Seren von Mäusen, die für das Zeckenenzephalitisvirus sensibel und resistent sind 122
L. POSPÍŠIL
Interferenzeigenschaften des tschechoslowakischen Zeckenenzephalitisvirus und der Viren der Gruppe „Parotitis epidemica-Influenza-NDV" 124
L. DANEŠ
Zur Frage der Pathogenese der Zeckenenzephalitis 125
R. BENDA
Zur Frage der Pathogenese der Zeckenenzephalitis bei Ziegen 126
Resolution 127

THEMA V

Virologisch-diagnostische Methoden der Zeckenenzephalitis in Mitteleuropa 129

Hauptreferate

V. BÁRDOŠ
Virologisch-diagnostische Methoden der Zeckenenzephalitis in der Tschechoslowakei 131
F. FORNOSI
Die Diagnostik der Zeckenenzephalitiserkrankung 138

Diskussion

V. RÁTHOVÁ
Vergleichende Untersuchungen über die komplementbindende Aktivität von drei Enzephalitisvirus-Antigenen 142
J. STRAUSS
Erfahrungen mit den benzenextrahierten Zeckenenzephalitisantigenen bei der Komplementbindungsreaktion (KBR) 144
L. JANDÁSEK
Ein Beitrag zur serologischen Diagnostik der Zeckenenzephalitis 144
J. PEŠEK
Die Isolierung des Zeckenenzephalitisvirus an Säuglingsratten 145
N. OKER-BLOM
Zur Serodiagnostik der Zeckenenzephalitis 147

L. L. FADEJEWA
Über die Virusantigene bei der Zeckenenzephalitis-Diagnostik 148
Resolution 148

THEMA VI

Möglichkeiten der spezifischen Therapie und Prophylaxe bei den Zeckenenzephalitiden 151
Hauptreferat
D. SLONIM
Probleme der Schutzimpfung gegen die Zeckenenzephalitis 153
Diskussion
D. MÁLKOVÁ, V. RÁTHOVÁ
Auswahl der Virusstämme zur Herstellung der Vaccine gegen die Zeckenenzephalitis 162
E. MOLNÁR
Zur Frage der Lebendvaccinen gegen die Zeckenenzephalitis 165
L. DANEŠ
Zur Problematik der Vaccine bei der tschechoslowakischen Zeckenenzephalitis 166
A. ŠIMKOVÁ
Die Anwendung von Gammaglobulin im Experiment im Hinblick auf die Prophylaxe der Zeckenenzephalitis 167
N. A. SEJTLJONOK
Ergebnisse der Vaccination und Seroprophylaxe gegen die Zeckenenzephalitis in der Sowjetunion 169
F. HANZAL
Gammaglobulin gegen Zeckenenzephalitis in der klinischen Praxis 170
Resolution 170

THEMA VII

Konfrontation klinischer Erfahrungen und therapeutischer Methoden 171
Hauptreferate
F. HANZAL, K. HENNER
Klinik der tschechoslowakischen Zeckenenzephalitis 173
G. GRINSCHGL
Konfrontation klinischer Erfahrungen und therapeutischer Methoden bei der Zeckenenzephalitis 177
E. F. DAWIDENKOWA
Klinische Eigenarten der zweiwelligen Virus-Meningoenzephalitis 181
Diskussion
F. HANZAL
Bemerkungen zum Referat von Dr. GRINSCHGL 185
H. LIBÍKOVÁ
Bemerkungen zum Referat von Dr. GRINSCHGL 187
N. A. SEJTLJONOK
Bemerkungen zum Referat von Dr. GRINSCHGL 188
N. OKER-BLOM
Bemerkungen zum Referat von Prof. DAWIDENKOWA 188
J. KIRKOWSKA
Bemerkungen zu den Hauptreferaten 188
J. ČERNÁČEK, F. BALEK
Folgezustände, chronische und periphere Formen der Zeckenenzephalitis in der Tschechoslowakei . 189
J. HRÚZIK
Differentialdiagnose der Zeckenenzephalitis 191
Resolution 192
I. MÁLEK
Bewertung der Internationalen Tagung über die Zeckenenzephalitis in Europa 193
Résumés zu den einzelnen Themen 194
Summaries of subjects 199
Выводы по отдельным темам 203
Autorenregister 209

VORWORT

Auf dem unter Leitung von Herrn Professor Blaškovič vom 9. bis 11. Oktober 1956 über die Zeckenenzephalitis abgehaltenen Symposium in Smolenice nahe Bratislava wurden erstmalig in Mitteleuropa einschlägiges umfangreiches Tatsachenmaterial und zahlreiche Forschungsergebnisse vorgelegt und diskutiert. Wie die Konferenz zeigte, gewinnt diese Virusinfektion mehr und mehr an Interesse auch in den noch unverseuchten Ländern Europas. In Deutschland sind bisher Fälle von Zeckenenzephalitis nicht bekannt geworden. Aber die Naturherde, aus denen die Seuche laufend gespeist wird, rückten in den letzten 12 Jahren nahe an die südlichen deutschen Grenzen heran, so daß jederzeit mit dem Einbruch der Krankheit über die Tiere des Waldes gerechnet werden muß.

Wenn nicht mit der wissenschaftlichen Bedeutung des Symposiums schon allein die Zweckmäßigkeit einer Publikation in deutscher Sprache zu begründen wäre, müßte ihr praktischer Wert für das deutsche Gesundheitswesen die Veröffentlichung als dringend erwünscht erscheinen lassen.

Die Zusammenstellung der Referate in deutscher Sprache konnte aus technischen Gründen erst jetzt abgeschlossen werden. Obwohl seit dem Kongreß nunmehr drei Jahre verflossen sind, haben die Ausführungen nichts an Aktualität eingebüßt, und der Entschließung der Konferenz, alle Referate und Diskussionsbeiträge zu veröffentlichen, kommt auch heute noch volle Berechtigung zu.

Dem Akademie-Verlag gebührt Dank, daß er der Empfehlung der Klasse für Medizin in der Deutschen Akademie der Wissenschaften zu Berlin zur Drucklegung des Symposiums gefolgt ist.

Insel Riems, November 1959 H. Röhrer

VORWORT

Im letzten Dezennium wurden in einigen Ländern Mitteleuropas Virusenzephalitiden beschrieben, die auf den Menschen vorwiegend durch Zeckenbiß übertragen werden. Berichte über solche Erkrankungen brachte die wissenschaftliche Literatur in der Tschechoslowakei, in Polen, Ungarn, Österreich, Jugoslawien und in der Deutschen Demokratischen Republik sowie das Bulletin der Welt-Gesundheits-Organisation (WHO). Da es sich somit gewissermaßen um ein gemeinsames Problem der Zeckenenzephalitis in Europa handelt, beriefen die Tschechoslowakische Akademie der Wissenschaften und das Ministerium für Gesundheitswesen eine internationale Tagung zum gegenseitigen Austausch bisheriger Forschungsergebnisse und zur erfolgreichen Weiterbekämpfung dieser Krankheit ein. Hierzu wurden Fachleute aus der UdSSR und jenen Volksdemokratien und Staaten eingeladen, in denen diese Erkrankungen bestimmte Gesundheitsprobleme bilden oder zu werden drohen.

Die Internationale Tagung über Naturherdenzephalitiden in Europa, die in der Zeit vom 9. bis 11. Oktober 1956 stattgefunden hat, erbrachte so viel praktisches wissenschaftliches Material, daß sich eine komplette Publikation über dieses Symposium als unentbehrlich erwies. Wir haben die „Zeckenenzephalitis in Europa" vorbereitet in der Hoffnung, daß sie als Grundlage für die weitere Erforschung und Bekämpfung dieser schweren Krankheit dienen möge.

Juni 1959 D. Blaškovič

Teilnehmer und Gäste an der Internationalen Tagung über die Naturherdenzephalitiden in Mitteleuropa

Vorsitzende

Akademiemitglied D. Blaškovič
Direktor des Virologischen Institutes der Tschechoslowakischen Akademie der Wissenschaften, Bratislava

Prof. K. Raška
Direktor des Institutes für Epidemiologie und Mikrobiologie des Ministeriums für Gesundheitswesen, Prag

Wissenschaftlicher Sekretär

Dr. H. Libíková
Leiterin der Abteilung der Neurotropen Viren des Virologischen Institutes der Tschechoslowakischen Akademie der Wissenschaften, Bratislava

Teilnehmer

Akademiemitglied I. Málek
Präsident der Biologischen Sektion der Tschechoslowakischen Akademie der Wissenschaften, Prag

Dr. Červenka
Vertreter des Ministeriums für Gesundheitswesen, Bratislava

Offizielle Teilnehmer.

FINNLAND

Dr. N. Oker-Blom
Städtisches Bakteriologisches Laboratorium, Helsinki

JUGOSLAWIEN

Doc. Dr. J. Vesenjak
Zentrales Hygiene-Institut, Virologische Abteilung, Zagreb

ÖSTERREICH

Dr. G. Grinschgl
Psychiatrisch-Neurologische Klinik der Universität Graz

POLEN

Prof. F. Przesmycki
Staatliches Gesundheitsinstitut, Virologische Sektion, Warschau

TSCHECHOSLOWAKEI

Dr. B. Rosický
Biologisches Institut der Tschechoslowakischen Akademie der Wissenschaften, Prag

Dr. J. Kolman
Institut für Epidemiologie und Mikrobiologie des Ministeriums für Gesundheitswesen, Prag

Dr. O. Havlík
Institut für Epidemiologie und Mikrobiologie des Ministeriums für Gesundheitswesen, Prag

Dr. V. Bárdoš
Institut für Epidemiologie und Mikrobiologie des Ministeriums für Gesundheitswesen, Bratislava

Dr. F. Hanzal
Neurologische Klinik der Medizinischen Fakultät der Karls-Universität, Prag

Dr. F. Balek
Neurologische Klinik der Medizinischen Fakultät der Komenský-Universität, Bratislava

Dr. J. Pešek
Mikrobiologisches Institut der Medizinischen Fakultät der Masaryk-Universität, Brno

Dr. R. Benda
J. E. Purkinjes Militärische Medizinische Akademie, Hradec Králové

Dr. D. Málková
Kandidat der medizinischen Wissenschaften, Virologisches Institut der Tschechoslowakischen Akademie der Wissenschaften, Bratislava

Dr. V. Ráthová
Virologisches Institut der Tschechoslowakischen Akademie der Wissenschaften, Bratislava

SOWJETUNION

Prof. E. F. Dawidenkowa
Neurologische Klinik der Medizinischen Fakultät, Leningrad

Dr. W. I. Iljenko
Institut für Experimentelle Medizin der Akademie der Medizinischen Wissenschaften der UdSSR, Virologische Sektion, Leningrad

UNGARN

Dr. F. Fornosi
Staatliches Gesundheitsinstitut, Virologische Abteilung, Budapest

Dr. E. Molnár
Staatliches Gesundheitsinstitut, Virologische Abteilung, Budapest

Gäste

DÄNEMARK

Dr. H. von Magnus
Statens Seruminstitut, Kopenhagen

Dr. P. von Magnus
Statens Seruminstitut, Kopenhagen

DEUTSCHE DEMOKRATISCHE REPUBLIK

Dr. F. Köhler
Bezirkshygiene-Institut, Potsdam

Prof. Dr. H. Röhrer
Friedrich-Loeffler-Institut, Insel Riems

JUGOSLAWIEN

Dr. J. Kmet
Zentrales Institut für Hygiene, Ljubljana

POLEN

Dr. J. Wroblewska
Staatliches Gesundheitsinstitut, Virologische Sektion, Warschau

Dr. H. DOBROWOLSKA
Staatliches Gesundheitsinstitut, Virologische Sektion, Warschau

Dr. Z. KOZLOWSKI
Staatliches Gesundheitsinstitut, Epidemiologische Sektion, Warschau

Dr. I. KIRKOWSKA
Neurologische Klinik der Medizinischen Fakultät, Warschau

Dr. J. LACHMAJER
Institut der Marinen und Tropischen Medizin, Gdánsk

Dr. Z. KAWECKI
Institut der Marinen und Tropischen Medizin, Gdánsk

TSCHECHOSLOWAKEI

Dr. K. ŽÁČEK
Institut für Epidemiologie und Mikrobiologie des Ministeriums für Gesundheitswesen, Prag

Dr. J. STRAUSS
Institut für Epidemiologie und Mikrobiologie des Ministeriums für Gesundheitswesen, Prag

Dr. V. ŠOMODSKÁ
Institut für Epidemiologie und Mikrobiologie des Ministeriums für Gesundheitswesen, Bratislava

Dr. A. ŠIMKOVÁ
Institut für Epidemiologie und Mikrobiologie des Ministeriums für Gesundheitswesen, Bratislava

Dr. L. DANEŠ
J. E. Purkinjes Militärische Medizinische Akademie, Hradec Králové

Dr. M. LUBOJACKÝ
Militärkrankenhaus, Bratislava

Dr. J. HRÚZIK
Infektionsabteilung der Internen Klinik der Medizinischen Fakultät der Komenský-Universität, Bratislava

SOWJETUNION

Prof. N. A. SEJTLJONOK
Institut für Virusforschung der Akademie der Medizinischen Wissenschaften der UdSSR, Moskau

Dr. S. Solomzina
Institut für Virusforschung der Akademie der Medizinischen Wissenschaften der UdSSR, Moskau

Dr. L. L. Fadejewa
Institut der Virusforschung der Akademie der Medizinischen Wissenschaften der UdSSR, Moskau

Dr. Z. N. Rownowa
Institut für Virusforschung der Akademie der Medizinischen Wissenschaften der UdSSR, Moskau

Dr. N. E. Rjazanzewa
Institut für Virusforschung der Akademie der Medizinischen Wissenschaften der UdSSR, Moskau

Dr. L. P. Gorschunowa
Institut für Virusforschung der Akademie der Medizinischen Wissenschaften der UdSSR, Moskau

Dr. S. G. Dsagurow
Institut für Poliomyelitisforschung der Akademie der Medizinischen Wissenschaften der UdSSR, Moskau

Dr. A. I. Iwanenko
Institut für Neurologie der Akademie der Medizinischen Wissenschaften der UdSSR, Moskau

DISKUSSIONSVORSCHLÄGE ZU DEN THEMEN 1–7

Ausgearbeitet von D. Blaškovič, H. Libíková und V. Bárdoš

Diskussionspunkte zum Thema Nr. I

Komplexe Erforschung von Naturherdenzephalitiden

1. Wie ist eine komplexe Forschung in den einzelnen Ländern bisher durchgeführt worden?
2. Lösung terminologischer Fragen. Es wird vorgeschlagen, eine besondere Kommission mit der Vereinheitlichung der Terminologie zu beauftragen. Ihre Zusammensetzung soll von den einzelnen Diskussionsteilnehmern vorgeschlagen werden.
3. Wie kann die komplexe Erforschung von Naturherdinfektionen in den einzelnen Ländern intensiviert werden?

   Dazu: Die Frage anderer als durch Zecken übertragener Enzephalitiden, z. B. WEE, LCM. Die Frage der Einbeziehung nicht virusartiger Naturherdinfektionen in die Forschungsarbeiten (z. B. Leptospirosen, Tularämie, Rickettsiosen).
4. Das Vorgehen bei der Organisation einer komplexen Forschungsaufgabe:
   a) epidemiologische Terrainerforschung;
   b) zoologisch-parasitologische Durchforschung und Einordnung des Zecken- und Reservoirtierevorkommens;
   c) mikrobiologische Untersuchungen.
5. Möglichkeiten einer weiteren internationalen Zusammenarbeit: Internationale Zusammenkünfte in anderen Ländern, Festlegung der wichtigsten zukünftigen Aufgaben.
6. Freie Anträge.

Diskussionspunkte zum Thema Nr. II

Gegenüberstellung der epidemiologischen Erfahrungen in den einzelnen Ländern

1. Vorkommen von Zeckenenzephalitiden in Europa und in den einzelnen Ländern während der letzten Jahrzehnte.
2. Die Zyklizität und Saisongebundenheit im Vorkommen der Enzephalitiden in einzelnen Ländern. Ein Versuch, die Abweichungen zu erklären.
3. Vorkommen von Zeckenenzephalitiden und klinisch verdächtigen Fällen in Europa vor dem zweiten Weltkrieg. Die Frage der Dauer von Naturherden.
4. Anamnestische Angaben über den wahrscheinlichen Übertragungsmodus der Infektion. Prozentsatz der Erkrankungen, die durch Zeckenbiß und durch Genuß von ungekochter Milch hervorgerufen würden; Prozentsatz der ungeklärten Fälle; Frage der Stechmücken; Rolle der Erholungsorte; Altersgruppen; Beschäftigung.
5. Frage der Inkubationszeit und der nicht saisongebunden vorkommenden Enzephalitiden.
6. Die zweiwellige Virusmeningoenzephalitis als nosologische Einheit.
7. Der Kampf gegen Zecken und Nagetiere als Vorbeugung gegen die Zeckenenzephalitis.

8. Laboratoriumsinfektionen.
9. Freie Anträge.

Diskussionspunkte zum Thema Nr. III

Parasitologische Forschung als Bestandteil der Erforschung von Naturherdenzephalitiden in Mitteleuropa

1. Bewertung der Verbreitung von Zecken der Familie Ixodes und Dermacentor in Europa sowie ihrer Bedeutung für die Naturherdenzephalitiden. Grundlagen für die Beurteilung von Gegenden, die als latente Naturherde in den einzelnen Ländern in Frage kommen.
2. Verknüpfung der ökologischen einschl. parasitologischen Forschungen mit der Erforschung der Naturherdenzephalitiden.
3. Notwendigkeit einer experimentellen virologischen Parasitologie.
4. Das Fangen von lebenden Nagetieren der freien Wildbahn als Voraussetzung für das Studium der experimentellen Infektion bei diesen Tieren.
5. Freie Anträge.

Diskussionspunkte zum Thema Nr. IV

Biologie der Viren der in Mitteleuropa vorkommenden Zeckenenzephalitiden

1. Ergänzung der Übersicht der bisher isolierten Stämme. Die Homogenität der für die nosologische Einheit „Zeckenenzephalitis" verantwortlichen Erreger.
2. Widerstandsfähigkeit der Zeckenenzephalitisviren gegenüber äußeren Einflüssen. Praktische Folgen.
3. Das Verhalten der Zeckenenzephalitisviren in Gewebekulturen.
4. Die Anwesenheit der Zeckenenzephalitisviren in Blut und Milch infizierter Tiere; Virusträger.
5. Das histologische Bild bei natürlicher und experimenteller Infektion mit dem Virus der Zeckenenzephalitis.
6. Einige Eigentümlichkeiten der Empfänglichkeit von Versuchstieren für die Zeckenenzephalitisviren (perorale Infektion, empfängliche und resistente Tierzuchten, Alter der Tiere usw.).
7. Hämagglutinationsfähigkeit der Zeckenenzephalitisviren.
8. Freie Anträge.

Diskussionspunkte zum Thema Nr. V

Virologisch-diagnostische Methoden bei der Zeckenenzephalitis in Mitteleuropa

1. Bedeutung und Wert der Komplementbindungsreaktion (KBR) für die Diagnostik bei Mensch und Tier.
   Berichte aus einzelnen Staaten.
   a) Erfahrungen mit einzelnen Antigentypen.
   b) Zubereitung von Hyperimmunseren für die KBR.
   c) Methodik der KBR.

2. Bedeutung und Wert des Neutralisationstestes für die Diagnostik bei Mensch und Tier.
3. Virusisolationsversuche, Wahl des geeignetsten Materials und Technik. Frage der Isolationsversuche auf Hühnerembryonen und in Gewebekulturen.
4. Bedeutung der übrigen Arbeitsmethoden für die Diagnostik der Zeckenenzephalitis.
5. Möglichkeiten der Erzeugung von Antigenen und diagnostischen Seren für ganz Europa. Vergleich der für diesen Zweck geeignetsten Stämme aus verschiedenen Ländern.

Diskussionspunkte zum Thema Nr. VI

Möglichkeiten einer spezifischen Therapie und Vorbeugung der Zeckenenzephalitis

A. Die Vaccine gegen die Zeckenenzephalitis.

1. Wahl der für die inaktivierte Vaccine geeignetsten Stämme.
2. Soll als Ausgangsmaterial für die Vaccine das Mäusegehirn oder der Hühnerembryo verwendet werden? Soll die Vaccine gereinigt werden? In welchem Maße?
3. Die Formalinneutralisation in der Vaccine, Kontrolle der Virusinaktivierung.
4. Trocknung und Versand der Vaccine.
5. Labor- und Praxiskontrolle der Potenz der Vaccine.
6. Frage der lebenden avirulenten Vaccine.

B. Spezifische Therapie und Vorbeugung mittels Serum, Verwendung von Gammaglobulin.

Diskussionspunkte zum Thema Nr. VII

Gegenüberstellung der klinischen Erfahrungen und therapeutischen Methoden

1. Ist es möglich, das klinische Erscheinungsbild als entscheidendes Kriterium für eine Unterscheidung der zweiwelligen Meningoenzephalitis von der Zeckenenzephalitis aufzustellen?
2. Chronische Neuroinfektionen und ihre Beziehung zur Infektion mit dem Zeckenenzephalitisvirus.
3. Vereinheitlichung des therapeutischen Schemas, Dauer des Krankenhausaufenthaltes.
4. Art der Nachbehandlung und Wiederherstellung nach überstandener Zeckenenzephalitis.
5. Freie Anträge.

THEMA I

Komplexe Erforschung der Naturherdenzephalitiden

Präsidium:

Prof. N. A. Sejtljonok, Akademiemitglied D. Blaškovič

Sekretär:

Dr. R. Benda

HAUPTREFERAT

D. Blaškovič

Virologisches Institut der Tschechoslowakischen Akademie der Wissenschaften

Die komplexe Erforschung der sogenannten Naturherdenzephalitiden

I

Wenn auch die Lehre über die Naturherdinfektionen vielen Wissenschaftlern wohlbekannt ist und Forschungen praktisch schon längere Zeit in dieser Richtung betrieben werden, so ist es im einleitenden Referat doch nicht zu umgehen, daß einige Begriffserklärungen, die für ein besseres Verständnis der bei der Erforschung von Virusenzephalitiden auftretenden Fragen unentbehrlich sind, wiederholt werden.

J. N. Pawlowski [11] versteht unter dem Begriff eines Naturinfektionsherdes ein Gebiet von bestimmtem geographischem Landschaftstypus mit Biotopen, in denen es im Verlaufe der Evolution zur Entwicklung gewisser gegenseitiger Beziehungen zwischen den Arten gekommen ist, und zwar zwischen dem Krankheitserreger (Mikroorganismus) einerseits und seinem Überträger andererseits, welcher den Erreger vom Tier, das als Donor der Infektion wirkt, auf das Tier, welches den Rezipienten darstellt, gesetzmäßig überträgt. Die Milieubedingungen sind dabei günstig oder stören zumindest den Kreislauf des Erregers zwischen den Teilnehmern solcher Biozönosen nicht.

Demzufolge bestehen im einzelnen folgende gemeinsame Kennzeichen der Naturinfektionsherde:

Die Existenz eines Krankheitserregerkreislaufs in der Natur zwischen Reservoirtieren und Wirtstieren ohne Teilnahme des Menschen, und zwar auch in Gebieten, die schon längere Zeit von Menschen bewohnt werden.

Weiter besteht im Naturherd die Möglichkeit der Entstehung neuartiger Erkrankungen bei Menschen. Diese Erkrankungen werden von ungenügend an den Menschen adaptierten oder ungenügend im Naturherd vermehrten Mikroorganismen hervorgerufen.

Die Erforschung epidemiologischer Gesetzmäßigkeiten ist an das Verständnis der einzelnen Beziehungen des Mikroorganismus in der Natur gebunden, und die Untersuchung seiner Beziehungen zu den Wirts- und Reservoirtieren führt notwendigerweise zum Studium grundlegender Fragen der Beziehungen des Erregers der menschlichen Erkrankungen zu den Wirtstieren, zu ihrem Gesamtstoffwechsel, zum Stoffwechsel der einzelnen Zellsysteme und schließlich der Zellen selbst. Vom praktischen Standpunkt aus gesehen heißt das, Maßnahmen zu suchen, durch die man die Übertragung des Mikroorganismus auf den Menschen in der Natur verhindern kann. Das kann einmal durch den Schutz der Menschen selbst geschehen, zum anderen durch direkte Vernichtung des Krankheitserregers sowie seiner Wirte und Reservoirtiere, ferner durch solche Änderungen der Landschaft, die die Entstehung neuer Biozönosen ohne Naturherdcharakter zur Folge haben.

Die Zeckenenzephalitiden tragen sämtliche Merkmale der Naturherdinfektionen. Ihre Erforschung kann mit dem Nachweis der Wirts- und Reservoirtiere bzw. der Überträger nicht als beendet betrachtet werden. Dazu gehört auch die Klarlegung der Behandlungs- und Vorbeugungsmaßnahmen. Die Zeckenenzephalitiden zwingen uns zur Beseitigung der

Naturherde, gestatten uns aber auch, pathogenetische und immunologische Fragen an geeigneten Naturmodellen zu studieren.

Zum Verständnis und zur Lösung dieser Fragen ist daher eine Reihe von Fachleuten notwendig. Für eine gründliche Erforschung von Virusenzephalitiden mit Naturherdcharakter werden deswegen Zoologen, Parasitologen, Ärzte, Fachärzte für Infektionskrankheiten, Neurologen, Virologen, Epidemiologen, Pathologen, Veterinärärzte und manchmal auch Botaniker und Forstleute benötigt.

Das Studium von Krankheiten mit Naturherdcharakter zwingt uns also zu komplexer Forschung, denn sonst könnten die Probleme der Epidemiologie, Epizootiologie und Vorbeugung der einzelnen Krankheiten und schließlich auch die Assanierung bzw. Beseitigung des Naturherdes nur ungenügend gelöst werden.

II

Die bisherigen Forschungsergebnisse bei der Zeckenenzephalitis in der Tschechoslowakei befürworten breit angelegte Forschungsaktionen, die vom Krankenbett bis zu den einzelnen gegenseitigen Beziehungen der Reservoir- und Wirtstiere reichen müssen. Zu einer solchen Form der Mitarbeit verschiedener Fachleute gelangten wir nach und nach seit 1950, als wir durch einen Vortrag von Prof. P. A. Petristschewa aus Moskau mit den Forschungsergebnissen über Naturherde in der Sowjetunion und insbesondere mit Pawlowskis Auffassung hierüber bekannt gemacht wurden. Seither hatten mehrere Wissenschaftler aus der Tschechoslowakei (Blaškovič, Rosický, Ryšavy) Gelegenheit, an Ort und Stelle in der UdSSR mit den Ergebnissen dieser komplexen Forschungsarbeit bekannt zu werden. Wir beschäftigen uns besonders mit der Zeckenenzephalitis, von deren Existenz hierzulande wir seit 1948 Kenntnis hatten. Als wichtiger Umstand ist hervorzuheben, daß sich an den Arbeiten über Naturherdinfektionen auch Veterinärärzte, Phytopathologen und Helminthologen gleichzeitig beteiligten, und so wuchs die Zahl der interessierten Fachleute von Jahr zu Jahr weiter an.

Bei der Erforschung von Naturherdinfektionen spielten zwei Impulse eine Rolle. Einen dringlichen Impuls bedeutete das Auftreten von Epidemien oder sporadischen Enzephalitisfällen in einigen Teilen unserer Republik. Hierbei handelte es sich um Fälle, die im Frühjahr oder Sommer auftraten. Die Forschungsaktionen wurden mit klinischen, epidemiologischen und virologischen Untersuchungen am Krankenbett eingeleitet. Pflicht des Epidemiologen war es, seine Beobachtungen auf die Natur auszudehnen, wobei ihm Zoologen, Entomologen und Veterinärpersonal helfend zur Seite standen. Zuerst wurde der Versuch einer solchen komplexen Zusammenarbeit bei der Klärung einer Enzephalitisepidemie in Rožňava im April und Mai 1951 von uns unternommen. Diese Epidemie war durch ihr Ausmaß und durch ihre epidemiologischen und klinischen Eigentümlichkeiten ein schwer zu lösendes Problem für alle an den Arbeiten Beteiligten, insbesondere deshalb, weil die kompetenten Fachleute verhältnismäßig spät zu der Arbeit herangezogen worden waren. Die Tatsache, daß die Infektion von 600 Personen von einer Molkerei ausgegangen war, gab einen ganz neuen Hinweis auf ungewöhnliche Infektionswege bei der Zeckenenzephalitis. Die Aufklärung vieler Fragen epidemiologischen sowie experimentellen Charakters war im Verlauf und auch nach Abflauen der Epidemie unmöglich und zog sich über die nachfolgenden Jahre hin. Als zwingend erschien jedoch sogleich der Schluß, auf Grund der geographischen Besonderheiten der Stadtumgebung einen auf eine Naturherdinfektion gezielten Untersuchungsgang einzuleiten.

Im Jahre 1952 entstand um die virologischen Mitarbeiter des Institutes für Epidemiologie und Mikrobiologie in Bratislava unter der Leitung von H. Libíková die erste komplexe Arbeitsgruppe, bestehend aus Epidemiologen, Virologen, Zoologen und Entomologen. Es war ihre Aufgabe, die epidemiologische und epizootiologische Lage in der Umgebung zu untersuchen, Ektoparasitenarten bei den verschiedensten Wirbeltieren zu bestimmen und die entsprechenden serologischen Untersuchungen und Isolationsversuche nicht nur bei Vektoren, sondern auch bei Haustieren und wildlebenden Tieren, die überhaupt als Wirte oder Reservoire in Frage kamen, durchzuführen. Die Ergebnisse der Arbeiten aus dem Jahre 1952 sind im Buche „Epidemia encefalitidy v roznavskom prirodnom ohnisku nakaz"[1]) (Blaškovič u. Mitarb. 1954) zusammengefaßt.

Die Untersuchungen hatten, kurz angeführt, folgende Ergebnisse:

1. Nachweis der Existenz eines Naturherdes der Zeckenenzephalitis, der Leptospirosen und der lymphozytären Choriomeningitis in dem untersuchten Gebiet. Mit dem Virus der Zeckenenzephalitis kamen in Kontakt Reservoir- und Wirtstiere sowie Menschen, die eine manifeste oder latente Erkrankung durchgemacht haben.
2. Die Biotope wurden vom Standpunkt der Pflanzenökologie, der Tierökologie und der Faunistik klassifiziert, und es wurden einige Mikromammalia und Ektoparasiten, die bisher in der tschechoslowakischen Literatur nicht beschrieben worden waren, bestimmt (z. B. Apodemus mikrops sp. n.).
3. Es wurde das Interesse verschiedener Fachleute an der Mitarbeit in Naturherden geweckt, und es ergab sich gleichzeitig die Notwendigkeit einer koordinierten Zusammenarbeit mehrerer Fachleute. Die Ergebnisse deckten auch Unzulänglichkeiten in der Hygiene und Betreuung von Haustieren auf, von denen die zuständigen Behörden Kenntnis erhielten.
4. Schließlich hatten uns diese Ergebnisse veranlaßt, Terrainexpeditionen zu organisieren, diese materiell und in personeller Hinsicht zweckentsprechend auszustatten und ihnen insbesondere Laboratoriums- und andere Fahrzeuge beizugeben. Die Ergebnisse waren eine gute Schule für die Mitarbeit der ortsansässigen Bevölkerung, wobei gesundheitliche Aufklärungsmethoden in reichlichem Maß zielbewußt zur Anwendung gelangten.

Die Untersuchungen richteten sich nach einem genauen Plan, in dem die Termine festgehalten waren, zu denen während des Jahres Untersuchungen durchgeführt werden sollten. Jeweils am Ort wurde das Tagesprogramm festgelegt. Über die Ergebnisse der zoologischen, veterinären, parasitologischen, virologischen, epidemiologischen und leptospirologischen Arbeitsgruppen wurden täglich Berichte erstattet. Zum besseren Verständnis zitiere ich hier die Ergebnisse von H. Libíková aus dem Jahre 1954:

Um ungefähr 200 Kleinnager zu beschaffen, muß man bei einer Fangbeute von 3—6% etwa 14 Tage lang täglich 300—500 Fallen stellen. Das entspricht einer Arbeitsleistung von 3—6 eingearbeiteten Personen. Die Fallen werden nachmittags aufgestellt und morgens zwischen 4—6 Uhr auf Fangbeute gesichtet bzw. entleert.

Die Verarbeitung von 1000 Stück Ektoparasiten auf Anwesenheit von Virus erfordert 40—60 Virusisolationsversuche. Zoologen untersuchten das Material, bestimmten die Tierarten der Fangbeute und übergaben sie in Gruppen, nach Arten sortiert, den Virologen, Bakteriologen, Leptospirologen, Helminthologen und Protozoologen zur einschlägigen Untersuchung.

Nur wenn die Arbeit der Krankenhausärzte mit der Arbeit der Laboratoriumsärzte entsprechend koordiniert ist, kann man eine epidemiologische Situation richtig analysieren, die Aufmerksamkeit auf die Vorgänge in der Natur lenken, die wichtigsten Glieder im ganzen Infektionsgeschehen der Menschen und der Haustiere darstellen, sowie scheinbare Widersprüche zwischen den Laboratoriumsbefunden und Beobachtungen in der Natur erklären.

So war z. B. bei Ziegen der hohe Prozentsatz positiver Sero-Reaktionen mit dem Zeckenenzephalitisvirus nicht in Einklang mit dem verhältnismäßig seltenen Vorkommen der

---

[1]) „Enzephalitisepidemie im Naturinfektionsherd von Rožňava".

Zecken zu bringen, die man an diesen Tieren angesaugt aufgefunden hatte. Es wurde dann jedoch nachgewiesen, daß viele Hautinfiltrate bei Ziegen einen Restzustand nach Abbeißen der Zecken durch die Tiere darstellen und daß diese Infiltrate somit eigentlich einem Zeckenbefund gleichzustellen sind.

Bei den Terrainarbeiten gewann man auch Unterlagen zu Richtlinien für die Zeckentilgung bei Haustieren sowie für eine agrotechnische Terraingestaltung.

Das früher genannte Beispiel der Erforschung der Enzephalitisepidemie in Rožňava und der nachfolgenden komplexen Durchforschung des gesamten Naturherdes weist zwei Gründe für eine komplexe Arbeit auf.

1. Diese ist notwendig auf Grund der klinischen und epidemiologischen oder epizootiologischen Angaben. Der Gesundheitszustand von Menschen oder Tieren hat also schon Schaden genommen.
2. Teilweise nimmt sie aber ihren Fortgang dort, wo auf Grund der Forschungsergebnisse von Zoologen und Parasitologen Vorbedingungen für verschiedene Krankheiten in Naturherden festgestellt wurden und wo Menschen oder wirtschaftlich wichtige Tiere vor einer Infektion geschützt werden müssen. Das gilt insbesondere für Landschaften, die für die Erholung von Werktätigen, für die Gründung von Siedlungen, für den Bau großer Objekte (Wasserelektrizitätswerke, Hüttenkombinate usw.) sowie für großzügige Naturumwandlungen (Bewässerungsarbeiten) vorgesehen sind.

Unsere Tätigkeit erstreckte sich bislang auf beide Fragenkomplexe und war das Resultat der Zusammenarbeit von Fachleuten aus verschiedenen Institutionen, die sich um größere Arbeitszentren gruppierten. Zu solchen Arbeitszentren entwickelten sich das Biologische und Virologische Institut der Tschechoslowakischen Akademie der Wissenschaften, das Institut für Epidemiologie und Mikrobiologie in Prag und in Bratislava und die Militärärztliche Akademie in Hradec Králové. Diese Institute waren Mittelpunkte in organisatorischer und methodischer Hinsicht und arbeiteten mit Fachleuten verschiedener Hochschulfakultäten sowie der Institute der Ministerien eng zusammen.

Auf diese Weise wurden einige Gebiete der östlichen Slowakei durchforscht, weiter das Gebiet in der südlichen Slowakei, die nach Fertigstellung eines Staudammes mittels eines Kanalsystems bewässert werden soll. Begreiflicherweise werden sich die dortige Vegetation und mit ihr auch die Biozönose und die Besiedlung wesentlich verändern. Es wurden ferner auch Gebiete im Nordwesten, Südwesten sowie Nordosten Böhmens durchforscht und die Verhältnisse in Südmähren gleichfalls einer Prüfung unterworfen. Die Ergebnisse dieser Forschungsarbeiten, die noch nicht abgeschlossen sind und deshalb auch nicht vollständig ausgewertet werden konnten, förderten folgende interessante Tatsachen zutage:

1. Es wurden weitere Zeckenenzephalitis-Naturherde in Böhmen und Mähren und in der Slowakei entdeckt. Daneben konnte der Ursprung vieler Erkrankungen von Menschen in einzelnen Landesteilen ermittelt werden.
2. Aus der Natur wurden Virusstämme vom Typ der östlichen nordamerikanischen Pferdeenzephalomyelitis isoliert (H. Libíková, 1954). Das bis dahin nicht geahnte Vorhandensein dieses Virus und der Nachweis seiner Zirkulation in der Natur stellte uns vor die Aufgabe, die Bedeutung dieses Virus für Haustiere und Menschen hierzulande besser kennenzulernen und durch entsprechende Präventivmaßnahmen die Übertragung des Virus auf Menschen, Pferde und eventuell auch auf andere Nutztiere zu verhindern.
3. Es wurden Leptospirosen-Naturherde festgestellt mit Isolierung von Stämmen, die bislang in der Tschechoslowakei noch nicht isoliert worden waren (Kmety, 1955, 1956).
4. Näher untersucht wurde ferner das Naturherd-Vorkommen der Tularämie (Heyberger, Benda und Čapek, 1956). Diese Forscher hatten interessante Beobachtungen über die Zirkulation von B. tularense in der Natur gemacht. Sie bewiesen die transovarielle Über-

tragung von B. tularense in der Zecke Dermacentor pictus und die Bedeutung von Bisamratten als Reservoirtiere.

5. Weiter wurde das Naturherdvorkommen des Q-Fiebers untersucht. SYRŮČEK, RAŠKA und Mitarbeiter (1954, 1956) ermittelten in zwei Gemeinden im Nordwesten Böhmens bei Schafen und Rindern die Verbreitung der Coxiellose, die als Folge der Einfuhr von verseuchten Schafen aufgetreten war. Diese Autoren verfolgten auch die Infektion bei Vögeln, die in der Nähe der infizierten Herde lebten und nisteten. Sie vermuteten, daß neue Naturherde in einem Gebiet entstehen können, in welches das infektiöse Agens durch Nutztiere eingeschleppt worden ist.
   Die Möglichkeit eines latenten Coxielloseherdes in der Natur wird z. Z. geprüft (BREZINA, 1956).
6. Begonnen wurde mit Untersuchungen über das Naturherdvorkommen der Brucellose (NIŽŇANSKY, 1956); hierbei konnten Feldhasen als Wirts- und Reservoirtiere festgestellt werden.
7. In freier Natur wurden auch Reservoire von Parasitärerkrankungen der Haustiere festgestellt (RYŠAVY und ERHARDOVÁ, 1956), insbesondere Reservoire von Coccidien, weiter von Würmern aus den Genus Trichostrongylus und Trichuris. Zur Infektion kommt es direkt auf der Weide oder unter Umständen durch Vögel, die sich unter das Geflügel in den Wirtschaftshöfen mengen.
8. Weiter verfolgt wird das Naturherdvorkommen der Infektionen bei Nutzfischen, bei denen es öfter zu einer Durchseuchung mit Würmern, die wirtschaftlich minderwertigen Fischen entstammen, kommt (DYK, 1956).
9. Diskutiert und verfolgt wird die Möglichkeit des Naturherdvorkommens der Pneumocystose und Toxoplasmose (HAVLÍK, 1956).
10. V. VALENTA (1953, 1956) nimmt an, daß einige Viruserkrankungen der Pflanzen die Definitionsbedingungen des Naturherdvorkommens erfüllen. Dieser Autor befaßte sich insbesondere mit der Tomatenfrucht-Verholzungskrankheit (STOLBUR). Bei dieser Erkrankung ist ein ständiges Reservoir des Virus in einigen Unkrautarten entdeckt worden, und die Übertragung des Virus auf Kulturpflanzen — Tomaten, Kartoffeln, Paprika, Tabak — durch die als Vektor dienende kleine Zikade Hyalestes obsoletus festgestellt worden.

Die Lehre über Naturherdinfektionen stellt, wie leicht einzusehen ist, einen Ansporn für Mikrobiologen und Parasitologen zur Revision bisheriger Kenntnisse über die Infektion von Mensch und Tier dar und regt die Forschung zum Auffinden von Reservoir- und Gasttieren in der Natur an. Das Gesagte bezieht sich besonders auf das Erysipeloid (Schweinerotlauf), die Listeriose, Tollwut, Maul- und Klauenseuche, auf die Trypanosomiasen, viele Helminthosen und andere Erkrankungen. Weiter führt die Erarbeitung der Lehre vom Vorkommen der Naturherde zu neuen Erkenntnissen über die Tier- und Pflanzenökologie in verschiedenen Biotopen in der Tschechoslowakei. Diese Erkenntnisse sind nicht nur für die Lehre über die wechselseitigen Beziehungen von Pflanze und Tier in der Gegenwart wichtig, sondern werden auch als wertvolles Material beim Vergleich mit den zukünftigen Verhältnissen von Nutzen sein, die durch die Umgestaltung der Natur durch den Menschen entstehen werden. Wie diente nun die komplexe Erforschung der Naturherde der medizinischen, veterinären und landwirtschaftlichen Praxis?

Die Erforschung der hierzulande entdeckten Naturherde der Zeckenenzephalitis, deren Erreger durch Zecken auf Ziegen und durch deren Milch auf den Menschen übertragen wird, bereicherte die Kenntnisse der Kliniker und lehrte diese Ärzte, eine dem derzeitigen Stand der Dinge entsprechende Diagnostik zu betreiben und wirksame therapeutische Maßnahmen zu ergreifen, was in der Vergangenheit natürlich nicht der Fall war. Dazu hat eine gute virologische

Diagnostik das ihrige beigetragen, die außerdem zur Standardisierung der Methoden und zur Entwicklung von entsprechenden Diagnosemöglichkeiten in den Laboratorien der hygienisch-epidemiologischen Kreisstationen führte. Wegen der Häufigkeit der Erkrankung befaßten sich die einzelnen Forschungsgruppen mit der Frage einer spezifischen Therapie und spezifischen Prophylaxe. Zur Zeit wird die Wirkung des spezifischen Menschen-Gammaglobulins, des Gammaglobulins von immunisierten Schafen und des unspezifischen Gammaglobulins untersucht, ferner im Labormaßstabe die Möglichkeit der Zubereitung einer Vaccine gegen die Zeckenenzephalitis geprüft. Außerdem werden Indikationen zur Bevölkerungsimpfung festgelegt. Wir befaßten uns auch mit dem Problem des Überlebens und der Vernichtung des Virus der Zeckenenzephalitis in der Milch und in den Milchprodukten.

Die Senkung der Enzephalitismorbidität muß auch durch Schritte in anderer Richtung angebahnt werden, und zwar durch die Vernichtung von Reservoirtieren und Virusvektoren. Mačička (1956) war es, der die Aufmerksamkeit auf die durch Zeckenbefall, namentlich durch Dermacentorarten, bei Rindern angerichteten Schäden lenkte. Er hat auch Methoden der agrotechnischen Bearbeitung und Regulation von Weidegebieten bzw. Ackerland vorgeschlagen, die die Herabsetzung der Reservoirtierbestände und dadurch auch die Dezimierung der Zecken zur Folge haben sollen. Beobachtungen in der Natur haben bestätigt, daß solche Maßnahmen wirksam sind und daß es mit Hilfe dieser Maßnahmen wohl möglich ist, den Vermehrungszyklus der Vektoren bzw. ihrer Wirtstiere wesentlich zu beeinflussen und damit auch Änderungen in der Verteilung und Zirkulation des Virus in der Natur herbeizuführen. Gleichfalls mit günstigem Endergebnis sind insektizide Stoffe (insbesondere HCH), die das Ansaugen der Zecken an das Vieh verhindern, geprüft und auch schon eingeführt worden.

Das Problem der Zeckenenzephalitis ist besonders kompliziert und soll in den einleitenden Referaten und den Aussprachen unserer Tagung erörtert werden. Auf Grund dieser Berichte und Diskussionen werden wir zu dem Schluß gelangen können, daß die Zeckenenzephalitis als Naturherdinfektionsproblem keineswegs isoliert oder irgendwie abgesondert betrachtet werden darf. Falls der ganze Fragenkomplex erfolgreich einer Lösung nähergebracht werden soll, darf aus der Reihe von Problemen nicht ein einziges Kettenglied herausgelöst und isoliert betrachtet werden. Unabdingbar sind dabei epidemiologische, zoologische und parasitologische Dienstleistungen, ferner Untersuchungen des diagnostischen Laboratoriums sowie medizinische, veterinäre und andere Hilfsdienste. Die Ergebnisse der einzelnen Arbeitsgruppen sollten ständig ausgetauscht werden. Auf diese Art und Weise wird unseres Erachtens am besten der Gesundheit von Mensch, Nutztier und Pflanze gedient.

LITERATUR

[1] Blaškovič, D. u. Mitarb.: Die Enzephalitisepidemie im Naturinfektionsherd von Rožňava. SAV, Bratislava 1954.
[2] Brezina, R.: Naturinfektionsherde. SAV, Bratislava 1956, S. 190.
[3] Dyk, V.: Naturinfektionsherde. SAV, Bratislava 1956, S. 229.
[4] Havlík, O.: Naturinfektionsherde. SAV, Bratislava 1956, S. 240.
[5] Heyberger, K., Benda, R., Čapek, J.: Naturinfektionsherde. SAV, Bratislava 1956, S. 173.
[6] Kmety, E.: Naturinfektionsherde. SAV, Bratislava 1956, S. 146.
[7] Libíková, H.: Polyvectus occid. (Ždanov) in der Slowakei. Čsl. biol. 3, 292 (1954).
[8] Libíková, H.: Die komplexe Erforschung der Naturinfektionsherde. Čsl. hyg., epidem., mikrobiol., immunol. 3, 25—34 (1954).
[9] Mačička, O.: Naturinfektionsherde. SAV, Bratislava 1956, S. 267.
[10] Nižňansky, F.: Naturinfektionsherde. SAV, Bratislava 1956, S. 262.
[11] Pawlowski, J. N.: Naturinfektionsherde. SAV, Bratislava 1956, S. 16.

[12] Raška, K. u. Mitarb.: Ein Bericht über die ersten bei uns beobachteten Epidemien des Q-Fiebers. Čsl. lék. čes. 93, 1153 (1954).
[13] Raška, K., Syrůček, L., Kubásek, M.: Epidemiologie der Q-Rickettsiosen bei uns. Čsl. hyg., epidem., mikrobiol., immunol. 4, 26 (1955).
[14] Ryšavý, B., Erhardová, B.: Naturinfektionsherde. SAV, Bratislava 1956, S. 220.
[15] Syrůček, L., Raška, K., Lim, D., Havlík, O.: Neue serologische Befunde der Q-Rickettsiose bei Vögeln. Čsl. hyg., epidem., mikrobiol., immunol. 4, 22 (1955).
[16] Syrůček, L., Vejtrubová, A., Brůčková, M.: Experimentelle Infektion bei Geflügel mit Coxiella burneti. Čsl. hyg., epidem., mikrobiol., immunol. 4, 195 (1955).
[17] Syrůček, K. u. Mitarb.: Isolation der Coxiella burneti von freilebenden Vögeln in der Tschechoslowakei. Čsl. hyg., epidem., mikrobiol., immunol. 4, 199 (1955).
[18] Syrůček, L., Raška, K.: Naturinfektionsherde. SAV, Bratislava 1956, S. 195.
[19] Valenta, V.: Bemerkungen zur Bionomie, Entwicklung und wirtschaftliche Bedeutung der Zikade Hyalestes obsoletus sign. in der Tschechoslowakei. Zoolog. a entomol. listy. 2, 267 (1953).
[20] Valenta, V.: Das Vorkommen der Krankheiten bei Kulturpflanzen in Naturinfektionsherden. SAV, Bratislava 1956, S. 246.

DISKUSSION

F. Przesmycki

Komplexe Erforschung der Zeckenenzephalitis in Polen

In Polen wurden in den Jahren 1953/54 zwei Naturherde der Zeckenenzephalitis festgestellt: ein Herd an der tschechoslowakischen Grenze, ein weiterer an der Grenze zur Sowjetunion. Auf Grund serologischer und klinischer Untersuchungen wurden in diesen Herden 178 Zeckenenzephalitisfälle registriert. Von den Kranken wurden 15 Stämme des Zeckenenzephalitis-Virus, außerdem 5 Stämme aus Zecken der Gattung Ixodes ricinus isoliert.

Auf Grund dieser Ergebnisse wurden folgende Probleme zur Bearbeitung vorgeschlagen:

1. Erforschung der Naturinfektionsherde in Polen.
2. Studium der Infektionswege. Wir sind der Meinung, daß die Übertragung der Infektion nicht nur durch Zecken erfolgt. Wahrscheinlich spielen dabei auch andere Insekten eine Rolle. Zur Lösung dieser Frage wurden Forschungen in den Urwaldgebieten in einem Bereich von 50000 Hektar eingeleitet. Ein Teil dieses Gebietes im Ausmaß von 4000 Hektar ist als Naturpark von Białowiesski bekannt. In diesem Naturpark gibt es weder Siedlungen, noch wird er von Menschen oder Haustieren besucht.
   In diesen Gebieten haben wir Zeckenenzephalitis-Forschungen vorgenommen und an einer Stelle — genannt Białovieża — unser Laboratorium aufgestellt.
   Unsere Forschungsarbeit gliederte sich in zwei Etappen:

1. In der ersten Etappe erforschten wir unter diesen Urwaldbedingungen die Zirkulation des Zeckenenzephalitis-Virus. Zu diesem Zweck wurden kleine Säugetiere, später auch Arthropoden gefangen und von den Säugetieren Blut und Gehirn untersucht.
2. In der zweiten Etappe verfolgten wir die Verbreitung des Virus aus dem Naturpark in die an seinem Rande gelegenen Siedlungen.

Die erste Etappe dauerte vom 15. Mai bis 15. Oktober 1955. Das Einfangen der kleinen Säugetiere geschah in folgenden Waldarten:

A. Querceto — carpinetum;
B. Froscineto — pineto — alnetum;
C. Querceto — pineto — pinetum.

Die zweite Etappe folgte im Jahre 1956 vom 15. Mai bis 15. September.

Die Fangstellen wurden am Rande des Waldes, an Weideplätzen und in den Siedlungen selbst ausgewählt und hier Zecken und Mücken gesammelt.

Alle diese Forschungsarbeiten wurden von einem Kollektiv von Virologen, Epidemiologen und Klinikern durchgeführt.

Kleine Säugetiere wurden mit Hilfe speziell konstruierter Zylinder eingefangen und in kleinen Beuteln gesammelt. Sie wurden folgendermaßen untersucht:

1. Von lebenden Säugetieren wurden Herzblutproben zur serologischen Untersuchung entnommen.
2. Von narkotisierten Tieren wurden alle Ektoparasiten gesammelt.
3. Es wurde Art und Geschlecht der Tiere festgestellt.
4. Mit Gehirn- und Herzmaterial wurden virologische Untersuchungen ausgeführt.
5. Mücken wurden mit Hilfe eines Exhaustors eingefangen.
6. Zecken wurden auf die bekannte Art gesammelt.

Im Jahre 1955 wurden 2270 Säugetiere von 16 Arten gefangen. Von diesen Säugetieren wurden mehrere Virusstämme isoliert, die pathogen für weiße Mäuse sind.

Im Jahre 1956 wurden 198 Säugetiere eingefangen, von denen ebenfalls mehrere Virusstämme isoliert wurden.

Im Jahre 1955 wurden 17000 und im Jahre 1956 2425 Arthropoden untersucht, von denen eine Anzahl von Virusstämmen isoliert wurde, die ebenfalls für Mäuse pathogen sind.

F. HANZAL

Beitrag zur komplexen Erforschung der Naturherdinfektionen

Zur komplexen Erforschung eines Naturinfektionsherdes fehlt nach meiner Meinung noch ein bedeutsames Glied, und zwar der fachgebildete Kliniker. Manche Fälle von Neuroinfektionen entgehen dem Nachweis, weil manche Patienten ärztliche Hilfe nicht in Anspruch nehmen oder weil ihre Erkrankung durch den behandelnden Arzt nicht richtig diagnostiziert wird. Erst eine Epidemie oder ein schweres klinisches Bild erwecken größere Aufmerksamkeit, eventuell auch das Interesse der Fachärzte.

Informationen, die ein interessierter Facharzt von den Einwohnern, von praktischen Ärzten und Krankenhausärzten sammelt, sowie besonders die Gelegenheit zur fachärztlichen Untersuchung der Erkrankten können das Gesamtbild des zu untersuchenden Gebietes vervollständigen.

Deshalb wäre es nützlich, wenn zur Mitarbeit bei der Untersuchung eines bestimmten Gebietes stets auch ein klinischer Fachmann eingeladen würde.

N. A. SEJTLJONOK

Organisation der komplexen Erforschung der Naturherdinfektionen und Aufgaben bei der Liquidierung einzelner Naturherde der Zeckenenzephalitis

In den Jahren 1935/36 wurde in der UdSSR eine neue Krankheit, die Frühsommerenzephalitis, entdeckt, und es wurden Expeditionen unter der Leitung von SILBER, PAWLOWSKI, SMORODINZEW und anderen Spezialisten unternommen. Diese vielseitige Organisation trug zur Lösung des Problems dieser neuen Krankheit bei. Der erste klinische Forscher, PANOW, nannte diese Krankheit Enzephalitis B.

Arthropodenforscher wiesen den Anteil der Zecken an der Epidemiologie dieser Krankheit nach. Die Virologen bestimmten das Virus der Zeckenenzephalitis als Erreger. Die Mitarbeit von Veterinärärzten, Virologen, Parasitologen und Klinikern bildete die Grundlage für die komplexe Erforschung dieser Krankheit. Diese Art der komplexen Forschung wird auch bei anderen Krankheiten, z. B. bei der Gruppe der hämorrhagischen Virusinfektionen, angewendet.

Was die Organisation anbelangt, so will ich zugeben, daß in manchen Fällen Spezialisten beteiligt werden müssen, und zwar auch andere, als hier erwähnt wurden. Dr. HANZAL wies ganz richtig auf die Teilnahme von Klinikern hin, insbesondere von Neurologen. Zur Erforschung des hämorrhagischen Fiebers mußten auch Hämatologen und Physiologen hinzugezogen werden. Außer den Fachleuten der Zentralinstitute und des Ministeriums für Gesundheitswesen müssen auch die Angestellten der örtlichen Behörden mitwirken, um der Krankheit vorzubeugen und sie auszuschalten.

Nach meiner Meinung müssen auch die Fragen der Terminologie geklärt werden. Es handelt sich vor allem um die Überträger und die Reservoire. Die Zecke ist nicht nur Überträger des Virus vom Tier auf den Menschen, sondern sie ist selbst Reservoir des Virus in zwischenepidemischen Zeiten. Prof. TSCHUMAKOW zeigte, daß die Zecken drei Generationen lang das Virus übertragen, ohne daß die Menge des Virus dabei reduziert wird. Warmblüter sind nur sekundäre Glieder bei der Infektionsverbreitung in der Natur. Die Bezeichnung „Überträger" und „Reservoir" löst das Problem nicht völlig.

Im einleitenden Referat und in den Diskussionsbeiträgen wurden mit Recht auch andere Viruskrankheiten erwähnt. Die Erforschungen der Naturherde sollten wirklich komplex organisiert werden. In der Sowjetunion wurden vor Anlegung neuer Siedlungen komplexe Forschungsbrigaden von Virusforschern und anderen Spezialisten entsandt, um das Terrain von natürlichen Infektionsherden frei zu machen.

H. LIBÍKOVÁ

Die Komplexität der Erforschung von Naturherden der Enzephalitiden im Hinblick auf die Entdeckung von EEE-Naturherden in Europa

Wir haben uns zu dieser Tagung versammelt, um die Problematik der Zeckenenzephalitis in Mitteleuropa zu lösen, die sich in den letzten 10 Jahren außerordentlich schnell entwickelt hatte. Die komplexe Terrainerforschung als moderne Methode für die Erkenntnis von Naturherdinfektionen besprechen wir als erstes Diskussionsthema. Diese Methode stellt eine zweckmäßige sanitäre Forschungsmethode dar, welche die Problematik der Natur, das Milieu des Menschen und seiner Haustiere in der ganzen Kompliziertheit der dialektischen Zusammenhänge zu lösen versucht.

Die komplexe Untersuchung von Material aus der Natur bringt immer wertvolle Erkenntnisse. Als Beweis hierfür können wir die Entdeckung des West-Nil-Virus und anderer tropischer Viren in Afrika und Südamerika bei der Erforschung von Vektoren des Gelbfiebers nennen. Auch wir haben während der komplexen Terrainuntersuchungen bei der Erforschung der Zeckenenzephalitis in der Ostslowakei in den Jahren 1952/53 eine ähnliche gesetzmäßige Begleitentdeckung gemacht. Wir haben drei Virusstämme aus Zecken und kleinen Nagetieren im ostslowakischen Naturherd isoliert, welche als EEE-Virus identifiziert wurden. Es handelte sich dabei um die Zecke Ixodes ricinus, die bisher als Vektor für das Virus der EEE nicht bekannt war, und um Nagetiere der Arten Clethrionomys glareolus und Sorex araneus, die bisher als Reservoirtiere bei der EEE ebenfalls unbekannt waren. Bei serologischen Studien haben wir spezifische neutralisierende oder komplementbindende Antikörper bei Nagetieren, Rehböcken, Hasen und Kühen, aber auch bei Menschen gefunden, und zwar nicht nur in der Ostslowakei, sondern auch im westslowakischen und nordslowakischen Raum (Acta virologica, 1, 93—119 [1957]).

Wir haben die Stämme der EEE-Viren aus der Slowakei auf ihre Pathogenität experimentell sehr gründlich geprüft. Sie erwiesen sich bei intracerebraler Impfung nicht nur für alle Laboratoriumstiere als hochpathogen, sondern auch für Pferd, Schaf, Ziege, Schwein, Hase, Ziesel und Wanderratte. Unsere Stämme haben somit die gleiche Virulenz wie die amerikanischen Stämme der EEE-Viren. Sie zeigen auch andere Besonderheiten, die bei den amerikanischen Stämmen bekannt sind: geringe Virulenz nach peripherer Applikation bei erwachsenen Tieren (mit Ausnahme von Hamstern), Unschädlichkeit für erwachsene Hühner sogar nach intracerebraler Impfung, hohe Pathogenität auch nach der extraneuralen Applikation für infantile Laboratoriumstiere.

So haben wir festgestellt, daß es in Europa Naturherde der amerikanischen Pferdeenzephalomyelitis, Typ Ost, gibt, obwohl Erkrankungsfälle bei Menschen oder Haustieren bisher nicht diagnostiziert wurden. Dies bedeutet nicht, daß sie in Europa nicht vorkommen, auch wenn sie große Epidemien wahrscheinlich zur Zeit nicht hervorrufen.

Wir haben diesen Befund ausführlicher beschrieben, weil wir ihn als Begründung für zwei Vorschläge vorlegen wollten:

1. Wir erachten es für notwendig, Material von Menschen und Tieren, die Entzündungen des zentralen Nervensystems aufweisen, sowie auch das Material aus der Natur auf das Vorkommen von EEE- bzw. WEE-Viren systematisch zu untersuchen, und zwar nicht nur in der Tschechoslowakei, wo man in mehreren Arbeitsstellen mit diesen Untersuchungen schon begonnen hat, sondern auch in den anderen Ländern Europas. Wir sind der Meinung, daß Naturherde der EEE in entsprechenden Biotopen von Mitteleuropa keine Seltenheit darstellen. Es ist nicht ausgeschlossen, daß diese Viren in der Vergangenheit Epidemien verursachten, die damals jedoch ursächlich noch nicht geklärt werden konnten.
2. In Europa wurde die Anwesenheit der Viren der Zeckenenzephalitis, der EEE und der lymphozytären Choriomeningitis festgestellt. Es ist aber durchaus möglich, daß auch Naturherde anderer transmissiver Enzephalitiden vorhanden sind.

Bei der Kontrolle der menschlichen Neuroinfektionen hat man ja mit den Antigenen der WEE, EEE, der SLE-JE-Gruppe und anderer Virusarten nicht systematisch gearbeitet. Sporadische und epidemische Fälle menschlicher Enzephalitiden, die ätiologisch nicht geklärt werden konnten, sind der Beweis dafür. Virusisolierungsversuche und serologische Prüfungen des Materials aus der Natur sollten daher systematisch auch in dieser Richtung unternommen werden.

Meiner Meinung nach sind diese beiden Vorschläge durch die Erkenntnisse über Naturherdenzephalitiden in der ganzen Welt begründet. Diese Gruppe menschlicher Erkrankungen ist wirklich ein die ganze Welt umspannendes Problem geworden, denn in jedem Weltteil bestehen Naturherde von Virusenzephalitiden. Manche Enzephalitiden sind in mehreren Weltteilen verbreitet: die Zeckenenzephalitiden in Asien (einschl. Indiens) und in Europa, die Enzephalitis des westlichen Nil in Afrika sowie in Malaya und Borneo.

Alle diese Erkenntnisse bestätigen die Lehre von Naturherden mancher Infektionskrankheiten des Menschen, die von J. N. Pawlowski begründet wurde. Von diesem Standpunkt aus sollten wir die Vorschläge zur Erforschung und Bekämpfung der transmissiven virusbedingten Neuroinfektionen in Europa ausarbeiten.

V. Bárdoš

Entdeckung eines Naturherdes von Pferdeenzephalomyelitis des östlichen Typus (EEE) im Donaugebiet

Gestatten Sie, daß ich Sie in einem kurzen Diskussionsbeitrag mit den Ergebnissen der Arbeiten unseres Institutes über das Auftreten von Pferdeenzephalomyelitis-Infektionen bekannt mache.

In den kommenden Jahren wird man mit den Arbeiten an dem großen Donau-Wasserbau beginnen. Wir hatten die Aufgabe festzustellen, ob die an diesem Werk beteiligten Arbeitskräfte nicht durch neurotrope Virusinfektionen bedroht sein werden. Dank der guten Zusammenarbeit von Zoologen, Parasitologen, Ornithologen, Veterinärärzten und Infektiologen haben wir ein wertvolles Material angesammelt. Ich will nicht über alle Ergebnisse berichten, sondern nur über diejenigen, welche die Pferdeenzephalomyelitis-Infektionen betreffen.

Im Frühjahr 1954 wurden uns 399 Nagetiere zur Untersuchung eingesandt, darunter waren 56 Tiere der Art Gelbhalsmaus — Apodemus flavicollis. Wir haben elf Gehirnmischungen vorbereitet, und aus einer Mischung von sechs Gehirnen isolierten wir einen Virusstamm, den wir mit der Nummer 142 bezeichneten. Diesen Stamm haben wir mit Hilfe kreuzweiser Komplementbindungsreaktion und im Kreuzneutralisations- und Kreuzschutztest als Pferdeenzephalomyelitis-Virus östlichen Typus identifiziert (Abb. 1, Tab. 1 u. 2).

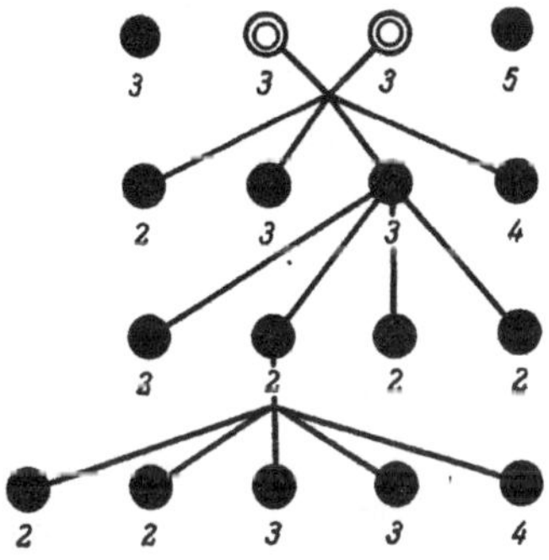

Abb. 1
Isolierungsschema des Stammes „142“ des Virus der EEE aus dem Gehirn von Apodemus flavicollis

● Verendete Mäuse; die Ziffern bedeuten den Tag des Absterbens nach der Inoculation

◎ Mäuse, getötet zur Blindpassage

Tabelle 1. Intracerebraler Kreuzneutralisationstest

Serum	Neutralisationsindex des Virus			
	EEE	142	WEE	„0“
EEE	3700	3200	—	—
142	1600	800	0	0
WEE	—	<10	650	—
„0“	—	30+	—	23000+

+ = Meerschweinchenserum 0 = negativ — = nicht untersucht

Durch Untersuchung von Herzspülflüssigkeiten wildlebender Nagetiere wurden im extraneuralen Neutralisationstest Antikörper gegen dieses Virus in geringem Prozentsatz festgestellt. Auch bei der Untersuchung von Herzspülflüssigkeiten abgeschossener Vögel wurden Antikörper festgestellt (Tab. 3).

Tabelle 2. Kreuzweiser intracerebraler Protektionstest

Mäuse immunisiert mit Virus	Challenge mit Virus		
	142	EEE	WEE
142	40000*	14500	0
EEE	3000	1000	—
WEE	0	—	68000

0 = negativ — = nicht untersucht * = Protektionsindex

Tabelle 3. Ergebnis des extraneuralen Neutralisationstestes mit Seren von wildlebenden Tieren gegen den Stamm „142" des Virus der EEE an säugenden Ratten im Jahre 1955
(Für die Versuche wurden Herzspülflüssigkeiten verwendet)

Tierart	Zahl der durchgeführten Neutralisationsteste	Zahl		
		+	±	—
Nagetiere	54	1*	1**	52
Vögel	28	1***	2+	25
Zusammen	82	2	3	77
	100,0%	2,4%	3,6%	94,0%

* = Cl. glareolus, NI = 290 ** = Sorex araneus *** = Dentrocopus major, NI = 180
+ = Passer montanus, Regulus regulus

Tabelle 4. Ergebnis des extraneuralen Neutralisationstestes mit Seren von Haustieren und wildlebenden Vögeln aus dem Donaugebiet gegen die Viren der EEE und WEE

Tierart	Virus	Zahl der Teste	NI			
			<49	50—99	100—999	>1000
Kuh	EEE	41	39		2	
	WEE	41	34		7	
Schaf	EEE	32	30		2	
	WEE	31	27	1	3	
Schwein	EEE	23	21		1	1
	WEE	23	19	1	3	
Geflügel*	EEE	17	17			
	WEE	22	21		1	
Pferde	EEE	44	44			
	WEE	40	40			
Kormorane	EEE	18	16			
	WEE	18	17		1	
Reiher	EEE	8	8			
	WEE	8	8			
Zusammen	EEE	183	177		5	1
	WEE	183	165	2	16	

* = Mischung der Seren von 20 Tieren

Antikörper gegen dieses Virus fanden wir auch im Serum von Haustieren, und zwar bei 4,8% (Tab. 4). In den Seren von 55 gesunden Bewohnern dieses Gebietes haben wir keine neutralisierenden Antikörper gegen das EEE-Virus festgestellt.

Die Seren von Haustieren haben wir auch im extraneuralen Neutralisationstest gegen das Pferdeenzephalomyelitis-Virus, Typ West, untersucht. Obwohl dieser Typ in der Tschechoslowakei bis jetzt noch nicht isoliert werden konnte, wurden in den Seren von Haustieren spezifische neutralisierende Antikörper gegen dieses Virus festgestellt (Tab. 4). Ein Detailauszug aus dem Protokoll zeigt die Einzelheiten eines solchen Neutralisationstestes (Tab. 5).

Tabelle 5. Protokoll des extraneuralen und des intracerebralen Neutralisationstestes mit Seren von Kühen gegen das Virus der WEE (Detailauszug)

Serum	Inokulationsart und -dosis	Virusverdünnung						LD_{50}	NI
		10^{-4}	10^{-5}	10^{-6}	10^{-7}	10^{-8}	10^{-9}		
Neg. Meerschweinchen	Saugende Ratten s. c. 0,05			4/4	6/6	1/6	0/6	$10^{-7,6}$	
Kuh No 41 (1 : 10)	„	1/6	0/6	0/6	0/6			10^{-4}	4000
Kuh No 31 (1 : 10)	„	0/6	0/6	0/6				10^{-4}	4000
Kuh No 42 (1 : 10)	„	6/6	0/6	0/6	0/6			$10^{-4,5}$	1300
Neg. Meerschweinchen	Weiße Maus i. c. 0,03			6/6	4/6	4/6	0/6	$10^{-8,1}$	
Kuh No 41 (konz.)	„	6/6	4/6	2/6	0/6	0/6		$10^{-5,5}$	420
Kuh No 42 (konz.)	„		5/6	3/6	2/5	1/5		$10^{-6,2}$	80
Neg. Meerschweinchen	„		6/6	6/6	4/6	2/6		$10^{-7,5}$	
Kuh No 31 (1 : 10)	„	6/6	4/5	1/6	0/6			$10^{-5,5}$	100

In den Seren von 55 gesunden Bewohnern dieses Gebietes haben wir keine neutralisierenden Antikörper gegen das EEE-Virus gefunden. Mittels des extraneuralen Neutralisationstestes untersuchten wir auch die Seren der im Jahre 1955 auf der Infektionsabteilung der I. Internen Klinik in Bratislava hospitalisierten Patienten. Die klinische Untersuchung deutete ebenso wie die Untersuchung des Liquors auf eine Virusinfektion des zentralen Nervensystems hin. Wir prüften die Seren von 33 Patienten. Antikörper gegen den Ost-Typ des Pferdeenzephalomyelitis-Virus wurden nicht festgestellt. Bei einem Patienten fanden wir jedoch in allen drei Proben des Serums Antikörper, die den Westtyp des Pferdeenzephalomyelitis-Virus neutralisierten. Zwei andere Kranke, deren Seren auch diesen Typ des Virus neutralisierten, fanden wir in der Ostslowakei bei der Untersuchung von 83 Kranken aus einem Sumpfgebiet.

Es ist nicht möglich, in einer kurzen Diskussion diese Ergebnisse auszuwerten.

So wie die Beschaffung des ganzen Materials ein Resultat der komplexen Arbeit von Fachleuten mehrerer Disziplinen war, soll auch die Auswertung dieses Materials nicht nur allein durch den Virologen, sondern in einer gemeinsamen komplexen kritischen Begutachtung durch Zoologen, Entomologen, Veterinärärzte, Epidemiologen, Kliniker und andere vorgenommen werden. Diese komplexe Begutachtung steht bei diesem Material noch aus. Der vorliegende Diskussionsbeitrag stellt daher keineswegs den Beweis für eine endgültige Anerkennung eines Naturherdes von Pferdeenzephalomyelitis im Donaugebiet dar. Ich glaube aber, daß es unsere Pflicht ist, auf Grund dieser Resultate präventive Maßnahmen in die Wege zu leiten. Hier sollte eine internationale Zusammenarbeit von Österreich, Ungarn und der Tschechoslowakei zustande kommen.

L. Daneš

Zur Frage der Pferdeenzephalomyelitis in der Tschechoslowakei (Isolierung des EEE-Virus vom Menschen)

Gestatten Sie mir bitte, eine kurze Bemerkung zur Frage des Vorkommens des nordamerikanischen Enzephalomyelitis-Virus in der Tschechoslowakei anzuschließen.

In unserem Laboratorium der Militärischen Medizinischen Akademie in Hradec Králové wurde aus dem Gehirn eines verstorbenen jungen Mannes ein Virus-Stamm isoliert, der als nordamerikanisches Pferdeenzephalomyelitis-Virus identifiziert werden konnte. Die klinische Diagnose war „Lyssaverdacht“; pathologisch-anatomisch lag eine Enzephalomyelitis acuta vor.

Virologisch wurde die Identität des isolierten Virus mit dem amerikanischen Stamme EEE N 28 und dem slowakischen Stamm Cg festgestellt.

Die genauen Ergebnisse der Isolierungsversuche werden wir ebenso wie die des Studiums der biologischen Eigenschaften des isolierten Virus in Kürze veröffentlichen.

B. Rosický

Grundlagen für die Erforschung der Naturherde

Untersuchungen über das Vorkommen von Infektionen im Sinne der Lehre von J. N. Pawlowski sind sehr kompliziert. Die Schlußfolgerungen müssen aus der Erforschung von Dynamik und Zirkulation der Infektion in der Natur unter Berücksichtigung allgemeiner Gesetze über das Vorkommen von Naturherden sowie aus den Ergebnissen der experimentellen Untersuchungen gezogen werden. Nach meiner Meinung ist es beim derzeitigen Stand des Studiums der Naturinfektionsherde erforderlich, einige leitende Wissenschaftler in speziellen wissenschaftlichen Institutionen zur Lösung dieser Problematik zu konzentrieren. Ihre Aufgabe wäre die Erforschung der Grundgesetze der Naturherde. Dafür fehlt bei uns bis jetzt eine entsprechende Grundlage.

Noch einige Worte zur wissenschaftlichen Terminologie. Bekanntlich ist das Virus im Organismus der Zecke lange Zeit in infektiöser Form vorhanden. Die Zecke ist somit eigentlich auch ein Reservoir des Virus der Zeckenenzephalitis. Wir verwenden die Terminologie der sowjetischen parasitologischen Schule. In der parasitologischen Literatur der ganzen Welt sind die Ausdrücke „Reservoir“ für Wirbeltiere und „Vektor“ oder „Überträger“ für Insekten und Zecken seit mehr als 100 Jahren bekannt. In den Publikationen von J. N. Pawlowski lesen wir, daß der Fachausdruck „Reservoir“ für die Zecke nicht verwendet werden soll, weil die Zecke das Virus nur beherbergt und überträgt. Der Anstoß zur Revision dieser Fachausdrücke, der durch dieses Symposium gegeben wurde, erscheint uns sehr notwendig.

F. Fornosi

Erforschung der Naturherde der Zeckenenzephalitis in Ungarn

Anläßlich einer Meningoenzephalitisepidemie in Tatabanya wurden im Jahre 1950 55 klinische Fälle und im Jahre 1951 26 Fälle von Meningoenzephalitis registriert. Bei der Erforschung der Epidemie vom Jahre 1951 gelang es nicht, ein Virus aus Kranken oder Zecken zu isolieren. Die Seren der Rekonvaleszenten neutralisierten aber das Virus der Zeckenenzephalitis. Zwei Mäusegruppen, die mit Zeckensuspensionen geimpft worden waren, und zwei andere, die mit dem Blut bzw. Liquor der Kranken aus dem frühen Stadium der Krankheit behandelt worden waren, erwiesen sich als immun, wenn sie 6 Wochen nach dieser Impfung mit dem Virus der Zeckenenzephalitis infiziert wurden.

Im Jahre 1952 wurde eine neue Terrainexpedition ausgesandt, und dabei wurden 2485 Zecken aus einem endemischen Herd bearbeitet. Wir konnten von diesem Material zwei Virusstämme isolieren und bezeichneten sie mit „KE m_1“ und „KE m_2“.

Im Jahre 1956 wurde eine weitere Expedition in diesen Naturherd zum Zwecke biozönotischer Forschungen unternommen.

G. Grinschgl

Terrainerforschung der österreichischen Meningoenzephalitis

Eine systematische Untersuchung der Naturherde hat es in Österreich bisher nicht gegeben. Bei der großen Epidemie 1953 in der Steiermark (304 Fälle) wurden 5 Stämme aus Gehirnbrei von Todesfällen isoliert. Im Jahre 1954 und 1955 gelangen ebenfalls Virusisolierungen aus dem Gehirn verstorbener Patienten. Eine niederländisch-österreichische Gruppe (van Tongeren, Richling, Weyler und Witterdink) führte im Sommer 1954 Untersuchungen im Terrain durch, und die Erfahrungen wurden in einer gemeinsamen Publikation veröffentlicht (Wien. med. Wschr., 105, 1046 [1955]). Neutralisierende Antikörper ließen sich bei Kühen, Ziegen, Rehen, Hasen, Hühnern, Fasanen und Rebhühnern nachweisen (u. a. von 20 Kühen 8mal positiv, von 17 Ziegen 11mal positiv). Bei den in endemischen Gebieten gesammelten Moskitos und Stechmücken konnte kein Virus isoliert worden. Pattyn und Wyler wiesen bei künstlich infizierten Culex molestus das Virus noch 18—24 Stunden p. i., bei Anopheles maculipennis sogar noch 5—6 Tage p. i. nach. Die Übertragung des Virus von experimentell infizierten Fliegen und Stechmücken auf Laboratoriumstiere gelang nicht. Bei den 1955 in Gebieten endemischer Häufung der Enzephalitisfälle gesammelten Zecken gelang uns eine Virusisolierung nicht. Dagegen glückte die experimentelle Infektion einer Ziege und der Nachweis der Virusausscheidung durch Milch. Jettmar konnte 1954 aus gesammelten Zecken 2 Stämme, 1955 sogar 4 Stämme eines mäusepathogenen Virus isolieren (Zschr. f. Jagdwissenschaften 2, 174 [1956]). Die Identifizierung und Typisierung dieser Stämme ist noch nicht abgeschlossen, jedoch konnte Verlinde im Mäuseneutralisationsversuch zwar eine Verwandtschaft, jedoch keine Identität der Virusstämme mit dem vom Menschen isolierten GRAZ-Stamm feststellen (München Med. Wschr. 98, 1029 [1956]).

RESOLUTION ZUM THEMA I

Komplexe Erforschung der Naturherdenzephalitiden

1. Der Vortrag von D. Blaškovič sowie die Diskussionsbeiträge zum ersten Thema von F. Przesmycki, N. A. Sejtljonok, F. Fornosi, H. Libíková, V. Bárdoš und G. Grinschgl haben auf Grund der in der Sowjetunion, Tschechoslowakei, Polen, Ungarn und anderen Ländern durchgeführten Arbeiten die Bedeutung der komplexen Erforschung von Naturherdinfektionen dargelegt. Die Bedeutung der Methode kam besonders am Beispiel der Erforschung der Zeckenenzephalitis zum Ausdruck.

Die Zusammenarbeit verschiedener Fachleute (Virologen, Mikrobiologen, Epidemiologen, Parasitologen, Neuropathologen, Infektiologen, Zoologen und andere) gewährleistet, das Problem schnell und allseitig anzupacken und bildet die Voraussetzung für schnelles Erarbeiten diagnostischer, therapeutischer und prophylaktischer Methoden.

Die Teilnehmer des Symposiums befürworten die Anwendung der komplexen Forschungsmethode in allen Ländern zur Aufdeckung und zum Studium von Naturherden der Zeckenenzephalitis und anderer Infektionskrankheiten.

2. Während der Erforschung der Zeckenenzephalitis in der Tschechoslowakei wurden gleichzeitig Naturherde der Pferdeenzephalomyelitis des östlichen Typus entdeckt (Libíková, Bárdoš, Daneš). Es ist nötig, auch die Arbeiten der sowjetischen Wissenschaftler über die Naturherde verschiedener virusartiger hämorrhagischer Fiebererkrankungen zu erwähnen (Krimsche, Omsksche, fernöstliche hämorrhagische Fiebererkrankung sowie hämorrhagische Nephroso-Nephritis).

In Anbetracht dessen befürworten die Symposiumteilnehmer bei der Erforschung von Naturherden die Anwendung virologischer und serologischer Methoden sowie klinischer, epidemiologischer, parasitologischer und anderer Untersuchungen, die nicht nur für die Erforschung der Zeckenenzephalitis geeignet sind, sondern auch für die Pferdeenzephalomyelitis westlichen und östlichen Typus, die lymphocytäre Choriomeningitis, hämorrhagische Fiebererkrankungen und andere Viruskrankheiten mit Naturherdcharakter in Frage kommen.

3. In einigen Diskussionsbeiträgen (Sejtljonok, Rosický) wurde auf gewisse Unstimmigkeiten beim bisherigen Gebrauch der Terminologie hingewiesen, die sich auf die Begriffe „Reservoir" und „Überträger" beziehen und die nicht mit dem Inhalt der bei der Zeckenenzephalitis erforschten Tatsachen übereinstimmen. Das Symposium hält es daher für angebracht, eine Kommission einzusetzen, deren Aufgabe es ist, die Ansichten von Virologen, Epidemiologen und Parasitologen über terminologische Fragen bei der Problematik des Naturherdvorkommens in Zusammenarbeit zu klären und zu vereinheitlichen. Dieser Kommission sollen angehören: Prof. J. N. Lewkowitsch (UdSSR), Prof. P. A. Petristschewa (UdSSR), Prof. F. Przesmycki (Polen), Doz. J. Lachmajer (Polen), Dr. V. Bárdoš (ČSSR) und Dr. B. Rosický (ČSSR). Die endgültigen Resultate werden in den Zeitschriften „Voprosy Virusologii", „Acta Virologica" und „Zoologičeskij žurnal" veröffentlicht.

4. Die Konferenzteilnehmer sehen den großen Nutzen dieses Symposiums darin, daß wichtige Probleme der Naturherdenzephalitiden besprochen werden konnten, und halten es für nötig, weiterhin eine noch engere internationale Zusammenarbeit bei der Erforschung dieses Problems anzustreben. Dies soll geschehen durch Austausch von Fachleuten, durch Organisation von gemeinsamen Forschungsarbeiten und gemeinsamen Expeditionen, durch Austausch von Virusstämmen, von diagnostischen Präparaten sowie von Heil- und

Schutzmitteln, Instruktionen usw. Das Symposium hält es für wünschenswert, die nächste internationale Beratung über Naturinfektionsherde im ersten Quartal 1958 in der UdSSR abzuhalten.

Prof. D. Blaškovič, Prof. N. A. Setjljonok

D. Blaškovič

NACHTRAG ZUM THEMA I

Im Thema I, das die komplexe Erforschung von Naturherdenzephalitiden zum Gegenstand hat, wurden mehrere Infektionskrankheiten mit Naturherdcharakter angeführt. Im einleitenden Referat bezog ich mich auf Angaben verschiedener Autoren über den Nachweis von mehreren menschenpathogenen Krankheitserregern, deren Vorhandensein in der Natur als erwiesen galt, wenngleich ihre Ökologie nicht in allen Einzelheiten bekannt war. Es handelt sich dabei unter anderem um die Viren der Nordamerikanischen Pferdeenzephalomyelitis, denen mehrere Diskussionsbeiträge gewidmet waren. In diesen Beiträgen wird ebenso wie im Hauptreferat und in der Resolution betont, daß die Bedeutung dieser Viren in der Natur noch nicht geklärt ist und daß in dieser Hinsicht weitere Untersuchungen dringend notwendig sind. In verschiedenen Zeitschriften wurde außerdem von einigen Autoren angegeben, daß mit dem westlichen Typ des Pferdeenzephalomyelitis-Virus (WEE) gearbeitet worden sei. De facto handelte es sich dabei jedoch um den östlichen Typ dieses Virus (EEE) und umgekehrt. Eine entsprechende Richtigstellung wurde bereits veröffentlicht[1]).

Die Frage über das Vorkommen der Pferdeenzephalomyelitis-Viren in der Tschechoslowakei ist noch nicht abgeschlossen. Nach entsprechend besseren und längeren Erfahrungen kann heute auch nicht mit Sicherheit die Möglichkeit ausgeschlossen werden, daß es seinerzeit zur „Isolierung" eines im Laboratorium passagierten Stammes des Pferdeenzephalomyelitis-Virus gekommen ist, wie dies bereits in mehreren Laboratorien zuvor geschah. Weitere Nachforschungen in Lokalitäten, in denen bereits Virusisolierungen gelungen sind, werden ebenso wie serologische Übersichten und Untersuchungen über die Überträger und Ökologie des Virus eine endgültige Beantwortung aller dieser Fragen zulassen. Es ist mir bekannt, daß Dr. Bárdos und Dr. H. Libíková dieses Problem verfolgen und seiner Lösung zuführen werden. Bis dahin muß es jedoch noch als völlig offen, d. h. ungelöst betrachtet werden. (Bratislava, am 18. Juni 1960)

---

[1]) D. Blaškovič: Natural Foci of Equine Encephalomyelitis in Czechoslovakia. An announcement. Acta virologica 2, 198 (1958) (English Edition).

THEMA II

Gegenüberstellung der epidemiologischen Erfahrungen in den einzelnen Ländern

Präsidium:

Prof. K. Raška, Prof. F. Przesmycki, Dr. J. Kmet

Sekretär:

Dr. O. Havlík

HAUPTREFERATE

K. RAŠKA

Institut für Epidemiologie und Mikrobiologie, Prag

Epidemiologie der Zeckenenzephalitis in der Tschechoslowakei

Wegen des immer häufigeren Auftretens von Enzephalitisfällen in der Tschechoslowakei nach 1945 vermutete F. GALLIA das Vorkommen der Zeckenenzephalitis auch bei uns. Zur Klärung dieser Frage wurden systematische Forschungsarbeiten eingeleitet [1]. Bereits im Jahre 1948 gelang GALLIA und seinen Mitarbeitern die Isolierung eines Virus bei einem Kranken [2], und im Jahre 1949 konnte über die Isolierung eines Virus gleicher Eigenschaften aus der Zecke Ixodes ricinus berichtet werden. Beide Virusisolierungen fanden in Gebieten statt, in denen Enzephalitisfälle häufiger auftraten.

Nachdem wir im Jahre 1950 während des VI. Kongresses der tschechoslowakischen Mikrobiologen und Epidemiologen und als Teilnehmer einer Delegation tschechoslowakischer Wissenschaftler in der Sowjetunion Gelegenheit hatten, uns mit der Lehre J. N. PAWLOWSKIS über die Naturherde der Infektionen bekannt zu machen, entwickelte sich auch in der Tschechoslowakei eine systematische und komplexe Erforschung der Zeckenenzephalitis. Seither befaßte sich eine Reihe von Versuchsanstalten und Forschern mit virologischen, epidemiologischen, parasitologischen und klinischen Untersuchungen über die Zeckenenzephalitis, und es erschienen bis heute mehr als 70 Publikationen mit vielen neuen und beachtenswerten Erkenntnissen.

Der Erreger der Infektion

Das von GALLIA isolierte Virus und eine Reihe später isolierter Virus-Stämme wurde von einheimischen (GALLIA, RAMPAS, BLAŠKOVIČ, LIBÍKOVÁ, STRAUSS, SLONIM u. a.) und ausländischen (EDWARD [4]) Autoren studiert und in die Gruppe des Virus der russischen Frühsommerenzephalitis, der europäischen Form der Zeckenenzephalitis (die westliche Variante nach TSCHUMAKOW) und des Louping-ill eingereiht. In den Sommermonaten 1948 bis 1952 verfolgten sowjetische Wissenschaftler unter der Leitung von A. A. SMORODINZEW in den nordwestlichen Gebieten der Sowjetunion das Auftreten von Meningoenzephalitiden, welche hauptsächlich klinisch durch zweiphasigen Verlauf der Krankheit und epidemiologisch durch alimentäre Übertragung charakterisiert waren (sog. zweiwellige Virus-Meningoenzephalitis [5]).

A. A. SMORODINZEW [6] ist der Meinung, daß vielleicht in der Tschechoslowakei zwei Formen der Enzephalitis vorkommen, nämlich die klassische Zeckenenzephalitis und die zweiwellige Meningoenzephalitis, die nicht nur durch Ziegenmilch, sondern auch durch Zeckenbefall verbreitet wird. Fur diese Ansicht fehlen bei uns allerdings vorlaufig konkrete Beweise. Wir sind der Meinung, daß der zweiphasige Verlauf der Krankheit sowohl für die durch Zeckenbiß wie auch für die durch Genuß von Milch verursachten Fälle charakteristisch ist. Wir können das Vorkommen beider Übertragungsformen und beider Formen des klinischen

Krankheitsverlaufes gleichzeitig in ein und demselben Naturherd verfolgen, ohne daß sich die isolierten Virusstämme biologisch und immunologisch unterscheiden. Andererseits lehren jedoch die Erfahrungen aus der Epidemie in Rožňava, daß wir das Auftreten verwandter, in ihrem antigenen Verhalten unterschiedlicher Virusstämme bei der Enzephalitis nicht ausschließen dürfen (Blaškovič, Libíková [7]).

Beachtungswert sind weiter die Ergebnisse von Libíková [8] und Bárdoš [9], denen bei der Untersuchung kleiner Reservoir-Säugetiere aus zwei verschiedenen Gebieten der Slowakei die Isolierung des Virus der nordamerikanischen Pferdeenzephalomyelitis (EEE) gelang, obwohl klinisch apparente Erkrankungen beim Menschen noch nicht beobachtet werden konnten. (Während der Diskussion zum Thema I haben Daneš und Mitarbeiter über die Isolierung des Virus der nordamerikanischen Pferdeenzephalitis, Typ Ost, aus dem Gehirn eines an Meningoenzephalitis acuta gestorbenen Mannes berichtet.)

Im folgenden werden wir uns nur mit der Epidemiologie der sog. tschechoslowakischen Zeckenenzephalitis beschäftigen.

Die Inkubationszeit bewegt sich meistens zwischen 7 und 14 Tagen. Sie kann auch kürzer sein. Strauss und Kolman geben in 6 Fällen positiver Virusisolierung eine Inkubationszeit von 3—7 Tagen an. Die sogenannte zweiwellige Meningoenzephalitis alimentären Ursprungs hat eine Inkubationszeit von 4—7 Tagen (Smorodinzew [5]).

Naturherde der Zeckenenzephalitis

Die Zeckenenzephalitis gehört nach der Lehre von J. N. Pawlowski zu den typischen Naturherdinfektionen. Der Infektionserreger, sein spezifischer Überträger und die Reservoirtiere leben im Generationswechsel unbeschränkt lange unter natürlichen Bedingungen und in verschiedenen Biozönosen, unabhängig vom Menschen.

In der Tschechoslowakei treffen wir im Hinblick auf die Zeckenenzephalitis Biotope zwei verschiedener Typen an: einerseits Laub-, Misch- und Nadelwälder bis zu ungefähr 600 m Höhe über dem Meeresspiegel, andererseits besonders in den wärmeren Gegenden der Slowakei (Rosický und Havlík [10]) Weiden vom Charakter der Waldsteppe, Halbsteppe und Steppe. Diesen Biotopen entsprechen verschiedene Biozönosen, die sich aus allen Bestandteilen des Infektionsherdes einschließlich Reservoirlebewesen und Überträger, zwischen denen der Infektionserreger zirkuliert, zusammensetzen.

Der Überträger des Erregers ist die gemeine Zecke (Ixodes ricinus), aus der wiederholt die Isolierung des Virus gelang [3], [10].

Rosický und Havlík [10] sind der Meinung, daß bei der Übertragung des Erregers auch die Zecke Dermacentor marginatus eine Rolle spielt, aus der ebenfalls das Virus isoliert wurde (Libíková).

Die Zecken sind jedoch nicht nur die Überträger des Erregers, sondern auch langfristige Reservoire des Virus in der Natur. Innerhalb der Zecke erhält sich das Virus nicht nur während ihrer ganzen individuellen Entwicklung, sondern wird auch transovariell auf weitere Generationen übertragen.

Mit der Frage der Übertragungsmöglichkeit des Virus der Zeckenenzephalitis durch verschiedene Mückenarten befaßte sich Slonim. Seine experimentellen Arbeiten erbrachten negative Ergebnisse. Das Virus persistierte in Mücken nur 48 Stunden.

In den zur Erhaltung der Zeckenenzephalitis geeigneten Biotopen leben viele kleine und große Säugetiere und Vögel, die sich am Kreislauf des Virus beteiligen. Als Hauptreservoire des Virus sieht man jedoch nur solche Tiere an, die sich rasch vermehren, kurze Zeit leben und reich mit Zecken beladen sind. Zur Erhaltung des Virus im Naturherd sowie zur Infizierung großer Mengen Zecken sind vor allem junge Tiere wichtig, die vorher mit dem Virus in Berührung kamen. Das gilt vor allem für die mäuseartigen Nagetiere.

Die Arbeiten von Rosický, Havlík, Kratochvíl, Mačička u. a. erbrachten viele wertvolle ökologische Erkenntnisse und ermöglichten so ein besseres Erkennen der Naturherde der Zeckenenzephalitis. Besonders wertvoll sind die Ergebnisse serologischer Untersuchungen bei Säugetieren und Vögeln, die in diesen Naturherden leben.

So fanden z. B. Libíková und andere [12] bei der Untersuchung des Naturherdes in der Gegend von Rožňava komplementbindende und neutralisierende Antikörper gegen das Virus der Zeckenenzephalitis bei Hasen, Rehböcken, Wildschweinen, Krähen, Elstern und Eichelhähern.

Kolman und Havlík [13] [14] fanden in mehrjähriger, systematischer Untersuchung zweier Gebietsteile in Böhmen signifikant erhöhte Antikörpertiter bei folgenden Säugetieren und Vögeln: Rodentia: Microtus arvalis, Clethrionomys glareolus, Apodemus flavicollis, Apodemus sylvaticus, Sciurus vulgaris; Insektivora: Sorex araneus, Sorex minutus; Carnivora: Vulpes vulpes; weiter wurden Antikörper bei Rehböcken, Hasen und Igeln festgestellt.

Von großer Wichtigkeit sind auch die positiven serologischen Befunde bei einer Anzahl Vögel:

Picus viridus, Dryobates major, Dryocopius martius, Garrulus glandarius, Carduelis spinus, Fringilla coelebs, Emberiza citrinella, Emberiza schoeniclus, Certhia familiaris, Sitta europaea, Parus major, Parus coeruleus, Parus ater, Parus cristatus, Parus atricapillus, Aegitalos caudatus, Turdus ericetorum, Turdus morula, Erithacus rubecula, Troglodytes troglodytes.

Äußerst interessant und bisher noch nicht näher geklärt sind die serologischen Befunde von Havlík und Kolman bei der Fledermaus (Chiroptera). Wiederholt wurden positive Befunde bei Barbastella barbastellus, Myotis myotis und Rhinolepus hipposideros festgestellt.

Von den angeführten Säugetieren und Vögeln, bei denen Kontakt mit dem Virus der Zeckenenzephalitis nachgewiesen wurde, haben vor allem Apodemus sylvaticus und Clethrionomys glareolus für die Erhaltung des Virus in natürlichen Infektionsherden eine besondere Bedeutung. Von Wichtigkeit sind jedoch auch Sorex araneus, Sorex minutus und Microtus arvalis.

Havlík stellte die Hypothese auf, daß die Zunahme der Zeckenenzephalitisfälle in den Jahren 1948/53 mit den sogenannten „Mäusejahren" zusammenhängen könnte, welche den zunehmenden Krankheitsfällen um ein Jahr vorangingen [15] [16].

Offensichtlich schafft die starke Vermehrung einiger Arten kleiner Säugetiere die idealsten Bedingungen für ein jähes Aufflackern verschiedener Infektionen (Tularämie, Zeckenenzephalitis u. a.) in Naturherden. Beim Aufflammen von epizootischer Enzephalitis unter einigen mäuseartigen Nagetieren kommt es zur gehäuften Infektion der auf ihnen schmarotzenden Zeckenlarven, wo die Bedingungen für eine eventuelle Epidemie im kommenden Jahr gegeben sind.

Bei der Untersuchung der großen Meningoenzephalitisepidemie in Rožňava im Jahre 1951 sprachen wir auf Grund epidemiologischer Untersuchungen gemeinsam mit Blaškovič und Bárdoš die Vermutung aus, daß es sich um alimentäre Übertragung des Enzephalitisvirus durch den Genuß roher Ziegenmilch handelte [7]. Die Richtigkeit dieser Ansicht wurde später unabhängig von uns durch die Arbeiten sowjetischer Autoren (Smorodinzew [5]) bestätigt und nachher auch experimentell in unserem Land bewiesen (Blaškovič, Libíková).

Zusammen mit der Milch wird das Virus bei der Erkrankung von Ziegen im Stadium der Virämie ausgeschieden. Diese Ausscheidung dauert nach Smorodinzew 7—10 Tage. Beim Weiden im Frühjahr werden die Ziegen in den Naturherden der Zeckenenzephalitis von Zecken befallen und infiziert. Rosický und Havlík nehmen an, daß es zur Infektion der Ziege nicht nur beim Saugen der Zecke kommt, sondern auch beim Zerbeißen der angesaugten Zecken durch die Ziegen.

Wenn wir die Ökologie einzelner Tierarten sowie ihre Biologie und ihre gegenseitigen Beziehungen in Betracht ziehen, können wir auf Grund der bisherigen Forschungen den Kreislauf des Zeckenenzephalitisvirus in Naturinfektionsherden wie folgt schematisch veranschaulichen (Abb. 2).

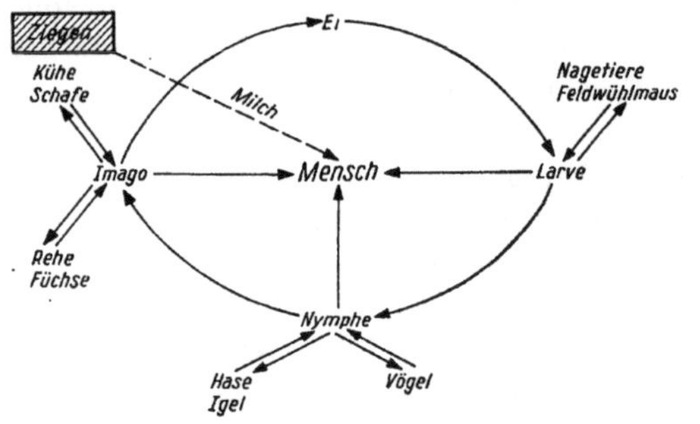

Abb. 2. Kreislauf des Virus in der Natur und Infektionsquellen des Menschen

Der Krankheitsverlauf beim Menschen

Die Krankheit verläuft meist günstig. Die Sterblichkeit beträgt kaum 1% und schwankt noch im Laufe der Jahre. So starben 1948 im Bezirk Beroun von 125 nur 5 hospitalisierte Patienten, im Jahre 1953 von 106 kein einziger (Erhard, persönliche Mitteilung). Ungefähr 75% der Erkrankungen verlaufen zweiphasig. Zwischen dem ein- und zweiphasigen Verlauf der Krankheit besteht nach Henner und Hanzal kein grundsätzlicher Unterschied. Beim einphasigen Verlauf fehlt lediglich die subjektive Besserung des Zustandes in der Zwischenzeit [18].

Die Erkrankungen bei Menschen, besonders bei den dauernd in endemischen Gebieten lebenden, verlaufen gewöhnlich leicht oder unbemerkt. Das beweisen auch die Ergebnisse der epidemiologischen Untersuchung der Bevölkerung in endemischen Gebieten. So fanden im Jahre 1953 Málková, Króo und Žáček [19] bei der Untersuchung von 57 Bewohnern einer Gemeinde und Šerý, Strauss und Izbický [20] bei der Untersuchung von 186 Leuten im Prager Gebiet komplementbindende Antikörper beinahe bei der Hälfte der Untersuchten, ohne daß diese vorausgegangene Erkrankungen angeben konnten. Beachtenswert ist, daß Šerý, Strauss und Izbický in den Jahren 1954/55 bei serologischen Untersuchungen an 64 Personen aus denselben Gebieten nur in 4 Fällen spezifische Antikörper fanden. In diesen Jahren konnten auch weniger klinische Enzephalitisfälle als 1953 beobachtet werden. Das bedeutet, daß wir bei Menschen, die unter den Verhältnissen der Naturinfektionsherde leben und zu verschiedenen Zeiten in mehr oder weniger häufig wiederholte massive Berührung mit Zecken verschiedener Infektionsstadien kommen, einen gewissen Grad kollektiver Immunität voraussetzen müssen.

Die klinischen Symptome der Erkrankungen hängen natürlich nicht nur von der Virusdosis, sondern auch vom augenblicklichen Zustand und der Lebensweise des infizierten Individuums ab. Wir konnten uns wiederholt davon überzeugen, daß erhöhte physische Belastungen (z. B. Sonnenstrahlen bei Feldarbeiten) besonders in der ersten Phase Verlauf und Prognose der Krankheit verschlechtern.

Vorkommen

In den letzten Jahren stellten wir uns oft die Frage, ob die erst nach dem zweiten Weltkrieg erkannte Zeckenenzephalitis schon vorher aufgetreten war. Eine Reihe von Wissenschaftlern (Izbický, Šerý, Strauss, Pešek u. a.) studierte die verhältnismäßig reiche tschechische und slowakische Fachliteratur. Alle stimmten in der Ansicht überein, daß es die Zeckenenzephalitis bei uns schon vorher gegeben hat, die als solche jedoch nicht erkannt wurde.

Meines Erachtens hat Pelnář [21] seit 1921 mit Recht wiederholt auf „Grippemeningismus" und „meningoenzephalitische Syndrome" aufmerksam gemacht. Kuklová-Štúrová [22]

verfolgte mehrere Fälle seröser Meningitis mit saisonhaftem Auftreten. Weitere Berichte publizierten GROSSER [23] und MIKEŠOVÁ [24]. HENNER und ŠIKL [25] beobachteten schon im Sommer 1939 Enzephalitiden, die sich vom Ekonomo-Typ unterschieden und der St. Louis- oder Japanischen B-Enzephalitis ähnelten. Auch diese Autoren machen auf die Notwendigkeit epidemiologischer Forschungen und auf die Möglichkeit eines künftigen häufigeren Auftretens dieser Erkrankungen aufmerksam.

Mit epidemiologischen Neuroinfektionserscheinungen befaßten sich systematisch LÁZNIČKA [26] und VIKLICKÝ [27]. In der Ostslowakei erforschte ENGEL [28] das epidemische Auftreten seröser Meningitis, desgleichen BÁRDOŠ und PEŠEK im Jahre 1944 in der Umgebung von Rožňava.

Auch wenn diese retrospektive Analyse klinischer Beobachtungen aus der Zeit vor dem zweiten Weltkrieg die Möglichkeit einer anderen, sehr verschiedenartigen Ätiologie der Erkrankungen nicht ausschließt, so ist es doch wahrscheinlich, daß es sich in einzelnen Fällen um Zeckenenzephalitis handelte.

Die Möglichkeit einer Einschleppung der Zeckenenzephalitis während der letzten Phase des zweiten Weltkrieges ist um so weniger wahrscheinlich, als dieselbe Zeckenenzephalitis auch in solchen Teilen Mittel- und Westeuropas entdeckt wurde, die von Kriegsoperationen verschont geblieben waren. Das bedeutet aber nicht, daß die Naturherde der Zeckenenzephalitis sich nicht ausbreiten, sondern daß sie auf Grund der Neuansiedlung zeckenverseuchter Haustiere oder infolge Futterversandes u. ä. neu auftreten können.

Auf Grund der Entwicklung der Virusforschung und der Erforschung der Naturinfektionsherde in der Tschechoslowakei wurden 1953 in den verschiedenen Gebieten unseres Landes manifeste Naturherde der Zeckenenzephalitis nachgewiesen. In anderen Gegenden gibt es latente Infektionsherde, in denen wir bei Untersuchung der Reservoirsäugetiere und Vögel die Gegenwart des Virus bewiesen, jedoch vorläufig keine Erkrankungen beim Menschen registrieren konnten. Schwerwiegender ist aber, daß einige Naturherde der Zeckenenzephalitis in der Nähe großer Städte und Kurorte liegen.

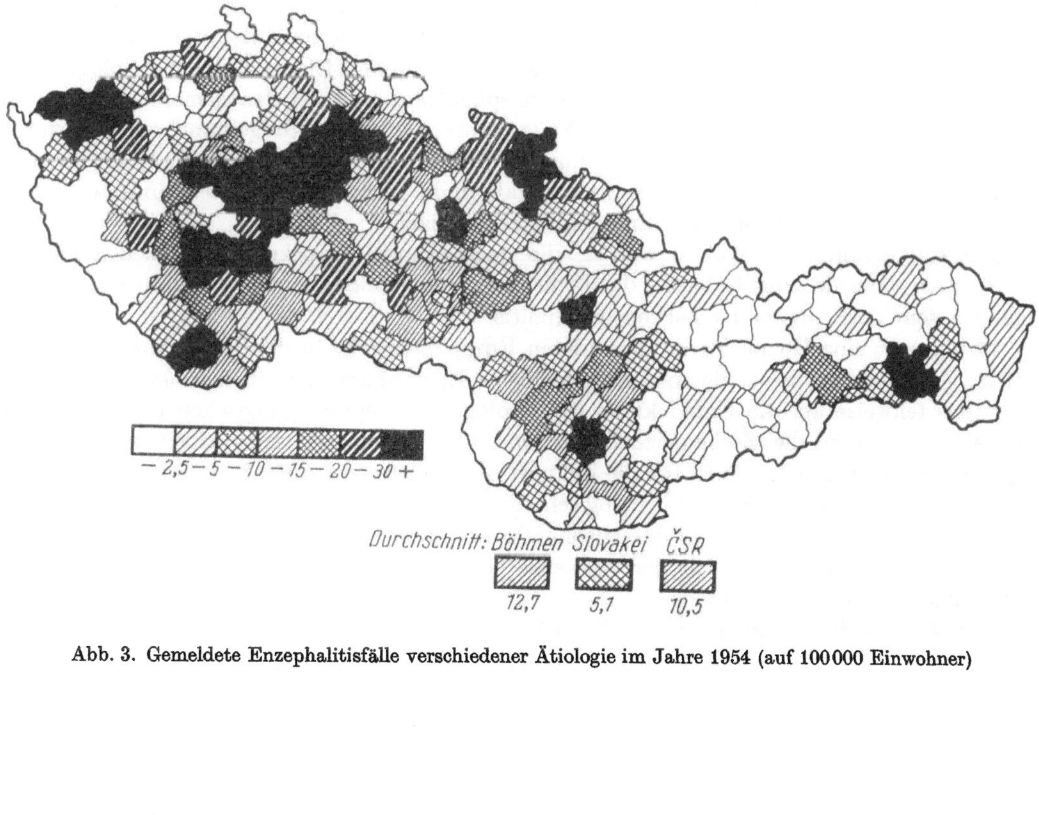

Abb. 3. Gemeldete Enzephalitisfälle verschiedener Ätiologie im Jahre 1954 (auf 100000 Einwohner)

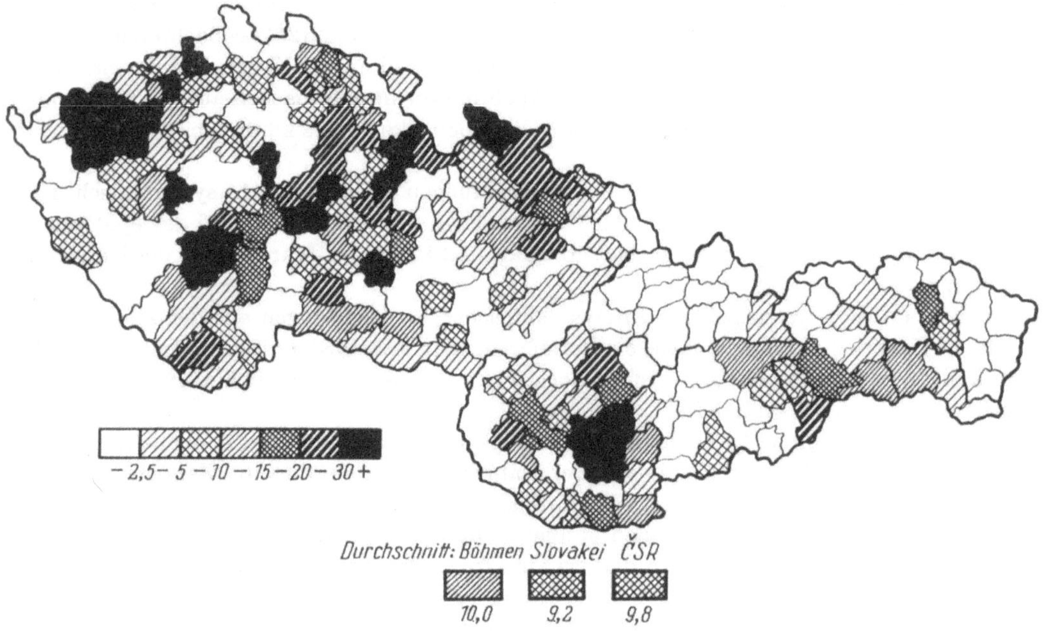

Abb. 4. Gemeldete Enzephalitisfälle verschiedener Ätiologie im Jahre 1955 (auf 100000 Einwohner)

Dank der Entwicklung der klinischen und besonders der virologischen Diagnostik sowie auf Grund aktiver epidemiologischer Untersuchungen bei der Zeckenenzephalitis in den letzten Jahren stehen uns genauere statistische Angaben über das Vorkommen dieser Krankheit zur Verfügung.

Trotzdem haben wir einstweilen noch keine statistischen Angaben über das Vorkommen der eigentlichen Zeckenenzephalitis. Wir müssen daher bis auf weiteres damit rechnen, daß in der staatlichen Statistik einstweilen auch Meningoenzephalitisfälle anderer Ätiologie einschließlich der sogenannten Parainfektionsenzephalitiden und bei den gemeldeten Erkrankungsfällen im ersten Lebensjahre sogar Fälle perinataler Erkrankungen anderen Ursprungs enthalten sind. Nach den Erfahrungen unserer Kliniker (Procházka, Hanzal) können wir jedoch damit rechnen, daß in den letzten 10 Jahren die Zeckenenzephalitis mindestens 60% aller als Enzephalitis gemeldeten Erkrankungen ausmacht.

Die Kartogramme in Abb. 3 und 4, die das Enzephalitisvorkommen aus den Jahren 1954/55 in verschiedenen Gebieten der Tschechoslowakei zeigen, entsprechen im großen und ganzen dem Vorkommen der Zeckenenzephalitis.

Abb. 5 gibt eine Übersicht der gemeldeten Enzephalitisfälle in der Tschechoslowakei seit 1928. Zweifellos ist der steile Anstieg gemeldeter Erkrankungen nach dem Jahre 1945 wenigstens teilweise auf die Entwicklung der virologischen, epidemiologischen und klinischen Erkenntnisse über die Zeckenenzephalitis und über Meningoenzephalitiden anderen Ursprungs zurückzuführen. Auch für die Zukunft bleibt es unsere Aufgabe, die Enzephalitiden auch in der Gesundheitsstatistik ätiologisch zu unterscheiden.

Für die Zeckenenzephalitis ist das saisonhafte Vorkommen typisch. Diese Saisongebundenheit ist bedingt durch die Zeit der stärksten biologischen Aktivität der Zecken und ihres zahlenmäßig größten Auftretens.

Abb. 6 zeigt das Vorkommen der Zeckenenzephalitis im unteren Flußgebiet der Sázava im Jahre 1953. Der Höhepunkt des Vorkommens verschiebt sich deshalb etwas von der

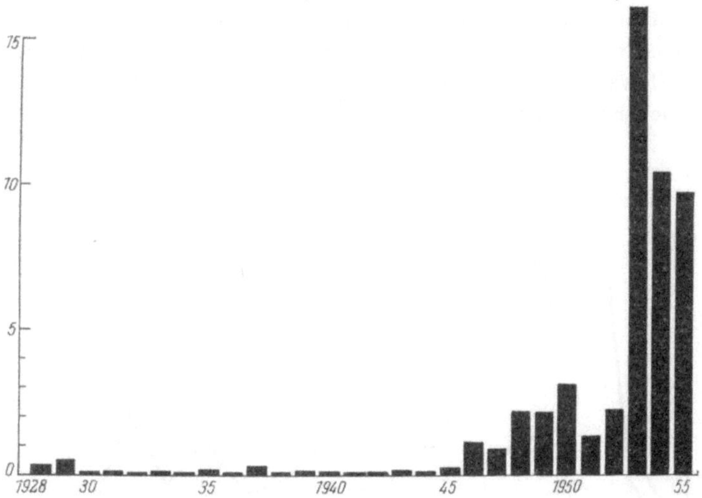

Abb. 5. Enzephalitis in der Tschechoslowakei seit 1928 (auf 100000 Einwohner)

Kurve der Zeckenhöchstvermehrung, weil viele Erkrankungen erst während der Ferien bei den aus den Städten neuangekommenen Personen auftraten (Infektion in der Urlaubszeit beim Sammeln der Waldfrüchte usw.). Nichtimmune Menschen, die aus einer großen Stadt in den Naturherd kamen, bildeten den Großteil der Erkrankten. In anderen Gebieten bemerkten wir, daß das Vorkommen der Erkrankung bei direkt in Naturherden lebenden Leuten zeitlich mehr mit der Periode des stärksten Vorkommens und der Aktivität der Zecken zusammenfällt.

Abb. 6. Epidemie der Zeckenenzephalitis im Flußgebiet Sázava im Jahre 1953. Das saisongebundene Vorkommen der Zecken Ixodes ricinus in diesem Gebiet veranschaulicht Kurve A

Das Auftreten der zweiwelligen Meningoenzephalitis in den nordwestlichen Gebieten der Sowjetunion (Abb. 7) hängt viel enger mit dem Zeckenvorkommen zusammen und verläuft parallel zu diesem, da 70% der Erkrankten ortsgebundene einheimische Bewohner sind.

Eine Verbreitung des Virus mit der Ziegenmilch tritt ebenfalls eher im Frühjahr auf, und zwar durch das Weiden der Tiere in Naturinfektionsherden. Zum Unterschied von den sowjetischen Erfahrungen [5] bezüglich des Anteiles der Infektion alimentären Ursprungs (Genuß roher Ziegenmilch) spielt diese in unserem Lande in der Übertragung des Virus eine wesentlich geringere Rolle. Šerý [20], Ondráček [30] und auch wir beobachteten zwar eine Reihe von Erkrankungen, in denen sich die Übertragung des Erregers durch Zecken mit großer

Wahrscheinlichkeit ausschließen ließ, aber bei der Gesamtzahl der Fälle im westlichen Teil unseres Landes machen die wahrscheinlichen Erkrankungen nach Milchgenuß weniger als 10% aus. In der Slowakei schätzt Bárdoš die Zahl der Erkrankungen durch Milch auf etwa 20%. Das steht sicher in Zusammenhang mit dem wesentlich höheren Ziegenbestand.

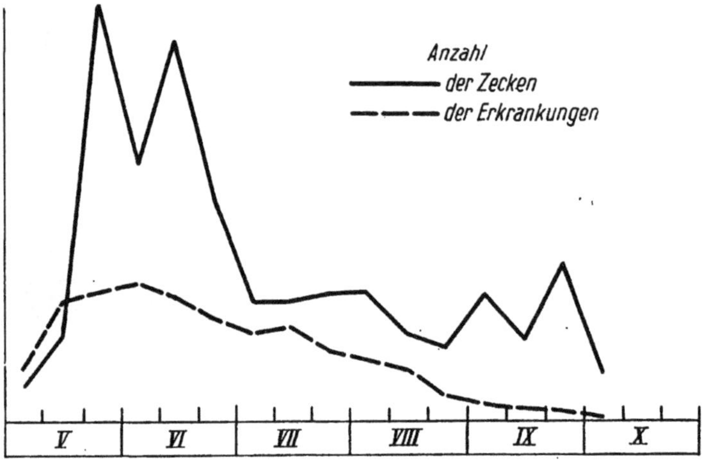

Abb. 7. Morbiditätsdynamik der zweiwelligen Virusmeningoenzephalitis und Anzahl der bei Tieren gefundenen Zecken. [Nach A. A. Smorodinzew u. Mitarb.: Neurotrope Virusinfektionen Medgis, 1954 (russ.)]

Epidemiologisch ist also die Zeckenenzephalitis durch ihre Saisongebundenheit charakterisiert, die der Vermehrung und der Aktivität der Zecken entspricht. Das Vorkommen der Erkrankung pflegt in der Regel sporadisch zu sein. Eine primäre Alters- und Geschlechtsgebundenheit der Erkrankung wurde nicht beobachtet. In erster Linie erkranken Männer,

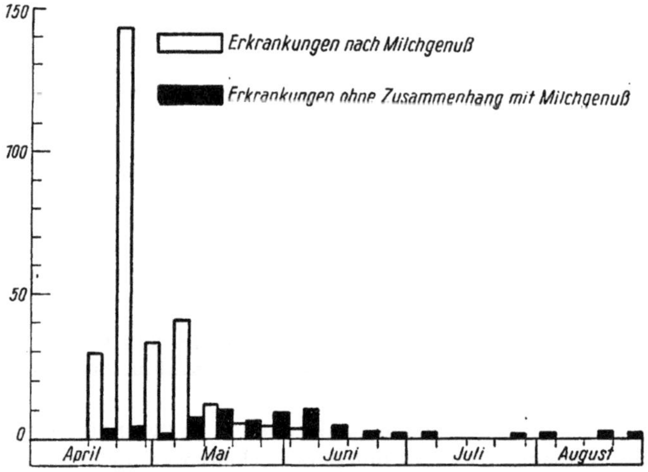

Abb. 8. Epidemie der Enzephalitis in Rožňava im Jahre 1951

die als Forstarbeiter u. a. am häufigsten mit den Zecken in Berührung kommen, dann aber auch Schulkinder und Frauen, die sich beim Sammeln von Waldfrüchten infizieren. In der Nähe großer Städte und in Erholungsgebieten können Erkrankungen während der Ferien auftreten. Ist die Infektion auf ungekochte Ziegenmilch zurückzuführen, werden meist Frauen und Kinder befallen.

Die von uns 1951 untersuchte Epidemie in Rožňava trägt den typischen Charakter einer explosiven Epidemie alimentären Ursprungs. Bekanntlich entstand sie nach Genuß roher (unpasteurisierter) Milch aus der örtlichen Molkerei. Wie durch systematische epidemiologische Untersuchungen im Sammelgebiet der Molkerei festgestellt wurde, waren in einer Gemeinde (Hrušov) 11 Personen an Enzephalitis erkrankt. Die Familienmitglieder dieser Erkrankten lieferten an die Molkerei Milch, der sie mehr als 50% Ziegenmilch beimischten.

Von den insgesamt 660 erkrankten Personen wurden 271 mit meningoenzephalitischen Symptomen (2. Phase) hospitalisiert (Abb. 8).

Die komplexe Erforschung dieses Gebietes in den folgenden Jahren ergab, daß es sich hier im wesentlichen um einen alten Naturherd der Zeckenenzephalitis handelt (Blaškovič, Libíková, Bárdoš, Rosický, Mačička u. a. [31]).

Prophylaxe

Grundsätzliche Voraussetzung zielbewußter Präventivmaßnahmen ist die genaue Kenntnis der Naturinfektionsherde des Landes, und zwar sowohl was ihre geographische Ausdehnung als auch was ihre nähere Charakteristik anbelangt (manifeste, latente und potentielle Herde). Dies ist allerdings nur auf Grund langfristiger, systematischer und komplex durchgeführter Studien in einzelnen Gebieten des Landes möglich.

Obwohl die Erforschung der Zeckenenzephalitis bei uns in den letzten Jahren auf breiteste Basis gestellt worden ist und positive Erfolge zeitigte, darf sie noch nicht als beendet betrachtet werden. Vor allem ist eine systematische Bearbeitung des ganzen Staatsgebietes erforderlich, um eine Übersicht darüber zu erlangen, ob und wie in den einzelnen Jahren die Manifestierung der einzelnen Naturherde der Zeckenenzephalitis beeinflußt wird.

Weiter sind konkrete Beweise für die Hypothese von Havlík erforderlich, nach der das erhöhte Zeckenenzephalitisvorkommen mit dem vorhergegangenen sog. „Mäusejahr" gesetzmäßig zusammenhängt. Gegebenenfalls könnte man diese Tatsache nicht nur zur epidemiologischen Vorhersage, sondern auch zu einer ganzen Reihe wirksamer antiepidemischer Maßnahmen auswerten.

Die Ergänzung all dieser Arbeiten setzt nicht nur die engste Mitarbeit von Epidemiologen, Virusforschern, Biologen, Parasitologen und Klinikern voraus, sondern ist zugleich abhängig vor allem von der Einführung serologischer Methoden zur Diagnostik der Enzephalitis in die Laboratorien der hygienisch-epidemiologischen Stationen des ganzen Landes. Dies verwirklichen wir zum Teil schon in diesem Jahr.

Den besten Infektionsschutz stellt besonders für exponierte Menschen die Schutzimpfung dar, die, wie wir hoffen, auch bei uns in Kürze eingeführt werden wird. Es wird nötig sein, die Gruppen von Menschen zu bestimmen, die vor allem vacciniert werden müssen. Bei ansteckungs- oder krankheitsverdächtigen Personen in der ersten Phase verwenden wir ein Gammaglobulinpräparat, das aus Rekonvaleszentenseren hergestellt wird.

Radikalere Eingriffe in die Bestände der Naturinfektionsherde, wie Ausrodung, Verbrennung von Waldgewächsen usw., kommen bei uns nur in begrenzten Umfange in Frage, z. B. in unmittelbarer Nähe großer Bauten. Ebenso wird die Flächendesinfektion nur in geringerem Maße durchgeführt, z. B. in den Randgegenden von Lagern usw. Der Gebrauch von Insektiziden im Kampf gegen die Verzeckung von Nutztieren hat sich bei uns auf Grund der Arbeiten von Mačička und Rosický gut bewährt. Dagegen fehlen uns bisher Erfahrungen über den Gebrauch von Insektiziden in größeren Gebieten.

Deshalb ist auch weiterhin der persönliche Schutz des einzelnen von großer Bedeutung, der sich vor allem auf eine genaue Belehrung über den gesamten Fragenkomplex, besonders über die Zecken, stützen muß. Der Aufenthalt in den Naturherden erfordert hauptsächlich bei erhöhter Zeckenaktivität entsprechende Bekleidung (Gummistiefel, Ergänzungen zum Anzug nach Pawlowski u. a.). Wichtig ist es, nach 2- bis 3stündigem Aufenthalt in dem Naturherd Körper und Kleidung nach Zecken gründlich zu durchsuchen (Entfernung, Anwendung von Repellentia usw.).

Bei der Zusammenarbeit mit dem Tiergesundheitsdienst soll auch die Möglichkeit einer Verschleppung infizierter Zecken bei Umsiedlung von Viehherden bedacht werden. Auch bei Futterlieferungen und bei der sog. Blutauffrischung der Waldtierbestände, bei Umsiedlung von Hasen, Fasanen aus einem entfernten Gebiet in das andere sollten entsprechende vorbeugende Maßnahmen vorgenommen werden.

Eine bedeutende Aufgabe fällt der sanitären Aufklärungsarbeit zu, die nicht nur für die Bewohner endemischer Gebiete, sondern auch für Neuhinzukommende organisiert werden sollte. Diese betrifft nicht nur Fragen des kollektiven und persönlichen Schutzes, sondern auch die Lebensweise bei Beginn der Erkrankung, die möglicherweise die erste Phase einer Meningoenzephalitis sein kann.

In den letzten Jahren, kurz nachdem Gallia das Zeckenenzephalitisvirus isolierte, in einer Zeit also, da diese Erkrankung in Europa mit Ausnahme der Sowjetunion noch unbekannt war, bürgerte sich bei uns die Bezeichnung „Tschechoslowakische Zeckenenzephalitis" ein. Heute ist es erwiesen, daß diese Krankheit auch in vielen anderen europäischen Ländern auftritt. Daher wird wohl die Benennung „Zeckenenzephalitis" in der Zukunft zweckdienlicher sein.

LITERATUR

[1] Gallia, F.: Zpráva Stát. zdravot. ústavu. Nr. 1140 (1947).
[2] Gallia, F., Rampas, J., Hollender: Čas. lék. čes. 88, 223 (1949).
[3] Rampas, J., Gallia, F.: Čas. lék. čes. 88, 1179 (1949).
[4] Edward, E. G.: Brit. J. Exper. Path. 31, 515 (1950).
[5] Smorodinzev, A. A. u. Mitarb.: Neurovirusinfektionen. Medgis, Leningrad 1954 (russ.).
[6] Smorodinzev, A. A.: Diskussion im Virologischen Institut in Bratislava. April 1955.
[7] Autorenkollektiv: Die Enzephalitisepidemie im Naturinfektionsherd von Rožňava. Unter d. Red. von D. Blaškovič, SAV, Bratislava 1954.
[8] Libíková, H.: Čsl. biol. 3, 292 (1954).
[9] Bárdoš, V. u. Mitarb.: Bratislavské lek. listy. 1166 (1954).
[10] Rosický, B., Havlík, O.: Naturherd der tschechoslowakischen Zeckenenzephalitis. In: Die tschechoslowakische Zeckenenzephalitis. SZN, Praha 1954.
[11] Strauss, J., Kolman, J.: Čsl. hyg., epidem., mikrobiol., immunol. 3, 67 (1954).
[12] Libíková, H., Mačička, O. u. Dubay, L.: Die Enzephalitisepidemie im Naturinfektionsherd von Rožňava. SAV, Bratislava 1954.
[13] Kolman, J., Havlík, O.: Die tschechoslowakische Zeckenenzephalitis. SZN, Praha 1954.
[14] Kolman, J., Havlík, O.: Čsl. hyg. epidem., mikrobiol., immunol 3, 74 (1954).
[15] Havlík, O.: Čsl. hyg., epidem., mikrobiol., immunol. 3, 300 (1954).
[16] Raška, K., Bárdoš, V.: Die tschechoslowakische Zeckenenzephalitis. SZN, Praha 1954.
[17] Raška, K. u. Mitarb.: Die Enzephalitisepidemie im Naturinfektionsherd von Rožňava. SAV, Bratislava 1954.
[18] Hanzal, F., Henner, K.: Die tschechoslowakische Zeckenenzephalitis. SZN, Praha 1954.
[19] Málková, N., Króo, H., Žáček, K.: Čsl. hyg., epidem., mikrobiol., immunol. 3, 25 (1954).
[20] Šerý, V., Strauss, J., Izbický, A.: Forschungsberichte über das Jahr 1955.
[21] Pelnář, J.: Čas. lék. čes. 61, 125 und 435 (1922).
[22] Kuklová-Štúrová, B.: Sammelband der Arbeiten der Militärakademie. 12, 231 (1932).
[23] Grosser, R.: Mschr. Kinderhk. 57, 452 (1953).
[24] Mikešová, M.: Čas. lék. čes. 71, 105 (1932).
[25] Henner, K., Šikl, H.: Čas. lék. čes. 81, 917 (1942).
[26] Láznička, M.: Čas. lék. čes. 82, 654, 1069, 1190, 1136 (1943).

[27] VIKLICKÝ, J.: Čas. lék. čes. 83, 1297, 1329 (1944).
[28] ENGEL, R. V.: Dtsch. med. Wschr. 15, 379 (1942).
[29] BÁRDOŠ, V.: Zitiert nach RAŠKA, K. u. Mitarb.: [17].
[30] ONDRÁČEK, J., KRÁL, V.: Sammelband der Arbeiten der Militärakademie. 3 (1955).
[31] BLAŠKOVIČ, D., LIBÍKOVÁ, H., BÁRDOŠ, V., ROSICKÝ, B. u. Mitarb.: Die Enzephalitisepidemie im Naturinfektionsherd von Rožňava. SAV, Bratislava 1954.

F. PRZESMYCKI

Staatliches Gesundheitsinstitut, Warschau

Epidemiologie der Zeckenenzephalitis in Polen

Zeckenenzephalitiserkrankungen waren in Polen bis 1952 noch unbekannt. Die ersten Fälle vermutete man im Jahre 1952, aber erst 1953 konnte eine Expedition des Staatlichen Hygieneinstituts in dieser Richtung Terrainstudien durchführen und im Kreise N. an der tschechoslowakischen Grenze Fälle von Zeckenenzephalitis feststellen.

Während der Untersuchungen wurden aus Blut und Lumbalflüssigkeit 10 Zeckenenzephalitisstämme isoliert, und zwar 9 von Kranken und einer von Zecken. Auf diese Art konnte im Kreise N. ein Naturherd der Zeckenenzephalitis festgestellt werden. Im Jahre 1954 wurden unter Berücksichtigung dieser Befunde Schritte unternommen, um auch andere Herde von Zeckenenzephalitis zu entdecken. Nach Berichten stieß man in der Nähe der Puszcza Białowieska auf ähnliche Erkrankungen. Die zweite Expedition des Staatlichen Hygieneinstituts hat in diesen Gebieten im Zuge epidemiologischer Untersuchungen Stämme aus Kranken und Zecken isoliert. Weitere Forschungen ergaben Fälle von Zeckenenzephalitis in einigen Kreisen der Wojwodschaft Białystok und in Nachbarkreisen der Wojwodschaft Olsztyn (Abb. 9).

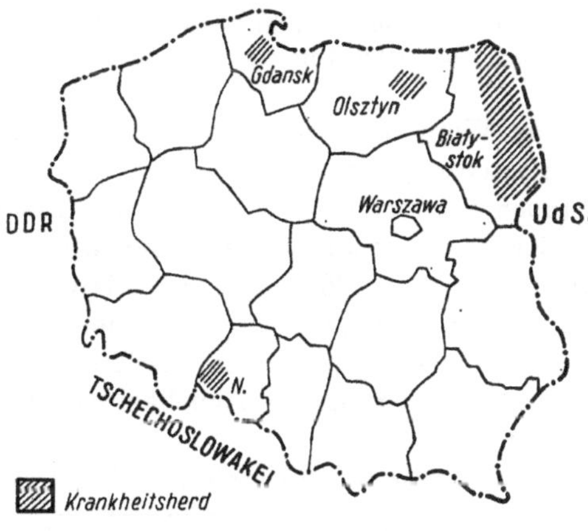

Abb. 9. Die geographische Verteilung von Zeckenenzephalitis bei Menschen in Polen

Erkrankungen

Die genaue Bewertung der Zeckenenzephalitiserkrankungen im Kreis N. ergab, daß Fälle dieser Krankheit schon früher in diesem Gebiete vorgekommen sind. Eine ätiologische Diagnose aber wurde nicht gestellt.

Tab. 6 bringt eine Zusammenstellung der Fälle, die im Kreise N. in den Jahren 1950 bis 1953 aufgetreten sind.

Diese Arbeiten wurden von F. PRZESMYCKI, Z. TAYTSCH, Z. WROBLEWSKA, H. KICINSKA, I. KIRKOWSKA, Z. KAMIENIECKA, M. SZAJNA, J. LACHMAJER, Z. WAGNER, B. SKIERSKA, Z. KOZLOWSKI, R. WALENTYNOWITZ-STANCZYK und R. SEMKOW ausgeführt.

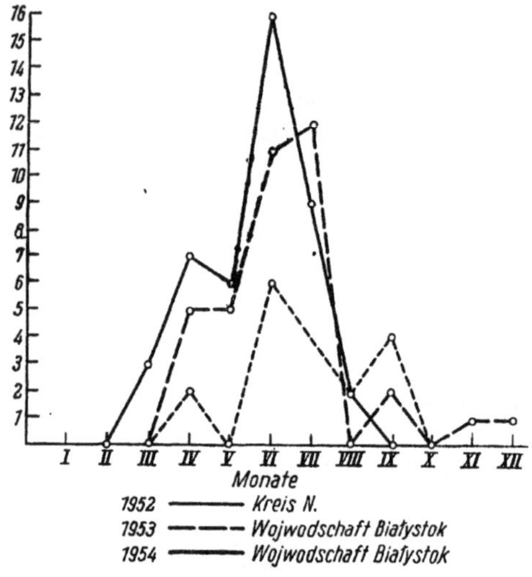

Abb. 10

Kurve der Erkrankungen in der Wojwodschaft Białystok (1953/54) und im Kreise N. (1952)

Tabelle 6. Zeckenenzephalitiserkrankungen im Kreise N.

Jahr	Männer	Frauen	Insgesamt
1950	9	2	11
1951	4	3	7
1952	17	4	21
1953	20	8	28
Insgesamt	50	17	67

Ähnliche Beobachtungen wurden auch in den Kreisen Hajnówka, Sokółka, Suwałki, Białystok, Augustów, Bielsk und Podlaski in der Wojwodschaft Białystok gemacht (Tab. 7).

Tabelle 7. Erkrankungen in der Wojwodschaft Białystok

Jahr	Männer	Frauen	Insgesamt
1953	22	17	39
1954	26	19	45
Insgesamt	48	36	84

In der Wojwodschaft Olsztyn wurden im Jahre 1954 etwa 27 Fälle festgestellt. Dabei ist von Interesse, daß im Kreise N. erheblich mehr Männer an Zeckenenzephalitis erkrankten als Frauen, während in der Wojwodschaft Białystok dieser Unterschied nicht so bedeutend ist. Im Kreise N. ist am stärksten die Altersklasse von 10 bis 40 Jahren betroffen, dagegen verteilen sich in der Wojwodschaft Białystok die Erkrankungen nach Altersklassen gleichmäßiger (Tab. 8). Wahrscheinlich beruhen die erwähnten Unterschiede auf den unterschiedlichen Lebensbedingungen der Bevölkerung. In der Wojwodschaft Białystok gibt es vermutlich engere Berührungsmöglichkeiten mit den Zecken.

Tabelle 8. Aufschlüsselung der Zeckenenzephalitiserkrankungen nach Altersklassen

Lebensjahre	Gesamtzahl der Erkrankungen	
	Kreis N.	Wojwodschaft Białystok
0—5	6	8
5—10	3	13
10—20	12	18
20—30	18	17
30—40	19	5
40—50	4	12
über 50	5	11

Abb. 10 zeigt die Kurve der Erkrankungen in der Wojwodschaft Białystok (1953/54) und im Kreise N. (1952). Hieraus geht eindeutig hervor, daß der Höhepunkt der Erkrankungen im Juni und Juli lag. Einige Punkte sind jedoch nicht ganz leicht zu klären:

a) das Vorkommen von Zeckenenzephalitisfällen in den Frühjahrsmonaten März und April, obgleich in der Wojwodschaft Białystok die Vegetation gewöhnlich später beginnt;

b) das Auftreten von Zeckenenzephalitisfällen in den Herbstmonaten November und Dezember.

Hervorzuheben ist, daß die Zeckenenzephalitiserkrankungen in Polen ohne Komplikationen verlaufen. Allerdings gibt es hinsichtlich des Krankheitsverlaufs in den einzelnen Gebieten gewisse Unterschiede. So haben wir im Kreise N. schwere Fälle beobachtet; wahrscheinlich haben wir es hier mit einem frischen Naturherd zu tun. In der Wojwodschaft B. war dagegen der Krankheitsverlauf wieder leichter, was vermuten läßt, daß wir es hier mit einem alten, tatsächlich endemischen Naturherd zu tun haben. Wahrscheinlich könnten uns Untersuchungen über den Antikörperspiegel der Bevölkerung Antwort auf diese Frage geben.

Die Letalität betrug etwa 2%. Komplikationen kamen sehr selten vor, und partielle Lähmungserscheinungen wurden nur in der Gegend des Schultergelenkes beobachtet.

Entdeckung der Naturherde

Die Naturherde der Zeckenenzephalitis wurden hauptsächlich durch virologische Untersuchungen festgestellt. Zu diesem Zwecke haben wir Rückenmarkflüssigkeit und Blut mit Heparinzusatz verwendet. Das zu untersuchende Material wurde weißen Mäusen in einer Dosis von 0,03 ml intracerebral appliziert. Für jede Untersuchung verwendeten wir mindestens 4 Mäuse. Wenn sich bei den Mäusen binnen 7 Tagen keine Krankheitssymptome zeigten, wurden die Tiere getötet, das Gehirn steril entnommen und daraus eine 10%ige Suspension zubereitet, die einer neuen Mäuseserie eingespritzt wurde. Auf diese Weise wurden 5 Blindpassagen durchgeführt. Die Mehrheit der Virusstämme isolierten wir aus der dritten oder vierten Passage. Bei der histopathologischen Untersuchung kranker Mäuse wurden die für die Zeckenenzephalitis typischen Veränderungen festgestellt.

Die Schädigung der Nervenzellen bestand nur in einer Zunahme der Acidophilie des Kernes und in geringer Chromatolyse. Inklusionen wurden in den Zellen des untersuchten Materials nicht nachgewiesen.

Wir konnten im Kreise N. aus Lumbalflüssigkeit und Blut von Kranken 9 Virusstämme und einen Stamm von Zecken isolieren. In der Wojwodschaft B. wurden drei Stämme von Zecken gewonnen und in der Wojwodschaft Olsztyn 3 Stämme von Erkrankten und einer von Zecken isoliert. Die isolierten Stämme haben wir mittels Neutralisationstest identifiziert. Das zur Identifizierung verwendete Serum wurde u. a. mittels eines aus Moskau bezogenen Standardstammes hergestellt. Die Ergebnisse der Identifizierung der Stämme sind in Tab. 9 angegeben.

Zur Identifizierung dienten zwei mit den Stämmen „Moskau" und „Kl'odobok" hergestellte Seren. Die Kreuzneutralisation der Stämme „Moskau" und „Kl'odobok" verlief positiv. Die

Tabelle 9. Antigene Eigenschaften der polnischen Zeckenenzephalitis-Virusstämme

Lfd. No.	Bezeichnung des Stammes	Neutralisationsindex	
		Antiserum „Kl'odobok"	Antiserum „Moskau"
1	MK–N	10000	450
2	Kl'odobok	20000	200
3	RM–N	25600	1670
4	LK–N	–	–
5	BL–N	6700	930
6	KW–N	1700	1050
7	PJ–N	10000	1620
8	KH–N	6024	2400
9	JJ–N	61661	1660
10	KJ–N	10000	3160

Resultate der Neutralisation der übrigen Stämme mit diesen Seren zeigen die Verwandtschaft dieser Stämme besonders mit dem von Zecken isolierten Stamm „Kl'odobok". Die Neutralisationsindices mit dem Serum „Kl'odobok" sind höher als die mit dem Serum „Moskau". Das mag als Beweis einer gewissen Unterschiedlichkeit der Antigenstruktur besonders zwischen den von uns im Kreise N. isolierten Stämmen und dem Stamm „Moskau" dienen. Leider konnten wir unsere Stämme nicht mit den tschechoslowakischen vergleichen. Die Stämme, die in den an die Sowjetunion grenzenden Wojwodschaften Białystok und Olsztyn isoliert wurden, haben wir ebenfalls mit den Seren „Moskau" und „Kl'odobok" neutralisiert. Eine deutliche Antigen-Differenz dieser Stämme zu den Stämmen „Kl'odobok" und „Moskau" war dabei jedoch nicht festzustellen.

Die im Kreise N. isolierten Stämme haben bei Versuchsaffen eine Krankheit hervorgerufen, die sehr typisch verlief und ein ähnliches Krankheitsbild aufwies, wie es nach Infektion mit dem Stamm „Moskau" vorkam. Alle von uns isolierten Stämme können somit als Stämme des Virus der Zeckenenzephalitis angesehen werden. Wir haben auch die Anwesenheit von Antikörpern bei Rekonvaleszenten nach Zeckenenzephalitis untersucht. Die meisten dieser Seren erbrachten im Komplementbindungstest ein positives Ergebnis.

Das Reservoir des Krankheitserregers und seine Verbreitung

Nach unserer Ansicht ist diese Frage noch nicht ganz geklärt.

In unseren Untersuchungen haben wir nach den klassischen Anschauungen von 2 Infektionsherden das Virus aus den Zecken Ixodes ricinus isoliert. Wie aus den Studien der sowjetischen Gelehrten hervorgeht, wird das Virus durch die Zeckeneier von Generation zu Generation übertragen.

Große und kleine Säugetiere spielen als Reservoir eine sehr große Rolle. Unsere Untersuchungen, die im Urwald von B. geführt wurden, beweisen das deutlich. Einige Säugetiere sind Träger des infektionstüchtigen Virus, und man kann bei ihnen nach der Infektion das Vorhandensein von Antikörpern nachweisen. Unsere Untersuchungen erstreckten sich auf 2500 große und kleine Säugetiere, die zu 19 Gattungen gehörten. Von diesen Tieren haben wir 5 Virusstämme isoliert, die auf Grund serologischer Untersuchungen und Experimente bei Affen als Erreger der Zeckenenzephalitis identifiziert werden konnten.

Wie die Untersuchungen von Silber, Blašković und Mitarbeitern zeigen, spielen Haustiere wie Kühe, Pferde und Schafe auch eine große Rolle bei der Verbreitung des Krankheitserregers der Zeckenenzephalitis. Die Auffassung, daß das Virus auch durch Milch verbreitet wird, erscheint uns begründet.

Verschiedene Umstände der Epidemiologie der Zeckenenzephalitis stehen mit den klassischen Anschauungen über die Verbreitung der Krankheit nicht ganz im Einklang. Wir haben Kranke gesehen, die nie mit Zecken in Berührung gekommen waren. Daher ist es durchaus möglich, daß auch andere Insekten eine gewisse Rolle bei der Verbreitung der Krankheit spielen, wie z. B. Mücken. Bei Untersuchungen mit den Mücken Aedes im Urwald von B. gelang es uns, einen Stamm des Zeckenenzephalitisvirus zu isolieren, der in serologischer Hinsicht und auch in Tierversuchen als ein typischer Stamm identifiziert wurde. Falls sich diese Beobachtungen in weiteren Untersuchungen wiederholen sollten, müssen Mücken zu den Verbreitern dieser Krankheit gezählt werden. Eine ganze Reihe von Enzephalitiden wird ja durch Moskitos verbreitet. Unsere Ansicht steht daher nicht im Gegensatz zu der allgemeinen Epidemiologie der transmissiven Enzephalitiden.

Zusammenfassung

Auf Grund von Untersuchungen des Staatlichen Gesundheitsinstitutes in Warschau wurden in Polen Naturherde der Zeckenenzephalitis festgestellt. Mit Hilfe von virologischen, serologischen und klinischen Forschungen wurde nachgewiesen, daß in den Jahren 1953/54 in den Wojwodschaften Białystok und Olsztyn 178 Fälle von Zeckenenzephalitiserkrankungen vorkamen. Bei diesen Untersuchungen konnten 15 Stämme des Zeckenenzephalitisvirus von erkrankten Menschen und 4 Stämme von Zecken isoliert werden.

DISKUSSION

W. I. Iljenko

Zur Epidemiologie der zweiwelligen Meningoenzephalitis in der Sowjetunion

Die zweiwellige Meningoenzephalitis (ZME) wurde in der Sowjetunion in den Jahren 1947 bis 1952 entdeckt und studiert. Diese Krankheit wird durch ihr saisonhaftes Auftreten charakterisiert, das mit der Aggressivität der Zecken Ixodes ricinus und Ixodes persulcatus zusammenhängt (Abb. 11).

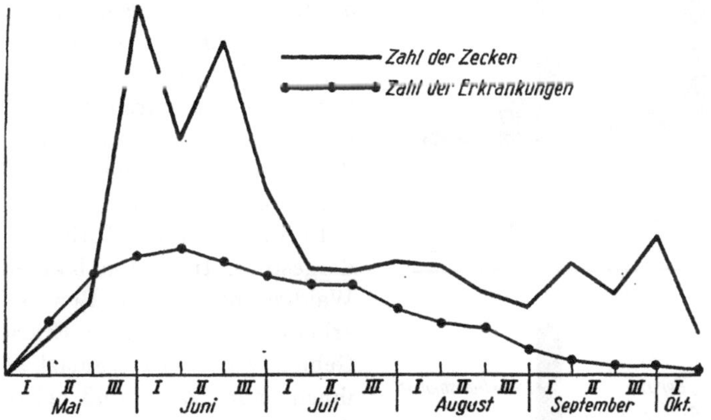

Abb. 11. Saisonartiges Auftreten der zweiwelligen Meningoenzephalitis in der Sowjetunion

In den Naturherden in der Nähe großer Städte kann die Kurve der Morbidität zwei Gipfel zeigen. Zu Beginn der Saison erkrankten Landbewohner, später dann die Stadtbewohner, die zum Früchte- und Pilzsammeln in den Wald kommen (Abb. 12).

Prof. Raška hebt in seinem Referat hervor, daß in der Tschechoslowakei die Erkrankungen beim Menschen gegenüber der Aktivität der Zecken oft verspätet auftreten. Solch eine Verspätung haben wir auch mitunter beobachtet. Abb. 13 zeigt die Morbiditätskurve in einem Gebiet, wo als Vektor Ixodes persulcatus festgestellt wurde.

Die Nagetiere haben wir in diesem Gebiet noch nicht untersucht. Wir sind aber der Meinung, daß hier auch andere Infektionsquellen eine Rolle spielen. Diese Frage muß noch geprüft werden. Jahre einer erhöhten Morbidität stehen nicht immer im Zusammenhang mit den sogenannten „Mäusejahren“. Eine hohe Morbidität kann sogar in den Jahren einer Abnahme der mäuseartigen Nagetiere vorkommen. Die Larven und Nymphen der Zecken ernähren sich dann an Maulwürfen, die in epidemiologischer Hinsicht auch sehr wichtig sein können.

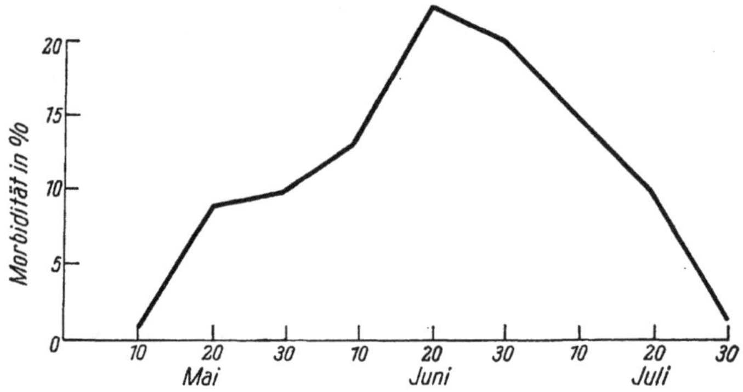

Abb. 12
Zweigipflige Morbiditätskurve der zweiwelligen Meningoenzephalitis in der Nähe großer Städte

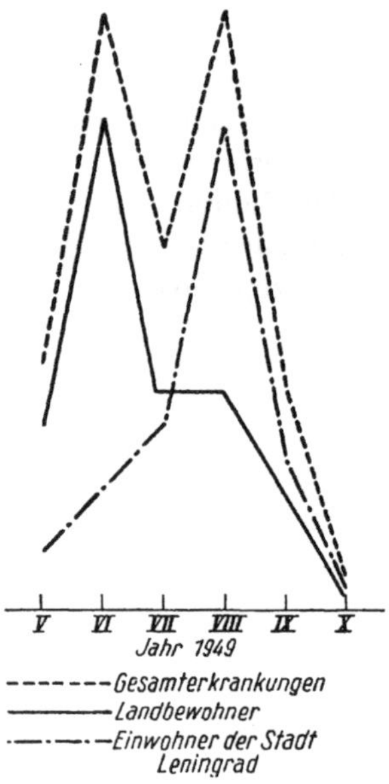

Abb. 13. Morbiditätskurve in einem Gebiet, in dem als Vektor Ixodes persulcatus festgestellt wurde

Zur Infektion von Menschen kommt es durch Zeckenbiß oder durch rohe Ziegenmilch. Je nach den Gegebenheiten des Naturherdes und nach den Lebensbedingungen der Bevölkerung steht einer dieser beiden Faktoren im Vordergrund.

In Abb. 14 ist die Morbidität in zwei Gebieten dargestellt. Im ersten handelt es sich um eine Waldgegend, deren Bewohner meist Waldarbeiter sind. Von 24 Erkrankten in diesem Gebiet waren 19 Waldarbeiter, und 18 von ihnen haben Zeckenbiß bei der Aufnahme der Anamnese angegeben.

Im zweiten Gebiet hatten die Bewohner keinen regelmäßigen Kontakt mit dem Wald, sie halten aber viele Ziegen. Von 20 Erkrankten hatten 18 rohe Ziegenmilch getrunken. Unter diesen Erkrankten gab es 5 Gruppeninfektionen. Diese Gruppeninfektionen in einem Haus traten gerade dort auf, wo die Infektionen durch Ziegenmilch verursacht wurden (Abb. 15).

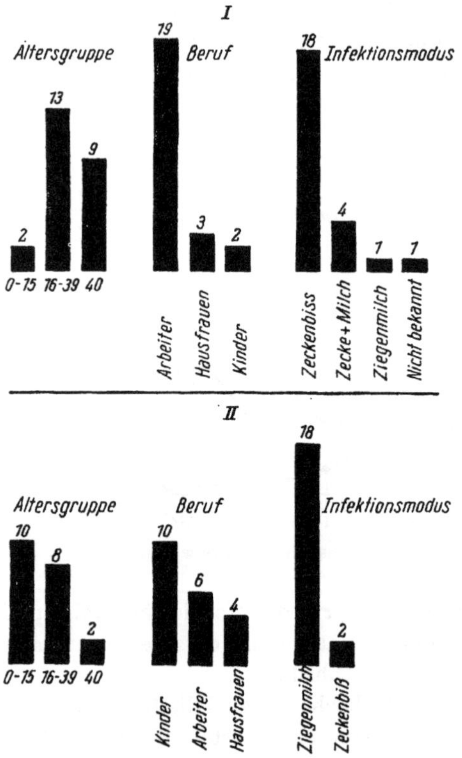

Abb. 14. Vergleich von Morbidität und Infektionsmodus in zwei verschiedenen Gebieten

Durch rohe Kuhmilch verursachte Gruppenerkrankungen haben wir nicht beobachtet. Auf experimentellem Wege konnten wir das Auftreten des Erregers in der Kuhmilch nicht beweisen.

Die Statistik der Altersgruppen und des Berufes der Kranken hängt vom Infektionsmodus ab: Wo die Infektion durch rohe Ziegenmilch hervorgerufen wird, erkranken meist Frauen; wo die Krankheit durch Zeckenbiß übertragen wird, erkranken hauptsächlich Männer, die im Walde arbeiten.

Bei der Analyse der Infektionsquellen bleibt fast immer eine Gruppe Patienten übrig, bei denen die Quelle der Erkrankung nicht feststellbar ist.

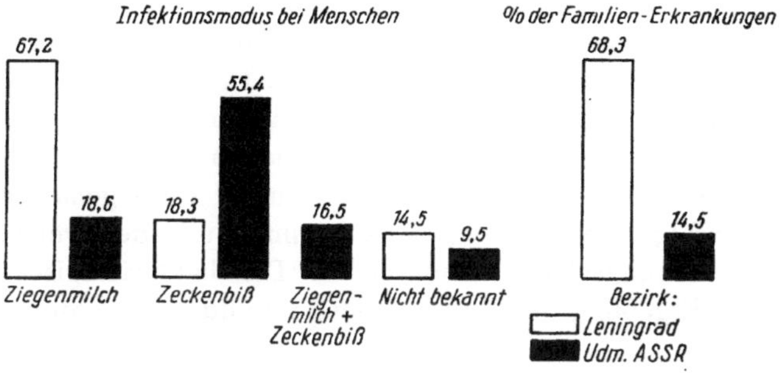

Abb. 15. Zusammenhang zwischen Gruppeninfektionen und Ziegenmilch

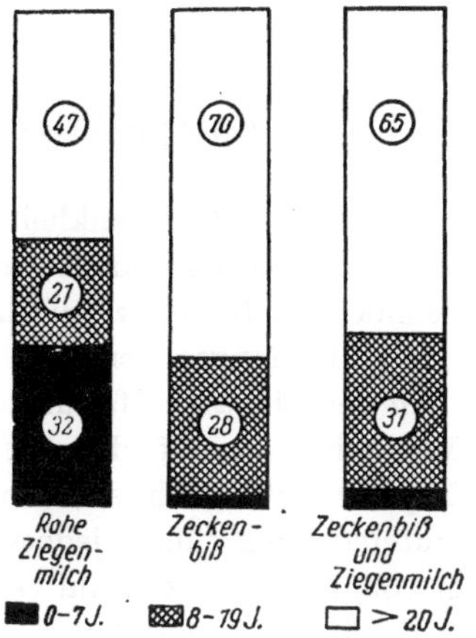

Abb. 16. Alter der Erkrankten unter Berücksichtigung des Infektionsmodus

An Hand des Materials über einen von uns untersuchten Naturherd haben wir die Altersgruppen der Erkrankten unter Berücksichtigung des Infektionsmodus aufgeschlüsselt (Abb. 16). Die altersmäßige Zusammensetzung der Gruppen mit ungeklärtem Infektionsmodus und mit Infektion durch Zeckenbiß ist etwa gleich. Es ist daher sehr wahrscheinlich, daß auch bei den ungeklärten Fällen die Infektion durch Zeckenbiß zustande kam.

Ich möchte noch zur Frage der nosologischen Einheit der Zeckenenzephalitis Stellung nehmen. Unseres Erachtens existieren zwei nahverwandte, jedoch verschiedene Infektionen: Einmal die Zeckenenzephalitis, die immer durch Zeckenbiß erfolgt, meist keinen zweiphasigen Verlauf sowie keine Familiengruppen-Erkrankungen aufweist und in mehreren Fällen mit paralytischen Symptomen endet, zum anderen die zweiwellige Meningoenzephalitis, bei der es zur Infektion nicht nur durch Zeckenbiß, sondern auch durch Genuß roher Ziegenmilch kommt und die charakteristische Familiengruppen-Erkrankungen aufweist.

J. Kmet

Epidemiologie der slowenischen Meningoenzephalitis

Meningitiden mit ungeklärter Ätiologie wurden im Nordwesten Jugoslawiens, in Slowenien, schon im Jahre 1946 beobachtet. Mit dem Studium dieser Erkrankungen hat man 1947 begonnen und dabei das Auftreten im Frühjahr und Sommer sowie den endemischen Charakter dieser Krankheit festgestellt. Im Jahre 1953 wurde eine Epidemie der „serösen Meningitis" registriert. In anderen Teilen Jugoslawiens wurden ähnliche Erkrankungen nicht festgestellt. In der Anamnese der Kranken war Zeckenbiß oder die Möglichkeit des Kontaktes mit Zecken angegeben. Die Mehrzahl der Kranken waren Dorfbewohner und Waldarbeiter mittleren Alters. In den meisten Fällen konnte man die Infektion von Mensch zu Mensch ausschließen. 94% aller Fälle waren sporadisch.

In Slowenien wurden Virusstämme aus dem Gehirn gestorbener Patienten und auch aus Zecken (Ixodes ricinus) isoliert. Diese waren mit den Stämmen des Zeckenenzephalitisvirus aus der Sowjetunion und anderen Ländern identisch.

F. Köhler

Enzephalitiden in der Deutschen Demokratischen Republik

Wenn auch die Krankheitsfälle, von denen hier kurz berichtet werden soll, wahrscheinlich mit der Zeckenenzephalitis in keinem Zusammenhang stehen, so sei dieser Diskussionsbeitrag dennoch im Hinblick auf die gemeinsame Virusätiologie beider Erkrankungen wegen des großen Umfanges, den diese Erkrankungen in der DDR angenommen haben, gestattet.

In den Monaten Mai und Juni des Jahres 1956 traten an drei Stellen der DDR gehäufte Meningitisfälle auf, die den Kliniker infolge ihres sehr heftigen Beginnes und des trüben Liquors anfänglich als Meningococcusmeningitiden beeindruckten. Die bakteriologische Untersuchung führte jedoch zu keinem Ergebnis; die Liquortrübung war durch eine außergewöhnlich hohe Zellzahl verursacht.

Bereits im Juli griffen im Raum Magdeburg diese Erkrankungen auf die Stadt selbst über, wo in relativ kurzer Zeit mehrere hundert Personen, vorwiegend Kinder im Alter von 2 bis 7 Jahren, erkrankten. Die Epidemie hatte hier Mitte August ihren Höhepunkt und klingt jetzt zahlenmäßig ab. Kopfschmerzen, Nackensteifigkeit und Erbrechen bei 2- bis 3tägigen Temperaturen von 38,5—39,7° waren die charakteristischen Symptome. Nirgends traten cerebrale Störungen oder paralytische Fälle auf, auch waren an Kindern nach der Erkrankung keine psychischen Veränderungen zu beobachten. Bis zum 30. 9. 1956 wurden 1256 Fälle registriert, doch muß, da bei leichten Fällen kein Arzt hinzugezogen wurde, die Zahl der Erkrankten weit höher angenommen werden.

Stuhl und Liquor wurden zur virologischen Diagnostik an das Institut von Prof. Pette in Hamburg gesandt. Aus 12 Liquor- und einer Stuhlprobe wurde ein Virus gezüchtet, das bei Säuglingsmäusen schwere muskuläre Veränderungen auslöste, wie sie beim Typ A des Coxsackie-Virus zu beobachten sind.

Es mag dahingestellt bleiben, ob diese geringe Zahl von Untersuchungsergebnissen eine ätiologische Diagnose zuläßt. Wir neigen zu der Auffassung, daß es sich im Raume Magdeburg um eine benigne Virusmeningitis gehandelt hat.

Wesentlich anders, und zwar komplizierter liegen die Verhältnisse im Raume Potsdam. Hier kann von keiner zahlenmäßigen Abnahme gesprochen werden. Bis zum 30. September haben wir 741 Fälle registriert, doch müssen auch hier etwa 200—300 leichte oder abortive Fälle, die nicht gemeldet wurden, hinzugezählt werden.

Anfänglich hatte das Krankheitsbild eine verblüffende Ähnlichkeit mit dem der Magdeburger Fälle. 86 Fälle waren Kinder, vorwiegend im Alter von 4—9 Jahren, der Rest Erwachsene bis zu 40 Jahren. Erst später verschob sich das Verhältnis etwas zugunsten der Erwachsenen, und es erkrankten auch noch einige ältere Personen. Schon bald nach dem Einsetzen der Epidemie fanden sich Fälle mit ausgesprochener enzephalitischer Symptomatik, zu denen einzelne paralytische Fälle laufend hinzukommen.

Die Enzephalitisfälle betragen etwa 5—6%. Bis zum 30. September haben wir 30 paralytische Fälle gezählt, also etwas mehr als 44%. Besonders die Enzephalitisfälle zeigten manchmal ein sehr bedrohliches Bild, und von den bisher 9 beobachteten Todesfällen fallen 5 in die enzephalitische Gruppe, während in der paralytischen Gruppe 3 Todesfälle zu verzeichnen sind. Ein Mann starb bei noch nicht abgeklungener Meningitis an Herz- und Kreislaufschwäche. Aber auch bei der Mehrzahl der Kinder, die nur meningitische Symptome zeigten, traten nach Abklingen der akuten Erscheinungen etwa 2 Wochen lang andauernde Wesensveränderungen auf. Die Kinder sind recht unruhig, ungewöhnlich laut, lärmen und neigen zu besonders ausgefallenen Ausgelassenheiten. Im Liquor wurde eine starke Zellvermehrung festgestellt. Die Werte lagen jedoch etwas niedriger als in Magdeburg, wo bei den meisten Erkrankten 4000—8000/$_3$ Zellen gefunden wurden.

Die Virusisolierungsversuche aus Liquor, Stuhlproben und Sektionsmaterial blieben bisher ergebnislos.

Von epidemiologischen Bekämpfungsmaßnahmen ist nur wenig zu berichten. In beiden Bezirken wurde die Anzeigepflicht für Meningitis und Enzephalitis eingeführt. Seuchenbekämpfungsmaßnahmen größeren Umfanges, wie Verbot von Gruppenzusammenkünften, Schließung von Heimen und Auflösung von Ferienlagern, hat anfänglich Magdeburg ohne nachhaltigen Erfolg durchgeführt. In Potsdam beschränkten wir uns nur auf ein 10tägiges Arbeitsverbot für Angehörige des Pflege- und Lehrpersonals. Selbst als im Gebiet Potsdam fast 200 Kinder an Meningoenzephalitis erkrankt waren, wurden zahlreiche Kinder in Pionierzelt- und Betriebsferienlager geschickt, ohne daß auch nur eine Virusmeningitiserkrankung in einem Lager aufgetreten wäre. Auch dort, wo infolge der örtlichen Verhältnisse eine Hospitalisierung aller Fälle nicht durchgeführt werden konnte, haben wir keine Zunahme von Erkrankungen in der Familie und der Umgebung feststellen können.

Etwa 70% der Erkrankten gaben anamnestisch Mückenstiche an, wobei auf die besondere Mückenplage in diesem Jahre hingewiesen werden muß. Zeckenstiche wurden niemals angegeben. Der Genuß von Ziegenmilch konnte anamnestisch nicht ermittelt werden.

Zeckenuntersuchungen zum Nachweis von Virus haben meines Wissens in der DDR bisher noch nicht stattgefunden.

Die weiterhin anhaltende Meningoenzephalitis im Raume Potsdam drängt uns drei Fragen auf:

1. Werden die beiden Epidemien durch den gleichen Erreger verursacht, der in beiden Gebieten nur qualitative und quantitative Unterschiede aufweist?
2. Handelt es sich um zwei verschiedene neurotrope Erreger?
   Wenn ja, so kann das nahezu gleichzeitige Auftreten zweier Epidemien rein zufällig oder durch besondere klimatische Bedingungen begünstigt worden sein.
3. Ist aber wenigstens die Potsdamer Epidemie eine nosologische Einheit, oder ist hier einer ursprünglich homogenen Meningitis eine enzephalitisch und paralytisch verlaufende zweite neurotrope Viruserkrankung, etwa eine Poliomyelitis, aufgepfropft?

Weitere Untersuchungen sind also erforderlich. Aber auch von den Ergebnissen gerade dieser Tagung erhoffen wir uns eine weitere Klärung, vor allem eine Abgrenzung gegenüber der Zeckenenzephalitis.

H. von Magnus

Über Enzephalitiden in Dänemark

Die akuten Enzephalitiden sind früher in Dänemark kein Problem gewesen. Die Krankheit muß den Gesundheitsbehörden gemeldet werden, und viele Jahre lang sind nur ungefähr 25 Fälle jährlich bei einer Bevölkerung von $4^1/_2$ Millionen registriert worden.

Die Fälle treten anscheinend am häufigsten in Jütland auf. In diesem Landesteil sind im Laufe der Jahre 1952, 1953 und 1954 ungefähr 500 Fälle von Enzephalitis festgestellt worden.

Hiervon wurden 152 Fälle im Zentralkrankenhaus in Aarhus behandelt. 8 von diesen Patienten hatten Paresen. Diese Fälle hat kürzlich Dr. Ejner Pedersen im „Danisch Medical Bulletin" beschrieben.

Das Krankheitsbild der dänischen Enzephalitisfälle variiert stark, und es ist sehr schwierig, eine gemeinsame Charakteristik dieser Fälle zu geben. Eines fällt jedoch auf: Ungefähr 20% der Patienten weisen Ödem der Augenpupillen auf.

Die Krankheitsfälle sind über das ganze Jahr und über alle Altersklassen gleichmäßig verteilt. Es besteht keine Indikation, daß es sich um Naturherdinfektionen handelt. Die Enzephalitisfälle scheinen auch nicht, wie z. B. in Jugoslawien, in Verbindung mit einer Meningitisepidemie aufzutreten.

Dagegen ist vielleicht in vereinzelten Fällen ein Zusammenhang zwischen Epidemien von „See-Krankheit" (vertigo epidemica) und Fällen schwerer Enzephalitis nachweisbar.

Einige Fälle haben anscheinend einen diphasischen Verlauf genommen, aber in vielen Fällen beginnt die Krankheit schleichend und ohne sichere Prodomalsymptome.

Diese Angaben sind sehr unspezifisch und geben keinen Anhalt für das Erkennen der Krankheitsursache.

Vereinzelt wurden Versuche unternommen, ein Virus zu isolieren. Dazu haben wir in erster Linie neugeborene und erwachsene Mäuse sowie Gewebekulturen verwendet. Die Kulturzellen waren teils humane Fibroblasten, teils trypsinierte Affennieren und HeLa-Zellen. Die Versuche der Virusisolierung blieben aber alle erfolglos.

Außerdem ist eine Reihe von Seren der Patienten mittels der Komplementbindungsreaktion auf EEE, WEE, St.-Louis-Enzephalitis und lymphocytäre Choriomeningitis untersucht worden. Sämtliche Versuche erbrachten negative Ergebnisse. Parotitis-Komplementbindungen und Leptospiroseuntersuchungen verliefen auch negativ.

Dr. Oker-Blom, Finnland, hat einige Seren im Neutralisationstest auf Louping-ill geprüft. Die Resultate waren ebenfalls negativ.

Die Ätiologie dieser Krankheitsfälle ist also bisher ungeklärt, und wir wissen auch nicht, ob es sich um einen oder um mehrere verschiedene Krankheitserreger handelt.

Sicher ist, daß wir in Dänemark eine zunehmende Anzahl von Enzephalitisfällen mit oft sehr schwerem Verlauf gehabt haben.

Ich hoffe, daß auf diesem Symposium Mitteilungen gegeben werden, die uns helfen, die Ursache dieser Krankheitsfälle festzustellen.

N. Oker-Blom

Über das Vorkommen von Zeckenenzephalitis in Finnland

Vorkommen und Ätiologie der Meningoenzephalitiden in Finnland sind im Hinblick auf die Zeckenenzephalitis bisher leider nicht genau untersucht worden. Obwohl keine größeren Epidemien aufgetreten sind, wissen wir doch, daß Enzephalitiden in beträchtlicher Zahl bei uns vorkommen. So gab es z. B. im Jahre 1953 263 Fälle, die als Enzephalitis diagnostiziert wurden, und 1954 betrug ihre Zahl 185; es fehlen aber nähere Angaben über den Typus dieser Enzephalitiden. Lediglich in dem südlichen Schärenbezirk sind während der Jahre 1942 bis 1955 viele sehr ähnliche Fälle von Meningoenzephalitis aufgetreten und etwas genauer untersucht worden.

Im Bezirk der sogenannten Kumlinger Inselgruppe, die zu den Alandsinseln in der Ostsee gehört und eine Bevölkerung von etwa 800 Personen hat, sind während der obengenannten Jahre insgesamt 39 Fälle von Meningoenzephalitis aufgetreten. Die größte Häufigkeit der

Erkrankungen war im Jahre 1950 zu verzeichnen, als insgesamt 11 Fälle gemeldet wurden. Die meisten Erkrankungen traten während der Sommermonate auf. Mehr als zwei Drittel der Betroffenen waren Frauen. Kinder unter 10 Jahren erkrankten nicht. In zwei Fällen kamen Paralysen vor, und zwei weitere sind tödlich verlaufen. Bei den meisten Fällen war ein diphasischer Krankheitsverlauf typisch. Bei den Fällen, die im Krankenhaus untersucht werden konnten, wurde eine geringe Leukocytose nachgewiesen. Die Senkungsreaktion war nur wenig erhöht, und der Liquor wies eine Lymphocytose von 20—500 Zellen auf. Die Proteinwerte und die Zuckerwerte lagen nur wenig höher oder waren normal.

Bei einigen Patienten wurde das Serum auf neutralisierende Antikörper gegen das Louping-Ill-Virus untersucht. In allen diesen Seren konnten neutralisierende Antikörper nachgewiesen werden im Gegensatz zu den Seren Erwachsener, die keine Enzephalitis in der Anamnese aufwiesen. Leider haben wir keine Fälle mit einer Antikörpersteigerung während der Krankheit beobachten können. Versuche, das Virus aus Zecken zu isolieren, sind negativ verlaufen. In einigen Schafseren vom selben Bezirk waren jedoch neutralisierende Antikörper nachweisbar.

S. G. Dsagurow

Zweiphasiges Milchfieber im Moskauer Gebiet

In den letzten Jahren wurden in mehreren Gebieten der Sowjetunion eigenartige, in Naturherden vorkommende Viruskrankheiten beobachtet. Erkrankungen dieser Art wurden in den Arbeiten von A. A. Smorodinzew, S. N. Dawidenkow und Mitarbeitern (1951 bis 1954) als „zweiphasige Virus-Meningoenzephalitis" und von M. P. Tschumakow und Mitarbeitern als „zweiphasiges Milchfieber" (1954) bezeichnet. Die genannten sowjetischen Autoren klassifizieren diese Krankheit als selbständige nosologische Einheit. Einige andere Autoren (P. A. Petristschewa, A. N. Schapowal) sind der Meinung, daß die Milchfieberepidemien auch durch das Virus der Zeckenenzephalitis, das in die Milch infizierter Tiere übertritt, verursacht sein können.

Die Ähnlichkeit der antigenen Struktur des Virus der zweiphasigen Meningoenzephalitis bzw. des zweiphasigen Milchfiebers mit dem Virus der Zeckenenzephalitis erschwert die Lösung der Frage über nosologische Einheit oder Verschiedenheit dieser Krankheiten. Daher sind Forschungsergebnisse über die zweiphasige Meningoenzephalitis in Naturherden, wo die Zeckenenzephalitis oder Infektionen durch antigenisch nahverwandte Viren (Louping-ill, Omsksches hämorrhagisches Fieber) nicht vorkommen, besonders interessant. Solche Forschungen haben M. P. Tschumakow und Mitarbeiter seit 1951 in einem Naturherd des „Milchfiebers" im Moskauer Gebiet unternommen. Obwohl dabei eine immunologische Verwandtschaft dieser Erkrankung mit der Zeckenenzephalitis festgestellt wurde, zeugt der benigne Verlauf des „Milchfiebers" ohne atrophische Paralysen, die für die Zeckenenzephalitis typisch sind, gegen die Identität dieser Krankheit mit der Zeckenenzephalitis. Außerdem kommt die Erkrankung in der Form von Familiengruppen-Epidemien vor und kann darum nicht mit dem Zeckenbiß in Zusammenhang gebracht werden.

M. P. Tschumakow und Mitarbeiter haben im Jahre 1953 die Ätiologie und Epidemiologie dieser Erkrankung im Moskauer Gebiet gründlich studiert. Zu diesem Zweck hat S. G. Drosdow im Jahre 1953 im Naturherd gearbeitet und das gewonnene Material dann im Laboratorium untersucht. Ergänzende Arbeiten folgten in den Jahren 1954/55. Es wurden mehrere Stämme aus dem Blut der Kranken, aus der Milch der Hausziegen und aus den Zecken Ixodes ricinus isoliert, die für weiße Mäuse bei intracerebraler Verimpfung, aber auch bei verschiedenen extraneuralen Applikationsarten pathogen waren. Beim Zicklein rief die intracerebrale Inoculation von 1 ml Virussuspension eine schwere paralytische Erkrankung hervor. Die periphere Applikation des Virus bei Ziegen verschiedenen Alters rief keine Erkrankung hervor. Die Neutralisationsteste zeigten, daß diese Viren mit Seren von Rekonvaleszenten, die das „Milchfieber" vor verschieden langer Zeit durchgemacht hatten, neutralisiert werden. Ähnliche Resultate ergab die Komplementbindungsreaktion. Seren von denselben Rekonvaleszenten zeigten außerdem eine signifikante Neutralisationsfähigkeit gegen das Virus der Zeckenenzephalitis, des Louping-ill und des Omskschen hämorrhagischen Fiebers. Seren von Rekonvaleszenten nach Erkrankung an Zeckenenzephalitis, Omskschem hämorrhagischen Fieber und Louping-ill neutralisierten wieder das Virus des Milchfiebers.

Außer der antigenen Verwandtschaft des Virus des „Milchfiebers" mit den Viren der Zeckenenzephalitis, des Louping-ill und des Omskschen hämorrhagischen Fiebers ist auch der Übertritt aller Viren in die Milch der Tiere sehr aufschlußreich. Bei Ziegen wurde die Ausscheidung aller erwähnten Viren in die Milch nach subcutaner und auch intramuskulärer Infektion festgestellt. Die Epidemiologie des „Milchfiebers" zeigte auch im Moskauer Gebiet saisonhaftes Auftreten der Krankheit in Familiengruppen, und zwar nach Genuß roher Ziegenmilch. Von allen Erkrankten aus den Jahren 1948 bis 1954 gehörten 89,8% zu den Familiengruppen-Epidemien; nur 10,2% Patienten erkrankten einzeln nach Zeckenbiß. Bei den Haustieren im Naturherd des „Milchfiebers" wurden in einem großen Prozentsatz spezifische Antikörper gegen das Virus des Milchfiebers nachgewiesen (58% Kühe, 24% Ziegen).

Die Erforschung des „Milchfiebers" im Moskauer Gebiet, wo keine typischen Fälle der Zeckenenzephalitis registriert wurden, spricht mehr für die Selbständigkeit dieser Infektion als für ihre Charakterisierung als „Variante der Zeckenenzephalitis". Die Frage ist aber noch nicht definitiv geklärt.

O. Havlík, J. M. Kolman

Das Vorkommen der spontanen Zeckenenzephalitis bei freilebenden Vögeln

Diese Arbeit wurde von O. Havlík, J. M. Kolman, D. Lím, M. Zástěra, J. Hübner und Z. Frühbauer ausgeführt.

Bei der systematischen Durchforschung der Virus-Reservoire und Zeckenwirte in einigen Naturherden der Zeckenenzephalitis in Böhmen haben wir in den letzten zwei Jahren unsere erhöhte Aufmerksamkeit den freilebenden Vögeln als möglichen Reservoiren der Ansteckung gewidmet. Das geschah hauptsächlich aus folgenden Gründen: Die Vögel sind ein verhältnismäßig zahlreicher Bestandteil der Biozönose unserer Naturherde der Zeckenenzephalitis, d. h. der gemischten Waldbestände. Die Vögel, wenigstens einige Arten, sind regelmäßige und wichtige Wirte des Hauptüberträgers, der Zecke Ixodes ricinus (Rosický und Balát, 1954), und schließlich haben die Vögel für die Epidemiologie der Naturherde wegen ihrer Bewegung in der Natur eine besonders große Bedeutung.

Aus den experimentellen Arbeiten von Moskwin (1940) und Solowjow (1941) wissen wir, daß die Vögel für das Virus der Zeckenenzephalitis sehr empfänglich sind. Die Infektion ist besonders bei folgenden Vogelarten gelungen: Emberiza citrinella, Chloris chloris, Passer domesticus, Fringilla coelebs, Loxia curvirostris, Carduelis flammeus u. a. m.

Obwohl diese Tatsache die Rolle der Vögel im Kreislauf der Ansteckungsherde in einem besonderen Lichte erscheinen läßt, war dieser Frage bisher nur eine geringe Aufmerksamkeit gewidmet worden. In der Sowjetunion wurde die spontane Infektion bei folgenden Vogelarten festgestellt: Tetrastes bonasia, Turdus hortulorum, Sitta europaea, Emberiza elogans u. a. m.

In Österreich wurde die positive Seroreaktion bei Fasanen und Rebhühnern von VAN TONGEREN (1955) beobachtet. Bei uns waren es LIBÍKOVÁ und Mitarbeiter (1955), von denen Antikörper bei der Nebelkrähe (Corvus coronae), dem Eichelhäher (Garrulus glandarius) und bei der Elster (Pica pica) mittels der Komplementbindungsreaktion nachgewiesen wurden. RADVAN und BENDA (1955) haben auch positive Neutralisationen mit Fasanenseren durchgeführt.

Wir haben unsere Forschungen auf zwei Territorien konzentriert. Das erste Gebiet ist das Flußgebiet „Berounka", wo manifeste Naturinfektionsherde seit 1945 beobachtet werden und wo auch die ersten Virusisolierungen von Kranken (GALLIA, 1949) und von Zecken (RAMPAS und GALLIA, 1949) positiv verliefen. Das zweite Gebiet liegt in Ostböhmen im Erzgebirge und galt ursprünglich als Kontrollgebiet ohne Enzephalitisfälle. Jedoch wurden in der Zwischenzeit auch hier Krankheitsfälle bei Menschen und signifikante Antikörpertiter bei Tieren beobachtet. Neben dem Material aus diesen zwei Gebieten haben wir auch Vögel aus einem dritten Gebiet in die Untersuchung einbezogen. In diesem Gebiet wurde erstmalig nach Naturherden der Enzephalitis gesucht.

Material und Methodik

Die Vögel für die Untersuchungszwecke wurden ausschließlich abgeschossen, und zwar in beiden Gebieten in einigen ausgewählten Biotopen, die alle Voraussetzungen der Enzephalitisherde erfüllten. Über Details können wir an dieser Stelle nicht berichten. Wir haben uns aber bemüht, alle Arten von Vögeln, besonders die in den erforschten Biozönosen am häufigsten vorkommenden und deshalb für den vorausgesetzten Kreislauf des Virus am wichtigsten erscheinenden einzufangen. Gleichzeitig waren wir bestrebt, alle Änderungen der Ornithofauna festzustellen, die mit der Standortänderung der Vögel im Laufe des Jahres zusammenhängen.

Als serologische Methode haben wir die Seroneutralisation angewandt, und zwar einmal wegen unserer mehrjährigen Erfahrung bei der Durchführung dieser Reaktion und zum anderen wegen der hohen Spezifität dieses Testes. Wegen der Möglichkeit, auch antikomplementäres und hämolytisches Serum auszuwerten, zogen wir den Neutralisationstest der Komplementbindungsreaktion vor. Zur Reaktion wurden Herzauswaschungen mit gepufferter NaCl verwendet.

Das Herz wurde steril herauspräpariert und in einem Reagenzglas mit physiologischer Lösung aufgeschnitten (0,9 ml bei kleinen Vögeln bzw. 2—3 ml bei großen Vögeln). Diese Herzspülflüssigkeiten betrachteten wir als Verdünnung im Verhältnis von etwa 1:20.

Die Seroneutralisation wurde nach der üblichen Methodik an weißen Mäusen durchgeführt und der Neutralisationsindex nach der Methode REED und MUENCH berechnet.

Wir haben auch Mischungen von Herzauswaschungen der gleichen Vogelart aus gleichen Biotopen untersucht, und zwar gewöhnlich Mischungen von 3 Tieren.

Als positiven Titer bezeichnen wir einen Neutralisationsindex von 200 und höher. Absichtlich sehen wir niedrigere Titer als negativ an, um eventuelle unspezifische Ergebnisse der Reaktion von vornherein auszuschließen.

Ergebnisse

Im ganzen haben wir 296 Exemplare von 50 Vogelarten überprüft und dieses Material in 146 Seroneutralisationsversuchen verarbeitet. Ein höherer Seroneutralisationsindex als 200 wurde bei 43 Auswaschungen bzw. Auswaschungsmischungen sichergestellt.

Positiv verhielten sich die Seren nachstehender Gattungen von Vögeln: Aegithalos caudatus, Carduelis spinus, Certhia familiaris, Dryocopus martius, Emberiza citrinella, Emberiza schoeniclus, Erithacus rubecula, Fringilla coelebs, Garrulus glandarius, Motacilla alba, Parus ater, Parus atricapillus, Parus cristatus, Parus coeruleus, Parus major, Phoenicurus ochruros, Phylloscopus collybita, Picus viridis, Sitta europaea, Sturnus vulgaris, Troglodytes troglodytes, Turdus ericetorum, Turdus morula.

Insgesamt konnten wir bei 23 Arten freilebender Vögel Antikörper gegen das Virus der Zeckenenzephalitis nachweisen; bei 27 Vogelarten gelang dies nicht. Dazu ist zu bemerken, daß manche dieser Gattungen, die serologisch negativ waren, in unserem Material nur in einem oder zwei Exemplaren vertreten waren.

Diskussion

Wie aus der beigegebenen Übersicht (Tab. 10) hervorgeht, waren in den durchforschten Gebieten die positiven Befunde bei Vögeln sehr zahlreich. Beinahe bei der Hälfte aller untersuchten Vögel wurden Antikörper gefunden. Wichtig ist, daß nur ein Drittel der untersuchten Tiere aus dem endemischen Gebiet stammte. Vergleichen wir die Befunde nach den einzelnen Gebieten ohne Rücksicht darauf, daß sich die Zusammensetzung der Beute nach der Art in den einzelnen Gebieten nicht deckt, so sehen wir, daß die positiven Befunde in dem endemischen Gebiet weitaus überwiegen. Auch die Zahl der Vogelarten, die hier positiv waren, ist prozentual höher.

Tabelle 10. Vergleich positiver Reaktionen bei Vögeln in einzelnen Gebieten

	Endemisches Gebiet	Kontrollgebiet	Gebiet der Präventivuntersuchung
Anzahl der untersuchten Tiere	99	98	99
Anzahl der untersuchten Arten	19	34	25
davon positiv	16	8	4
Anzahl der durchgeführten Neutralisationsteste	45	61	40
davon positiv	29	8	6
d. h. in %	65%	13%	15%

Bei der Beurteilung der erzielten Ergebnisse für die Epidemiologie der Zeckenenzephalitis und bei der Gesamtbewertung der Rolle der Vögel im Kreislauf des Virus im Naturherd haben wir uns zwei grundlegende Fragen vorgelegt.

Zunächst interessierte uns der Vergleich der serologischen Ergebnisse bei den Vögeln mit den Ergebnissen bei den kleinen Säugetieren, die in den gleichen Biotopen und in der gleichen Zeit gefangen wurden. An zweiter Stelle beschäftigte uns das Verhältnis des Grades der Verzeckung der Vögel zu der Menge der positiven Reaktionen. In diesem Zusammenhang haben wir die Rolle der Vögel im Infektionsherd unter Berücksichtigung ihrer Häufigkeit in den durchforschten Biotopen bewertet.

Der Vergleich der Ergebnisse bei kleinen Säugetieren und Vögeln aus den einzelnen Gebieten ist in Tab. 11 veranschaulicht.

Tabelle 11. Vergleich positiver Befunde bei kleinen Säugetieren und Vögeln in den einzelnen Gebieten

	Säugetiere	Vögel
Endemisches Gebiet		
Anzahl untersuchter Arten	7	19
davon positiv	7	16
Anzahl der Neutralisationsteste	105	45
davon positiv	44	29
d. h. in %	42%	65%
Kontrollgebiet		
Anzahl untersuchter Arten	9	34
davon positiv	6	8
Anzahl der Neutralisationsteste	78	61
davon positiv	19	8
d. h. in %	25%	13%
Gebiet der Präventivuntersuchung		
Anzahl untersuchter Arten	11	25
davon positiv	1	4
Anzahl der Neutralisationsteste	33	40
davon positiv	1	6
d. h. in %	3%	15%
Insgesamt		
Anzahl der Neutralisationsteste	216	146
davon positiv	64	43
d. h. in %	30%	30,1%

Aus der Tabelle ist ersichtlich, daß zwischen den positiven Befunden bei Säugetieren und Vögeln keine grundlegenden Unterschiede bestehen. Im endemischen Gebiet und im dritten Gebiet waren verhältnismäßig mehr Vögel positiv, wogegen im Kontrollgebiet mehr positive Ergebnisse bei Säugetieren beobachtet wurden. Man kann daher sagen, daß Vögel ebenso häufig betroffen sind wie kleine Säugetiere. Betont sei, daß sich das Resultat nur auf kleine Säugetiere, mäuseartige Nagetiere und Insektenfresser erstreckt, da eben nur diese für den Kreislauf des Virus im Naturherd in Betracht zu ziehen sind. Langlebende Säugetiere, z. B. Rehe, Hirsche u. a., kommen nur als gelegentliche Blutquelle für die Zecke in Frage. Diese Tiere sind zwar ein vorzüglicher Indikator für das Vorhandensein des Virus in gewissen Gebieten, haben als Reservoir nur geringe Bedeutung.

Wichtig war der Vergleich zwischen dem Grade der Verzeckung und der Feststellung der Antikörper. Mit der Verzeckung der Vögel in unseren Gegenden befassen sich in ihrer Arbeit ausführlich Rosický und Balát (1954), die auf Grund eines umfangreichen Materials die Menge der Zecken an den einzelnen Vogelarten feststellen. Aus dem Vergleich ihrer Angaben mit unseren serologischen Befunden ersehen wir, daß bei vielen Vogelarten eine direkte Abhängigkeit zwischen dem Grade der Verzeckung und der spontanen Infektion besteht. So ist es z. B. bei den Gattungen Fringilla coelebs, Erithacus rubecula, Parus major, Parus ater, Parus atricapillus, Carduelis spinus, Turdus morula, Turdus ericetorum, Garrulus glandarius, Troglodytes troglodytes, Sitta europaea. Demgegenüber haben wir auch wiederholt positive Befunde bei Gattungen festgestellt, die nicht verzeckt waren und deren Lebensweise die Möglichkeit einer spontanen Infektion ausschließt. Dies sind nachfolgende Gattungen:

Picus viridis, Dryocopus martius, Emberiza schoeniclus, Certhia familiaris, Aegithalos caudatus, Motacilla alba. Vorläufig ist es leider nicht möglich, diesen Widerspruch zufriedenstellend zu erklären. Eine verlockende Erklärungsmöglichkeit bietet sich uns an, wenn wir den Nachweis des Enzephalitisvirus bei Mücken in Betracht ziehen, der Przesmycki und Mitarbeitern gelungen ist (mündliche Mitteilung). Vorausgesetzt, daß diese Annahme stimmt und die Mücken tatsächlich Vektoren des Enzephalitisvirus sind, ist auch die Übertragung des Virus auf die Vögel leicht möglich.

Wollen wir die Rolle der Vögel im Naturherd beurteilen, müssen wir noch die Anzahl und Dichte der Vögel in den Biotopen, wo sich die Infektionsherde der Enzephalitis befinden, berücksichtigen. Verhältnismäßig seltene Gattungen, wie z. B. Dryocopus martius, sind begreiflicherweise für den Kreislauf des Virus im Ansteckungsherd von geringer Bedeutung.

Im ganzen kann man sagen, daß es weit weniger Vögel als kleine Säugetiere gibt. Dies gilt freilich nur bedingt, denn wir müssen die extremen Schwankungen des Nagetierbestandes und gleichzeitig auch die Dichte der Vogelarten berücksichtigen, die als mögliche Reservoire in Frage kommen. In den Jahren des Mindestbestandes der kleinen Säugetiere waren z. B. die Vögel viel zahlreicher als diese und spielten daher eine wichtige Rolle für den Naturherd.

Ordnen wir die überprüften Gattungen der Vögel nach der Anzahl positiver Antikörperbefunde, nach dem Grade der Verzeckung und schließlich nach ihrer Menge, so erhalten wir die folgende Übersicht, in der die einzelnen Gattungen der Vögel nach ihrer wahrscheinlichen Wichtigkeit für die Epidemiologie der Zeckenenzephalitis zusammengestellt sind:

1. Fringilla coelebs, Emberiza citrinella, Turdus morula, Turdus ericetorum, Erithacus rubecula, Phasianus colchicus. Diese Arten kommen häufig bis sehr häufig vor. Sie sind die geläufigsten Zeckenwirte mit oft vorkommenden Antikörpern. Dazu gehört wahrscheinlich auch Anthus trivialis.
2. Parus major, Parus ater, Parus atricapillus, Parus coeruleus, Aegithalos caudatus, Carduelis spinus, Sitta europaea. Diese Arten kommen oft vor. Zecken werden bei ihnen regelmäßig beobachtet (mit Ausnahme von Aegithalus caudatus). Die Antikörperbefunde waren häufig. Diese Arten haben außerdem eine Bedeutung für den Massenstandortwechsel und für die Herbst- und Frühjahrswanderung.
3. Garrulus glandarius, Pica pica, Sturnus vulgaris, Picus viridis, Troglodytes troglodytes. Es handelt sich um weniger häufige oder geringer verzeckte Arten, bei denen wiederholt Antikörper nachgewiesen wurden.

Dieses Verzeichnis haben wir auf Grund unserer bisherigen Befunde zusammengestellt. Wir sind uns dessen bewußt, daß die Wichtigkeitsfolge nur eine wahrscheinliche ist und daß es nötig sein wird, in der Zukunft noch weitere Gattungen einzureihen, die wir bisher aus verschiedenen Gründen noch nicht erforschen konnten. Es bleibt daher Aufgabe weiterer Untersuchungen, das angeführte Verzeichnis zu erweitern und evtl. zu korrigieren.

LITERATUR

[1] Balát, F., Rosický, B.: Die Vögel des Tieflandwaldes, ihre Lebensweise und ihre Bedeutung für den Naturinfektionsherd. Čsl. parasit. **1**, 23—44 (1954).

[2] Gallia, F. u. Mitarb.: Laboratoriumsinfektion mit dem Enzephalitisvirus. Čas. lék. čes. **88**, 224 (1949).

[3] Libíková, H.: Komplexe Erforschung des Naturherdes der Enzephalitis in Rožňava und Umgebung im Jahre 1952. Zdravotn. aktual. **69**, 54 (1954).

[4] Kolman, J. M., Havlík, O.: Erforschung der Überträger- und Reservoirtiere im Naturherd der Enzephalitis. Čsl. hyg. epidem. mikrobiol., immunol. **3**, 74—78 (1954).

[5] Moskwin, I. A.: Infektion von Vögeln durch Viren der Frühsommer-Zeckenenzephalitis. Ber. Akad. Wiss. UdSSR. **28** (1940) (russ.).

[6] Pawlowski, J. N.: Vermutliche Bedeutung der Vögel bei der Zeckenenzephalitisepidemie. Ber. Akad. Wiss. UdSSR. **28** (1940) (russ.).

[7] PAWLOWSKI, J. N.: Parasitologie des Fernen Ostens. Medgis 1947 (russ.).
[8] RADVAN, R., BENDA, R., DANEŠ, L.: Erforschung des Naturherdes der Enzephalitis. In: Naturinfektionsherde. SAV. Bratislava 1956, S. 125.
[9] ROSICKÝ, B., BALÁT, F.: Die Zecken Ixodes ricinus als Parasit bei Vögeln im Naturherd. Čsl. parasit. 1, 45 (1954).
[10] RAMPAS, J., GALLIA, F.: Isolierung des Enzephalitisvirus aus den Zecken Ixodes ricinus. Čas. lék. čes. 88, 1179 (1949).
[11] SOLOWJOW, W. D.: Säugetiere und Vögel als Reservoirtiere der jahreszeitlichen Naturherdenzephalitis. J. mikrobiol. (1941) (russ.).
[12] VAN TONGEREN, H. A. E.: Russische Zeckenenzephalitis als Zoonose. Tschr. diergenesek. Utrecht. 80, 433—439 (1955).

H. LIBÍKOVÁ

Zur Frage des Saisonvorkommens der Zeckenenzephalitis in Mitteleuropa

An Hand der Literaturangaben und auf Grund eigener Forschungen haben wir eine Übersicht des saisonhaften Vorkommens der Zeckenenzephalitis in den davon betroffenen Staaten Europas ausgearbeitet (Tab. 12).

Tabelle 12. Saisonhaftes Vorkommen der Zeckenenzephalitis in den davon betroffenen Staaten Europas

Land	Örtlichkeit	Jahr	Krankheitsfälle	J	F	M	A	M	J	J	A	S	O	N	D
Tschechoslowakei	Rožňava	1951	330 Ziegenmilch / Zecken												
	Sázava-Gebiet	1953													
	Nitra	1953	100												
Ungarn	Tatabánya	1950	55												
		1951	26												
Polen	Nysa	1952	21												
	Nysa	1953	28												
Österreich	Steiermark	1953	307												
	Steiermark	1954	217												
Jugoslawien	Slowenien	1947/53	ca. 300												
	Slowenien	1953	208												

Man sieht aus der Tabelle, daß die Saison der maximalen Morbidität variiert. In manchen Gebieten (z. B. Rožňava) treten schon in den ersten Monaten des Jahres bei Menschen Erkrankungen an Zeckenenzephalitis auf. Nach den Forschungen in Rožňava könnten wir dies als Resultat der Übertragung des Virus durch die Zecke Dermacentor marginatus erklären. Im Jahre 1954 wurde aus dieser Zeckenart das Zeckenenzephalitisvirus isoliert, und die Parasitologen (ROSICKÝ und MAČIČKA) haben gezeigt, daß Dermacentor marginatus sehr früh (sogar noch auf dem Schnee) aktiv zu finden ist. Die Frage der experimentellen Übertragung des Zeckenenzephalitisvirus durch Dermacentor marginatus wird jetzt im Virologischen Institut in Bratislava bearbeitet.

Außerdem finden wir sporadische Fälle der Zeckenenzephalitis in den Wintermonaten. Wir selber haben einen solchen typischen Fall registriert. Im Januar 1953 erkrankte in der Westslowakei in einem Naturherde der Zeckenenzephalitis eine Frau nach einem Abort an Enzephalitis, die serologisch durch Anstieg der Neutralisationsindices als Zeckenenzephalitis diagnostiziert wurde. Diese Frau war noch in der Sommer- und Frühherbstsaison 1952 mehrmals im Walde und wurde von Zecken gebissen. Im Naturherd der Zeckenenzephalitis müssen also auch im Winter vorkommende Neuroinfektionen in dieser Richtung nachgeprüft werden. Wir nehmen an, daß sich beim Menschen eine ziemlich dauerhafte latente Infektion mit dem Zeckenenzephalitisvirus entwickeln kann, die sich dann bei einer Resistenzminderung klinisch manifestiert.

RESOLUTION ZUM THEMA II

Gegenüberstellung der epidemiologischen Erfahrungen in den einzelnen Ländern

1. Auf Grund der Referate von Prof. PRZESMYCKI und Prof. RAŠKA sowie der Diskussionsbeiträge der Herren J. KMET, N. OKER-BLOM u. a. wurde bestätigt, daß in vielen europäischen Ländern Zeckenenzephalitis vorkommt.
2. Das meiste angesammelte Material zeugt davon, daß es in den genannten Gebieten sehr alte Naturherde der Zeckenenzephalitis gibt, die erst im letzten Jahrzehnt auf Grund der Entwicklung der virologischen, epidemiologischen und klinischen Erfahrungen entdeckt wurden.
3. Die Frage, ob neben der typischen Zeckenenzephalitis als selbständiger nosologische Einheit die zweiwellige Meningoenzephalitis (SMORODINZEW) besteht, wurde von den meisten Diskutierenden dahin beantwortet, daß dieses Problem noch nicht endgültig gelöst ist und daß ihm in allen Ländern Aufmerksamkeit zu schenken ist.
4. In tschechoslowakischen und sowjetischen epidemiologischen und experimentellen Arbeiten wurde wiederholt nachgewiesen, daß außer der Zeckenübertragung der Erreger auch durch rohe Ziegenmilch übertragen werden kann.
5. Auf Grund mancher Arbeiten (PRZESMYCKI u. Mitarb., HAVLÍK u. Mitarb.) müssen auch andere Möglichkeiten der Infektionsübertragung, besonders aber die der Übertragung durch Mücken, erforscht werden.
6. Die Forschungsarbeiten über die Naturherd-Zeckenenzephalitis sind in den verschiedenen Ländern Mitteleuropas jetzt verschieden weit fortgeschritten. Dieses Symposium hat daher großen Wert für die internationale Zusammenarbeit und den Erfahrungsaustausch. Im Zusammenhang damit ist es sehr wichtig, daß das internationale Zentrum für Enzephalitisforschung, das im Juni 1956 auf Grund der Verhandlungen des III. Internationalen Mikrobiologenkongresses in Leningrad gegründet worden ist, seine Arbeit so bald wie möglich aufnimmt.

Prof. PRZESMYCKI, Prof. RAŠKA, Dr. KMET

THEMA III

Die parasitologische Forschung als Bestandteil der Untersuchung von Naturherden der Enzephalitiden in Mitteleuropa

Präsidium:

Dr. Z. Kozlowski, Dr. B. Rosický

Sekretär:

Dr. O. Mačička

HAUPTREFERAT

B. Rosický

Biologisches Institut der Tschechoslowakischen Akademie der Wissenschaften, Abteilung für Parasitologie, Prag

Die parasitologische Forschung als Bestandteil der Untersuchung von Naturherden der Enzephalitiden in Mitteleuropa

Wenn der Epidemiologe den epidemiologischen Prozeß bei der Zeckenenzephalitis erklären soll, so muß er sich in seinen Schlußfolgerungen — und das gilt im Sinne der Lehre des Akademikers Pawlowski für alle Infektionen, die ihren Ausgangspunkt in Naturherden der Infektionen besitzen — auf den komplizierten Kreislauf und die Dynamik der Infektion in der Natur stützen. Seine Position ist daher sehr schwierig, und es ist undenkbar, daß er ohne parasitologische und medizinisch-zoologische Untersuchungen auskommt. Die komplexe Arbeit bei der Erforschung der von Naturherden ausgehenden Enzephalitiden kann also einer Mitarbeit der Parasitologen und der medizinischen Zoologen nicht entbehren, und zwar um so weniger, als gerade diese Wissenszweige in vielen Abschnitten der Forschung richtunggebend sind.

Die parasitologisch-zoologischen Untersuchungen von Naturherden der Zeckenenzephalitis müssen daher notwendigerweise in die biozönotische Beurteilung des durchforschten Terrains ausmünden. Wie kompliziert hierbei gerade die zoologisch-parasitologische Problematik ist, ergibt sich aus den weiter angeführten Beispielen.

Welches sind nun die Bedingungen für die Existenz von Naturherden der Zeckenenzephalitis in Mitteleuropa? Wir gehen von der Voraussetzung aus, daß der Krankheitserreger in diesen Naturherden Bestandteil einer bestimmten Biozönose ist, die unter den in einem bestimmten Biotop geltenden Bedingungen entstand und sich historisch entwickelte, ferner, daß die Lebens- und Arterhaltung des Erregers eng verbunden ist mit seinem Kreislauf zwischen den Zönobionten, den Reservoirtieren und Überträgern.

Die ursprünglichen Biotope Mitteleuropas waren Jahrtausende hindurch dem Einfluß menschlicher Eingriffe ausgesetzt, und es verblieb daher nur eine verschwindend geringe Zahl von Biotopen, die von der Tätigkeit des Menschen verschont blieben, vielleicht nur die höchsten Regionen der Gebirge und Hochgebirge. In den niedrigeren Lagen werden die ursprünglichen Waldbiotope, Sümpfe, Waldsteppen und Steppen allmählich durch Weide und Ackerbau, später auch durch Waldkultivierung in Biotope verwandelt, die mehr oder weniger vom Menschen geschaffen sind. Es entstehen typische „Kulturzönosen", wie man sie heute auf Feldern, Wiesen, in Waldmonokulturen usw. antrifft. So waren um das Jahr 1500 vor unserer Zeitrechnung die nördlichen, nordöstlichen und mittleren Gebiete Böhmens von einem überwiegend mit Landwirtschaft beschäftigten Volke bewohnt. Um 900 vor unserer Zeitrechnung entwickelte sich im Donaugebiet die Eisenkultur (Hallstatt). Man kann mit Recht annehmen, daß während der letzten 4000—3000 Jahre sich in Mitteleuropa der Einfluß des Menschen auf die Entwicklung der Biotope verhältnismäßig intensiv geltend gemacht hat.

Wenn wir die mitteleuropäischen Biotope mit Biotopen in Gegenden vergleichen, die bisher nur wenig von Menschen beherrscht wurden oder unberührt blieben, und sie von entwicklungsmäßigen Gesichtspunkten aus nach den allmählichen Eingriffen des Menschen bewerten, so gelangen wir zu dem Schluß, daß durch die menschliche Beeinflussung der Biotope einige

Biozönosen verschwanden, einige sich kaum erhielten, andere wiederum bereichert wurden. Das blieb zweifellos nicht ohne Einfluß auf die Naturherde. Aus historischen Quellen kann man auf Grund ökologisch-parasitologischer Auswertung z. B. auf die Existenz natürlicher Pestherde im Donaugebiet, in der Theißniederung, in den Karpaten usw. schließen, die dann durch den Eingriff des Menschen vernichtet wurden. Ebenso besteht kein Zweifel, daß die ursprünglichen Tularämieherde ausgedehnte sumpfige und feuchte Gebiete in Mitteleuropa umfaßten und später durch menschliche Betätigung wesentlich eingeengt wurden. Bei anderen Naturherden dagegen schafft der Mensch, bewußt oder unbewußt, gute Existenzbedingungen. Zu diesen gehören in Mitteleuropa die Naturherde der Zeckenenzephalitis. Der gemeine Holzbock (Ixodes ricinus) wurde zwar von Menschen von den agrotechnisch beherrschten Feldern und Wiesen völlig verdrängt, erhielt sich aber in Wäldern, wo er auch in bestimmten Stadien der Monokulturen der Fichte unter sonst wenig entsprechenden Voraussetzungen (Mangel an Wirtstieren, verlangsamte Entwicklung) geeignete Standorte mit günstigen biotischen und abiotischen Bedingungen fand. Die fortgeschrittene Jagdtätigkeit in den mitteleuropäischen Ländern verschaffte den Zecken hinreichende Blutquellen für die Entwicklung der Imagines, so daß auf günstigen Standplätzen Zecken in einer Menge angetroffen werden können, die zahlenmäßig die für Weideplätze bekannten Angaben über Zeckenverseuchung offensichtlich überschreitet. Diesen Zustand illustrieren vor allem die Verhältnisse in den von Zecken befallenen Waldflächen Böhmens und Mährens, wo nicht geweidet wird. Die Bereicherung der Biotope durch Wild und Zecken ergibt sich eindeutig aus Tabelle 13 und 14.

Tabelle 13. Bereicherung der mitteleuropäischen Waldbiotope durch Wirte von Ixodes im Vergleich mit der Bialowiezer Heide
(Angaben nach Komarek, Kostron und Wald- und Jagdatlas)

Stückzahl auf 1000 Hektar Fläche in							
Art	Böhmen	Mähren	Slowakei	Brandenburg Pomorze	Dolny Śląsk	Sachsen	Bialowiezer Heide*)
Hase	126	130	43	30	über 50	über 50	×
Reh	5,4	7,6	1,4	6,34	×	×	0,07
Hirsch	0,5	0,5	0,5	×	×	×	0
Fasan	45,6	67,5	9,3	×	×	×	×
Wildschwein	×	×	×	×	×	×	0,08

* = ursprünglicher Stand nach Nitzsache × = vereinzelt im ganzen Raum

Tabelle 14. Unterschied in der Häufigkeit von Zecken in wildreichen und wildarmen Biotopen

Gebiet*)	Hasen auf 1000 ha	Rehe auf 1000 ha	Anzahl der Zecken nach zweistündigem Sammeln
Südostslowakei	1–5	0	18 N
Mittelböhmen	mehr als 250	5–10	147 N 12 I
Mittelböhmen	mehr als 250	5–10	184 N 29 I

* = Biotope an allen 3 Stellen von einheitlichem Charakter N = Nymphe I = Imago

An Orten, wo noch intensive Weidewirtschaft auf natürlichen, vom Menschen meistens nicht verbesserten Grasländereien betrieben wird, entstehen Weideplätze mit Zeckenbefall. Während in Wäldern Hasen, Rehe, gegebenenfalls auch Hirsche die Blutquelle für die Imago von Ixodes ricinus abgeben, ist auf den Weideplätzen das zur Weide getriebene Vieh, meist Schafe und Rindvieh, der wichtigste Blutspender. Im einzelnen sei auf unsere früheren Arbeiten verwiesen.

Auf Grund einer eingehenden ökologisch-parasitologischen Analyse des Zeckenvorkommens in den bestimmten mitteleuropäischen Biotopen sowie auf Grund virologischer und epidemiologischer Untersuchungsergebnisse unterbreiten wir einen Vorschlag zur Klassifikation der mitteleuropäischen Zeckenenzephalitis-Naturherde, die mit charakteristischen ökologisch-parasitologischen, epidemiologischen u. a. Merkmalen in Erscheinung treten:

1. Naturherde, die an Waldflächen mit Zeckenbefall gebunden sind. Sie liegen in Waldgebieten der Niederungen und Hügelländer, meist in gemischten oder Laubholzbeständen, in denen nicht geweidet wird. Der wichtigste Blutspender für erwachsene Zecken ist das hier vom Menschen bewußt vermehrte Wild. Die Übertragung des Virus auf den Menschen geschieht durch Ansaugung der Zecken meist während des Aufenthaltes in Wäldern zur Erholung oder bei Waldarbeiten. Als Beispiel sei das Gebiet von Beroun genannt.

   Ein selbständiger Typ, wie er in Mitteleuropa wahrscheinlich nicht mehr vorkommt, sind die Naturherde der Zeckenenzephalitis innerhalb der Taiga.

   Im mitteleuropäischen Raum erstreckt sich der Zeckenbefall auf die vom Menschen vielfach beeinflußten Waldflächen (Weide, Bestandauffrischung, die sich an manchen Orten bereits schon 3- bis 4mal wiederholt hat). Die früher an solchen Orten betriebene Waldweide (in Böhmen und Mähren bis 1850) rückt diesen Typ in unmittelbare Nähe jener Naturherde, die an Weideplätze mit Zeckenbefall gebunden sind. Ihre Entwicklung aus den ursprünglichen Naturherden im unberührten Wald (Taiga) dauerte Jahrtausende und hing vom Menschen und seiner wirtschaftlichen Tätigkeit ab.

2. Naturherde, die an Weideplätze mit Zeckenbefall gebunden sind. Sie befinden sich in den Gebieten mit vernachlässigten natürlichen Weiden und schwachem Strauchbestand. In der Tschechoslowakei liegen diese Weiden je nach ihrer geographischen Lage bis zu 700 m ü. d. M. Wichtigste Blutquelle für erwachsene Zecken sind die zur Weide getriebenen Haustiere. Nach den bisherigen Forschungen scheinen die Bedingungen für solche Naturherde auf Kalksteinunterlagen da günstig zu sein, wo wahrscheinlich besondere Eigenschaften der Vegetation die Weidebenutzung seit undenklichen Zeiten ermöglichen. Bekannt sind aus solchen Naturherden hervorgegangene Enzephalitisepidemien, die aus dem Genuß ungekochter Ziegenmilch herrühren. Häufig werden auch Personen, die mit Viehweide beschäftigt sind, durch Ansaugung der Zecken infiziert. Als Beispiel kann Rožňava dienen.

   Weitere Forschungen werden zeigen, ob ein Typ von Naturherden besteht, bei dem Dermacentor marginatus der Überträger ist. Die Isolierung des Virus aus Dermacentor marginatus erfordert erhöhte Aufmerksamkeit.

3. Naturherde, die an Mischorte mit Zeckenbefall gebunden sind. Sie befinden sich an Orten, wo die Weide unmittelbar an Waldflächen mit Zeckenbefall grenzt und ein Wechsel des Wirttieres bei den Imagines eintritt (Wildvieh). Dieser Typ hat in ökologisch-parasitologischer, epidemiologischer u. a. Hinsicht vorübergehenden und gemischten Charakter. Als Beispiel wird auf Plätze in Südböhmen verwiesen.

4. Naturherde in Gebirgsregionen, wo das Vorkommen von Zecken aufhört. Es kann vorausgesetzt werden, daß es zu einer Übertragung des Virus auf den Menschen nur ausnahmsweise kommt und daß das Virus bei Kleinsäugern wahrscheinlich durch Milben aus der Familie Gamasoidea oder durch andere Gliederfüßler übertragen wird. Diese Naturherde sind bisher nicht näher erforscht, jedoch durch die Isolierung des Virus der Zeckenenzephalitis aus der Umgebung der Javorina in der Hohen Tatra (1000 m ü. d. M.) bestätigt worden. Die Möglichkeit einer Virusübertragung durch spontan infizierte Milben der Familie Gamasoidea auf Laboratoriumsmäuse und die mindestens vierwöchige Persistenz des Virus in den erwähnten Milben wurde unlängst von Lewkowitsch und Tagilzew (1956) nachgewiesen.

Für die Naturherde der Zeckenenzephalitis sind gegenwärtig in Mitteleuropa sämtliche Existenzbedingungen gegeben. An zahlreichen Stellen wurden sie sogar von Menschen unbewußt stabilisiert, verbreitet und ihre Validität erhöht. Da eine weitere Ausforstung der Wälder nicht möglich ist und die Jagdwirtschaft nicht abgeschafft werden kann (Tradition und wirtschaftliche Bedeutung), müssen die Präventivmaßnahmen besonders im Hinblick auf die Typen 1 und 3 der Naturherde geeignete Wege einschlagen. Klarer erscheint diese Frage bei Naturherden, die an Weideplätze mit Zeckenbefall gebunden sind.

Es sei noch betont, daß das Bestehen natürlicher Enzephalitisherde in Mitteleuropa nicht nur ein Beispiel, sondern auch ein Memento für unsere weitere Tätigkeit darstellt. Die wirtschaftliche Erschließung der Natur reicht allein nicht aus, um alle natürlichen Infektionsherde zu vernichten, da in dem vom Menschen beherrschten Gebiet aus ursprünglichen Naturherden modifizierte Herde entstehen können, deren Validität im Vergleich zu dem früheren Stand unbewußt nur noch erhöht wird. Das bedeutet also, daß mit der wirtschaftlichen Ausnützung der Natur auch Maßnahmen zur Beseitigung aller möglichen Naturherde Hand in Hand gehen müssen. Der Ansicht, daß allein die wirtschaftliche Beherrschung eines Gebietes zur Vernichtung der Naturherde führt, ist nach dem heutigen Stand der Wissenschaft nicht mehr zuzustimmen.

Abschließend sei ein grundsätzliches Programm der zoologisch-parasitologischen Untersuchung von Naturherden der Zeckenenzephalitis in einigen Punkten zur Diskussion gestellt:

1. Feststellung der Faunazusammensetzung (Bestimmung der Arten) im untersuchten Gebiet unter Berücksichtigung der hier vermuteten Reservoirtiere (Säuger, Vögel, Zecken). Auch andere Gruppen möglicher Überträger dürfen nicht außer acht gelassen werden.
2. Feststellung, in welchen Biotopen die einzelnen Arten der Reservoirtiere und Überträger leben, zu welcher Biozönose sie gehören, welche Stadien bzw. Mikrostadien unter ungünstigen Bedingungen für ihr Leben und ihre Arterhaltung optimal sind, welche Biotope am ungünstigsten für sie sind und in welchen sie überhaupt nicht vorkommen.
3. Beobachtung der gegenseitigen Beziehungen zwischen den Reservoirtieren und ihren Ektoparasiten (Bestimmung der spezifischen Parasiten, der Haupt- und Nebenwirte, des Wirtskreises für die einzelnen Zeckenarten und ihre Stadien; Einfluß der Populationsdichte der Reservoirtiere auf den Befall mit Ektoparasiten; Kontaktorte zwischen den Raumgenossen verschiedener Biotope; Einfluß der gleichzeitigen Bewohnung eines Ortes auf den Wechsel der Ektoparasiten zwischen verschiedenen Wirtsarten u. a. m.).
4. Beobachtung der Populationsdynamik von Reservoirtieren und Ektoparasiten im Jahresablauf und während mehrerer Jahre in Abhängigkeit von klimatischen und mikroklimatischen Bedingungen, von Nahrungsvorräten, Schädlingen, Parasiten, Krankheiten u. a. m. In den Naturherden der Zeckenenzephalitis muß unbedingt der Entwicklungszyklus des gemeinen Holzbocks, gegebenenfalls auch anderer Arten unter den jeweiligen geographischen Bedingungen durch unmittelbare Beobachtung in der Natur festgestellt werden.
5. Feststellung der Bewegung von Reservoirtieren und möglichen Überträgern im Rahmen eines Biotops und zwischen mehreren Biotopen, Untersuchung des Aktionsradius.
6. Bestimmung des Tages- und Jahreszyklus der Aktivität von Reservoirtieren und Überträgern sowie seiner Abhängigkeit von klimatischen und mikroklimatischen Bedingungen, phänologische Daten, saisonbedingte Aktivitätsänderungen u. dgl. m.
7. Auf Grund dieser Untersuchungen ist dann ein Überblick über die Entwicklungsgeschichte und Dynamik jener Biozönose zu geben, deren Mitglieder die Reservoirtiere und Überträger sind. So ist z. B. die Abhängigkeit der Dynamik des Elementes „Wirtzecke“ von der Entwicklung der Pflanzengesellschaft, von dem Relief und von den physikalischen Eigenschaften der Böden festzustellen und die Einwirkung der wirtschaftlichen Tätigkeit

des Menschen zu werten. Aus solchen Daten ergibt sich auch die Prognose für die Möglichkeit des Fortbestandes der Naturherde u. dgl. m.

8. Feststellung der Beziehung möglicher Reservoirtiere und Ektoparasiten zum Menschen und seinen Siedlungen, zu den domestizierten und anderen wirtschaftlich ausgenützten Tieren.
9. Auffindung empfindlicher Stellen in der Bionomie und Entwicklung der Reservoirtiere und ihrer Ektoparasiten und Auswertung dieser Ergebnisse zur Vernichtung einzelner Elemente des Naturherdes, wobei die Möglichkeit der Beseitigung des Naturherdes in seiner Gesamtheit zu untersuchen ist.

Diese als Rahmen aufgestellten Punkte lassen erkennen, wie kompliziert die zoologisch-parasitologische Problematik bei der Erforschung von Naturherden der Zeckenenzephalitis ist, wenn die ursächlichen Erscheinungen aufgedeckt werden sollen. Hierbei wurden allerdings noch die Untersuchung der Beziehung „Reservoir-Überträger-Virus", die Untersuchung allgemeiner Gesetzmäßigkeiten der Existenz von Naturherden (Fragen der Elementarherde, Ansteckungsverbreitung in Epidemiejahren usw.) sowie die saisonbedingten Gesetzmäßigkeiten des epizootiologischen Prozesses u. a. m. völlig außer acht gelassen. Diese Fragen sowie Einzelheiten werden sicherlich Gegenstand der Diskussion sein. Als Beleg für einige weiter oben erwähnten Untersuchungen mögen unsere früheren Arbeiten dienen.

Dieses Programm kann selbstverständlich nicht auf einmal durchgeführt werden. Bei einzelnen Naturherden führt oft eine Auswahl unserer Untersuchungsmethoden zum Ziel. Jedenfalls ist die Erforschung der Naturherde der Zeckenenzephalitis ohne tatsächliche und prinzipielle Teilnahme der Zoologen und Parasitologen ökologischer Fachrichtung undenkbar.

LITERATUR

[1] Balát, F., Rosický, B.: Die Vögel des Tieflandwaldes, ihre Lebensweise und ihre Bedeutung für den Naturinfektionsherd. Čsl. parasit. 1, 23—44 (1954).

[2] Bárdoš, V., Balát, F., Brezina, R., Kmety, E., Králiková, D., Kratochvíl, J., Libíková, H., Mačička, O., Manicová, E., Nosek, J., Rosický, B., Šimková, A., Somodská, V., Zachar, D.: Forschungsergebnisse über einen Naturinfektionsherd in einem Gebiet der Slowakei. Bratislavské lék. listy. 34, 1195 bis 1234 (1954).

[3a] Havlík, O.: Die Bedeutung der Mäusejahre für die Epidemiologie der tschechoslowakischen Zeckenenzephalitis. Čsl. hyg., epidem. mikrobiol., immunol. 3, 300—303 (1954).

[3b] Kolman, J. M., Havlík, O.: Erforschung der Überträger und der Reservoirtiere im Naturherd der Enzephalitis. Čsl. hyg., epidem. mikrobiol., immunol. 3, 74—78 (1954).

[4] Kratochvíl, J.: Aufgaben unserer Zoologie bei der Erforschung von Naturinfektionsherden. In: Der Naturinfektionsherd. SAV, Bratislava 1956, S. 96—106.

[5] Libíková, H., Rosický, B., Kmety, E., Mačička, O.: Komplexe Erforschung eines Naturinfektionsherdes. Čsl. biol. 9, 166—181 (1953).

[6] Mačička, O.: Die Bedeutung der Zecken für die Weidezucht des Viehes. In: Der Naturinfektionsherd. SAV, Bratislava 1956, S. 267—277.

[7] Mačička, O., Nosek, J., Rosický, B.: Bemerkungen zur Bionomie, Entwicklung und wirtschaftlichen Bedeutung der Auenzecke (Dermacentor pictus Herm.) in Mitteleuropa. Biologische Arbeit der SAV. 2, 1—49 (1956).

[8] Mačička, O., Rosický, B., Černý, V.: Bemerkungen zur Bionomie und Entwicklung sowie zur sanitären und wirtschaftlichen Bedeutung der Zecke Dermacentor marginatur Sulz in Mitteleuropa. Arbeit der II. Sektion der SAV. Sér. biol. 1/1, 1—44 (1955).

[9] Radvan, R., Benda, R., Daneš, L.: Untersuchung eines Naturherdes der Zeckenenzephalitis. In: Der Naturinfektionsherd. SAV, Bratislava 1956, S. 125—133.

[10] Rosický, B.: Die Klassifikation der Überträger in den Naturinfektionsherden. Čsl. biol. 2, 32—38 (1953).

[11] Rosický, B.: Die Bedeutung der Kontaktgebiete von Säugetierarten verschiedener Biotope für die Übertragung von Ectoparasiten. Čsl. biol. 2, 254—360 (1953).

[12] Rosický, B.: Bemerkungen zur Ökologie der Zecke Ixodes ricinus in Mitteleuropa in Zusammenhang mit den Naturinfektionsherden der Seuchen. Vestn. Čsl. zool. spol. 18, 41—70 (1954).
[13] Rosický, B.: Aufgaben unserer Parasitologie bei der Erforschung von Naturinfektionsherden. In: Der Naturinfektionsherd. SAV, Bratislava 1956, S. 86—95.
[14] Rosický, B.: Die Anwendung der Lehre des Akademiemitgliedes E. N. Pawlowski über das Wesen menschlicher und tierischer Naturinfektionsherde auf die Verhältnisse in Mitteleuropa. In: Probleme der Parasitologie. Akademie-Verlag, Berlin 1956, S. 45—48.
[15] Rosický, B., Balát, F.: Die Zecke Ixodes ricinus als Vogelparasit. Čsl. parasit. 1, 45—76 (1954).
[16] Rosický, B., Černý, V.: Die mitteleuropäischen Kleinsäuger als Wirtstiere der Zecke Ixodes ricinus. L. Zool. ent. listy. 3, 37—46 (1954).
[17] Rosický, B., Havlík, O.: Natural foci of tick-borne encephalitis in Czechoslovakia. In: Die tschechoslowakische Zeckenenzephalitis. SZN, Praha 1954, S. 23—39.
[18] Rosický, B., Kratochvíl, J.: Die Synanthropie der Säugetiere und die Rolle der synanthropen und exoanthropen Nagetiere in Naturinfektionsherden. Čsl. biol. 2, 283—295 (1953).
[19] Rosický, B., Kratochvíl, J., Mačička, O.: Territoriale und parasitologische Charakteristik der Umgebung von Rožňava. In: Die Enzephalitisepidemie im Naturinfektionsherd von Rožňava. SAV, Bratislava 1954, S. 145—190.
[20] Rosický, B., Ryšavý, B.: Ökologische Bedeutung der Sträucher für das Massenvorkommen einiger Parasiten in Weidegründen. Fol. biol. 1, 327—338 (1955).

DISKUSSION

J. Lachmajer, Z. Kozlowski

Über die Rolle der Ektoparasiten im Naturherd der Zeckenenzephalitis von Białovieża in den Jahren 1955/56

Die Expedition nach Białovieża hatte neben den virologischen auch entomologische Forschungen über die Rolle der Arthropoden im Naturherd der Enzephalitis in diesen Gebieten zum Ziel. Im Zusammenhang damit standen Untersuchungen von Individuen der Familien Culicidae und Ixodidae, die in der freien Natur gefangen wurden, sowie von Acarina, Aphaniptera und Anoplura, die von kleinen Säugetieren gesammelt wurden.

Zu Beginn der Forschungen, in der dritten Dekade des Monates Mai, wurden Menschen von kleinen Mengen Stechmücken befallen. Im Juni und besonders im Juli erreichte die Aggression von Stechmücken ihren Höhepunkt, in den nächsten Monaten war sie weniger intensiv, in der dritten Dekade des Oktobers verschwand sie ganz. Alle Arten der Stechmücken, die an Menschen parasitieren, wurden auch auf den Nagetieren Clethrionomys glareolus und Apodemus flavicollis festgestellt.

Von den Urwaldpflanzen hat man 1400 Zecken Ixodes ricinus gesammelt.

Nach den Feststellungen ist die Zeckenaktivität im Mai am stärksten, später nimmt sie ab und erreicht das Minimum im Juli. Im August war abermals eine Erhöhung der Zeckenaktivität feststellbar, und in den darauffolgenden Monaten nahm sie wieder ab. Auf den kleinen im Urwald gefangenen Säugetieren fand man größtenteils Larven und Nymphen.

Ein Maximum an Aggressivität der jungen Zeckenstadien für Säugetiere wurde im Mai und das Minimum in der ersten Dekade des August beobachtet. Das zweite Maximum wurde in der ersten Dekade des Oktober festgestellt, nachher aber ging die Zahl der Zecken an kleinen Säugetieren immer mehr zurück. Über Verzeckung von Tieren im November und Dezember haben wir keine Angaben.

In der zweiten und dritten Dekade des Januar 1956 hat man die Larven im Fell von Mäusen festgestellt. Das beweist, daß die Zecken auch im Winter aggressiv sein können. Gesammelt wurden 17000 Gamasidae, Trombidiformes und Sarcoptiformes, die zu 17 Arten gehören; das sind 56% aller gesammelten Ektoparasiten. Die Zahl dieser Arthropoden auf kleinen Säugetieren nimmt vom Frühling zum Sommer ab, um im August das Minimum zu erreichen. Vom September an beobachtet man wiederum einen Anstieg, und im Winter sind diese Arthropoden am zahlreichsten.

Mit statistischen Methoden gelang es festzustellen, daß vereinzelte Acarina-Gruppen von einer Art der kleinen Säugetiere auf die andere übergehen können; desgleichen von Kadavern auf gesunde Tiere.

Im Urwald hat man etwa 2000 Flöhe von 9 Arten bei kleinen Säugetieren gefangen. Dagegen waren Läuse sehr selten auf den kleinen Säugetieren feststellbar. Auf Weiden und in Siedlungen der Urwaldumgebung stießen wir auf fast alle Arten von Stechmücken, die wir vom Urwald her schon kannten. In Pferde- und Kuhställen, seltener in den Wohnungen, haben wir neben der Aedesgattung viele Anopheles gesehen. Ihre Aktivität im Gebiet eines Dorfes war im Juni und Juli am größten und ging von August an zurück.

Die Aktivität der Zecken blieb auf den Weiden und im Urwald etwa die gleiche. Der monatliche Verzeckungsindex der Kühe lag im Mai am höchsten, war im August minimal, um sich in der ersten Dekade des September wieder zu erhöhen.

Aus der Analyse der Saisonzeckenaktivität sieht man, daß das Maximum der Zeckenaktivität den Zeckenenzephalitiserkrankungen im Gebiet von Białystok vorausgeht. Wegen des engen Kontaktes der dortigen Einwohner mit dem Urwald können diese Erkrankungen das Resultat von Zeckenbissen sein.

Auch die Winter- und Frühlingserkrankungen können die Folge von Zeckenbissen während der Waldarbeiten sein. Die Zeit der Aggressivität der Stechmücken fällt mit der Periode der maximalen Morbidität beim Menschen zusammen. Es ist möglich, daß die Stechmücken eine gewisse Rolle bei der Übertragung des Virus spielen.

Die Säugetierektoparasiten haben keinen unmittelbaren Kontakt mit den Menschen. Man kann ihnen aber eine Rolle bei der Verbreitung und Erhaltung des Virus im Gebiet des Naturherdes nicht absprechen.

Wenn wir die Rolle der Gamasiden untersuchen, müssen wir zwei Momente in Betracht ziehen:

1. Sie sind zum größten Teil zum Blutsaugen unfähig, obwohl sie auf dem Fell der kleinen Säugetiere vorkommen.
2. Ihr hauptsächlicher Anteil an der Epidemiologie der Krankheit besteht darin, daß sie das Virus in ihrem Körper erhalten.

Bei Anwendung neuartiger, in Polen entwickelter statistischer Methoden zur Identifizierung der Arten Ixodes und Laelaps C. I. Koch ist es uns gelungen festzustellen, daß Ixodes persulcatus P. Schultze höchstwahrscheinlich ein Ökotyp von Ixodes ricinus ist. Dies kann für die epidemiologischen Forschungen von Wichtigkeit sein.

Auch die jetzt bei uns vorbereitete Überarbeitung der Gattung Laelaps C. I. Koch und die durchgeführten morphologischen Untersuchungen über die Bildung seines Mundapparates können in Zukunft auf die epidemiologische Rolle dieser Gruppe von Gamasiden Licht werfen.

THEMA IV

Biologie der mitteleuropäischen Stämme des Zeckenenzephalitisvirus

Präsidium:

Doc. J. Vesenjak, Prof. H. Röhrer, Dr. H. Libíková

Sekretär:

Dr. J. Kolman

HAUPTREFERATE

H. Libíková

Virologisches Institut der Tschechoslowakischen Akademie der Wissenschaften

Biologische Eigenschaften der in Mitteleuropa vorkommenden Virusstämme der Zeckenenzephalitis

Im Rahmen der Internationalen Tagung über die Virusenzephalitiden, die in den Naturherden Mitteleuropas vorkommen, werden wir hauptsächlich die biologischen Eigenschaften der Viren der mitteleuropäischen Zeckenenzephalitiden besprechen. Andere enzephalitogene Virusarten, die in Mitteleuropa isoliert wurden, werden vielleicht in der Diskussion erwähnt werden. Die Zeckenenzephalitiden in Mitteleuropa gehören mit den anderen Zeckenenzephalitiden (russische Frühjahrs-Sommer-Enzephalitis, westrussische Enzephalitis, zweiwellige Meningoenzephalitis und Louping-ill) zu einer Gruppe. Die Erreger aller dieser Enzephalitiden stehen immunologisch und biologisch einander so nahe, daß man sie nach den bisherigen Kenntnissen nicht in verschiedene Typen und noch weniger in verschiedene Arten einteilen kann. Der klinische Verlauf und die Epidemiologie dieser Erkrankungen, die in weit voneinander entfernten Gebieten vorkommen, zeigen zwar kleinere oder auch bedeutendere Abweichungen; dies genügt jedoch nicht, die Erreger der russischen „Frühjahrs-Sommer-Enzephalitis“, der „zweiwelligen Meningoenzephalitis“, des schottländischen „Louping ill“ und der tschechoslowakischen oder — nach manchen Autoren — der „mitteleuropäischen Enzephalitis“ als selbständige Typen oder sogar Arten und die genannten Krankheiten als nosologische Einheiten zu unterscheiden.

Die bisherige, 9 Jahre währende Erforschung der Zeckenenzephalitiden in Mitteleuropa bietet genügend Material, eine Übersicht der Biologie des Erregers vorlegen zu können. Wir wollen mit seiner Morphologie beginnen (es fehlen uns bisher Kenntnisse über seine chemischen Eigenschaften), um dann über die Beziehung des Virus zur Zelle zu berichten. Dabei wollen wir die Kultivierungsmöglichkeiten sowie die experimentellen und spontan empfänglichen Wirtstiere berücksichtigen. Endlich wollen wir die Pathogenese der experimentellen Infektion besprechen, vor allem die Virämie und die Ausscheidung des Virus durch die Milch.

Manche Erkenntnisse haben nur einen vorläufigen Charakter, weil sie nur mit einem Stamm des Virus geprüft worden sind und noch an anderen Stämmen bestätigt werden müssen. Material für weitere gründlichere Studien steht zur Verfügung. Auf Grund von Literaturangaben und persönlichen Mitteilungen sind bis Anfang 1956 56 Virusstämme der Zeckenenzephalitis in Mitteleuropa isoliert worden, davon 37 Stämme aus menschlichem Material, 15 Stämme aus Zecken und 4 Stämme aus kleinen Nagetieren, wie aus nachfolgender Übersicht zu entnehmen ist:

	Material von		
	Menschen	Zecken	kleinen Nagetieren
Polen	9 Stämme	1 Stamm	—
Jugoslawien	1 Stamm	—	—
Österreich	3 Stämme	—	—
Tschechoslowakei	24 Stämme	12 Stämme	4 Stämme
Ungarn	—	2 Stämme	—

Wir erwähnen nur die Stämme, die schon exakt identifiziert wurden. Dazu müssen wir noch die Stämme zählen, von denen Prof. PRZESMYCKI in seinem Referat zum Thema II sprach.

SLONIM versuchte, die Morphologie des Virus der tschechoslowakischen Zeckenenzephalitis zu bestimmen und verfertigte zusammen mit ŠTĚPÁNEK die elektronenoptischen Bilder zweier Präparate aus infizierten Mäusegehirnen. Das eine Präparat wurde mit Aceton, Äther und Methanol, das zweite mit Bentonit gereinigt. Beide Autoren bezeichnen als das Virus der Zeckenenzephalitis kugelförmige Partikel mit einem Durchmesser von 30—45 mμ, die in den gereinigten Präparaten, nicht aber in Zubereitungen aus dem normalen Mäusegehirn gefunden wurden. DEKLEVA und LIKAR haben elektronenoptische Aufnahmen eines Virus, das sie selbst aus einem Kranken isoliert und als das Virus der slowenischen Zeckenenzephalitis identifiziert haben, vorgelegt. Sie reinigten infektiöse Mäusegehirne mit Hilfe der Ultrazentrifuge (25000 U/min) und die Allantoisflüssigkeit aus Hühnerembryonen mit Hilfe von Calciumchlorid und Ultrazentrifuge. Die Partikel aus dem Mäusegehirnpräparat messen 55—58 mμ, die aus den Eiern 65 mμ. Ob es sich dabei wirklich um das Zeckenenzephalitisvirus handelt, werden weitere Untersuchungen ergeben.

Die Studien über den Einfluß der Umwelt auf das Virus der Zeckenenzephalitis stehen erst im Anfangsstadium, haben jedoch schon einige Resultate gebracht, die für die Theorie und für die Praxis wichtig sind. FORNOSI stellte in vorläufigen Untersuchungen fest, daß die Infektiösität des Virus der ungarischen Zeckenenzephalitis bei 70° 10 Minuten, bei 56° C 60 Minuten, bei 37° C 48 Stunden und bei 4° C 8 Tage erhalten bleibt. Zwei Minuten langes Kochen inaktiviert das Virus. Mit dieser Frage beschäftigte sich in vorläufigen Experimenten auch BÁRDOŠ. GREŠÍKOVÁ hat breitere Versuche über die Temperaturresistenz des Virus der Zeckenenzephalitis in Angriff genommen und folgendes festgestellt: Das Virus der tschechoslowakischen Zeckenenzephalitis (Stamm Hypr) wird in der Milch bei 65—70° C erst nach 20 Minuten völlig inaktiviert. 20 Minuten langes Erhitzen der Milch auf 60° C inaktiviert das Virus nicht. In physiologischer Lösung ist das Virus bei 30° C schon nach 20 Minuten völlig inaktiviert. GREŠÍKOVÁ befaßte sich auch mit der Resistenz des Virus der tschechoslowakischen Zeckenenzephalitis gegenüber verschiedenen p_H-Bereichen und stellte fest, daß das Virus in einer Suspension aus Mäusegehirn die 24stündige Einwirkung von p_H-Werten zwischen 2,55 und 11,85 ohne völligen Verlust der Infektiosität verträgt, obwohl die LD_{50} wesentlich sinkt. Der höchste Titer erhält sich bei dem optimalen p_H von 8,4.

MÁLKOVÁ studierte die Resistenz des Virus der Zeckenenzephalitis im Wasser und die Möglichkeit seiner Vernichtung mit Chlorpräparaten. Sie wies nach, daß eine Virusmenge von 150 Mäuse-LD_{50}/1 ml in 10—12° C warmem Wasser mehr als 24 Stunden infektiös bleibt, ja nicht einmal nach 48 Stunden bzw. 3 Tagen völlig inaktiviert wird. Dagegen ist das Virus empfindlich gegen Chlorkalk, dessen Wirkung unmittelbar nach Kontakt mit dem Virus eintritt. Eine Virusmenge von mehreren Hundert LD_{50} kann im Wasser mit den gebräuchlichen Desinfektionsmitteln vernichtet werden. Nicht gereinigtes Zeckenenzephalitisvirus in einer Menge von mehreren Hundert Mäuse-LD_{50} (z. B. etwa 300 LD_{50}) wird durch Chloramin bei einem Anfangswert von 0,7 mg/Liter nach 10—30 Minuten und bei einem Anfangswert von 0,1 mg aktivem Chlor pro Liter nach 30—60 Minuten vernichtet.

Die Beziehung des Virus der Zeckenenzephalitis zur Wirtszelle wird erst in den nächsten Jahren mit Hilfe moderner Methoden erforscht werden. Heute können wir konstatieren, daß das Virus der Zeckenenzephalitis an verschiedene Zellen der Säugetiere einschl. Menschen, der Vögel und der Zecken, in denen es sich vermehrt und transovariell übertragen wird, adaptiert werden kann.

In Mücken wird es schnell vernichtet (SLONIM). Interessant ist, daß sich das Virus auch in dem Krebszellstamm „HeLa“ vermehren kann, in dem sich auch Viren vermehren, die andere

Wirte haben als das Virus der Zeckenenzephalitis (Enteroviren u. a. m.). PINTER und BÉLADI züchteten das Virus der tschechoslowakischen Zeckenenzephalitis in Kulturen aus dem Gewebe von Hühnerembryonen. Die embryonalen Zellen bilden offenbar ein vorzügliches Medium für die Vermehrung der Viren der Zeckenenzephalitis. Das beweist ihre mühelose Züchtung in Hühnerembryonen. Mit dieser Züchtungsmethode befaßten sich systematisch SLONIM sowie JANDÁSEK und DLÚHOŠ. Nach Infektion in den Dottersack starben die Embryonen ab. Der Tod der Embryonen blieb aus nach Infektion auf die Chorioallantois. Es kam hierbei jedoch ebenfalls zu einer starken Vermehrung des Virus im Körper des Embryos und der Eihäute sowie zur Ausscheidung des Virus in die embryonalen Flüssigkeiten. Während SLONIM nur einen leichten Ikterus der embryonalen Flüssigkeit vorfand und sonst keine anderen Veränderungen an den Hühnerembryonen feststellen konnte, beschreiben JANDÁSEK und DLÚHOŠ ausgedehnte Veränderungen im Gehirn und in den Eingeweiden, deren Spezifität jedoch nachgeprüft werden muß.

Von den kleinen Laboratoriumstieren sind für das Virus der Zeckenenzephalitis weiße Mäuse, Goldhamster (SLONIM) und säugende weiße Ratten empfänglich, während Meerschweinchen nur unregelmäßig erkranken und Kaninchen sowie erwachsene weiße Ratten und Baumwollratten nicht empfänglich sind. Die partielle Resistenz eines Stammes von in der Tschechoslowakei gezüchteten weißen Mäusen insbesondere gegen die extraneurale Infektion mit dem Virus der Zeckenenzephalitis, wie sie KOLMAN entdeckt hat, ist in theoretischer wie auch in praktischer Hinsicht von Bedeutung. Eine ähnliche Erscheinung beim Virus der St.-Louis-Enzephalitis wurde in der amerikanischen Literatur beschrieben (WEBSTER, JOHNSTON). BÁRDOŠ und PEŠEK haben die Pathogenität des Virus der Zeckenenzephalitis für junge Ratten näher untersucht und dabei festgestellt, daß bei diesen Tieren die Empfänglichkeit für die Infektion mit dem Alter graduell abnimmt und daß sich bei den jungen Ratten die Antikörper langsamer bilden als bei alten. PEŠEK bewies, daß eine 11tägige Ratte 52 Tage lang Virusträger war. Das Virus war im Gehirn nachweisbar. Ähnliche Befunde hatte auch MÁLKOVÁ, die bei Versuchen mit Micromys minutus ein langandauerndes Vorkommen des Virus im Gehirn feststellte.

Wir haben Infektionsversuche experimentell an verschiedenen Haus- und Wildtieren vorgenommen. Das Virus der Zeckenenzephalitis, in großen Mengen intracerebral eingeimpft, verursachte bei jungen Ziegen und Schafen eine leichte Erkrankung, der die Ausbildung von Antikörpern folgte. Wenn das Virus peripher auf Hase, Rehbock, Fuchs und Schwein verimpft wurde, verursachte es keine offensichtliche Erkrankung, regte jedoch die Bildung von Antikörpern an. Hase und Fuchs reagierten auf die intracerebrale Applikation von großen Mengen Virus weder mit Temperaturerhöhung noch mit anderen Krankheitszeichen. Da diese Tierarten in den Naturherden regelmäßig im Serum neutralisierende Antikörper gegen das Virus der Zeckenenzephalitis aufwiesen, ist anzunehmen, daß sie gewöhnlich eine inapparente Infektion durchmachen. Wir studierten auch die experimentelle Infektion bei 5 Tage alten Hühnern. Diese Tiere wiesen nach der intracerebralen Infektion mit dem Virus nach 20 Tagen Ataxie, Tremor und Konvulsionen auf. Histologisch wurde bei ihnen eine Enzephalitis mit besonderer Beteiligung des Kleinhirns festgestellt.

Von PRZESMYCKI u. a. sowie von uns wurde die experimentelle Infektion von Affen mit Stämmen des Zeckenenzephalitisvirus aus Polen und der Tschechoslowakei durchgeführt. Diese Versuche können als Modell für Infektionen des Menschen dienen. Es wurde festgestellt, daß die Viren der Zeckenenzephalitis in Mitteleuropa für Affen sowohl nach intracerebraler als auch nach intranasaler Inoculation pathogen sind. Die Tiere erkranken an oft schwerer Enzephalitis mit Fieber. Der histologische Befund ist typisch für eine Virusenzephalitis. Im ZNS findet eine Vermehrung des Virus statt. Die massive subcutane Infektion führte bei zwei Affen zu keiner Erkrankung. Ein Tier bildete nicht einmal Antikörper. Wir nehmen jedoch an, daß das Virus bei den größeren Laboratoriumstieren sowie bei Haus- und Wildtieren eine Enzephalitis verursachen kann. Zur Bestätigung dieser Vermutung sind jedoch Versuche mit einer größeren Anzahl von Tieren notwendig.

Besonders interessant sind zwei Fragen der Pathogenese: die Virämie und die Ausscheidung des Virus in die Milch. Die Virämie stellt einen pathogenetischen Faktor dar, der die Übertragbarkeit der Zeckenenzephalitis gewährleistet. Den Verlauf der Virämie bei Mäusen, die mit dem Virus der Zeckenenzephalitis infiziert worden waren, studierte Rampas. Wir haben die Entstehung der Virämie nach peripherer Applikation großer Virusmengen bei verschiedenen Tierarten untersucht und dabei festgestellt, daß bei Affen, Ziegen, Hasen, Rehböcken und beim Fuchs die Virämie schon 30—60 Minuten nach der Inoculation entsteht, also viel früher, als eine Vermehrung des Virus im Organismus stattgefunden haben kann. Darum bezeichnen wir diese Erscheinung als „resorptive" Virämie. Die Dauer der resorptiven Virämie beträgt 3—6 Tage. Während der letzten Tage könnte die Virämie auch schon durch Vermehrung des Virus im Körper bedingt sein. Bei einem Affen konnten wir trotz einer mehrtägigen resorptiven Virämie keine Antikörperbildung nachweisen. Nie haben wir bei der resorptiven Virämie eine fieberhafte Reaktion festgestellt. Die Tiere schienen völlig gesund. Wir haben zwar die Virämie nach Applikation großer Mengen Virus mit Hilfe einer sensiblen Nachweismethodik an 3—5 g schweren Mäusen festgestellt, doch halten wir dies für einen quantitativen Faktor, der den Wert der Untersuchungen nicht mindert. Interessant ist, daß wir bei ausgewachsenen, mit dem Zeckenenzephalitisvirus subcutan geimpften Schweinen keine Virämie festgestellt haben. Trotzdem hatte die periphere Applikation des Virus die Ausbildung von Antikörpern hervorgerufen. Den Schweinen widmeten wir unsere Aufmerksamkeit deshalb, weil die Wildschweine in der Umgebung von Rožňava Antikörper gegen das Virus der Zeckenenzephalitis besaßen. Wir nehmen an, daß die resorptive Virämie in der Epidemiologie der Zeckenenzephalitis und bestimmt auch anderer Enzephalitiden eine gewisse Bedeutung hat. Eine noch auffälligere Virämie haben wir nämlich bei Experimenten mit dem WEE-Virus festgestellt. Besonders interessant ist die resorptive Virämie ohne Bildung von Antikörpern, die wir bei einem Affen beobachten konnten. Diese Erscheinung müssen wir noch nachprüfen. Sie wäre bei der Frage der Reservoirtiere vielleicht wichtig. Über eine schnell entstehende Virämie nach peripherer Applikation des Virus haben für das Virus der Zeckenenzephalitis Schubladse und für das Virus der österreichischen Enzephalitis Wyler und Pattyn auf Grund von Versuchen an einer ganzen Reihe von Laboratoriumstieren berichtet. Die Virämie war aber oft schon nach 8 Stunden verschwunden.

Tongeren sowie Grešíková bewiesen, daß das Virus der tschechoslowakischen und österreichischen Zeckenenzephalitis in die Milch von peripher infizierten Ziegen übergehen kann. Der Ausscheidung des Virus mit der Milch geht eine Virämie von 4—5 Tagen voraus. Die Ausscheidung des Virus mit der Milch begann am 2.—3. Tage nach der Infektion und dauerte 4—5 Tage. Da wir auch bei Kühen und bei Schafen wiederholt Antikörper gegen die Viren der Zeckenenzephalitis gefunden haben, wollen wir auch bei diesen Haustieren die Möglichkeit einer Ausscheidung des Virus mit der Milch prüfen.

Diese kurze Übersicht über die möglichen Reaktionen der Tiere auf die experimentelle Infektion mit dem Virus der Zeckenenzephalitis beweist eine ganze Reaktionsskala von schneller Zerstörung des verimpften Virus ohne nachweisbare Reaktion im Makroorganismus über die einfache resorptive Virämie und abortive Infektion mit der Ausbildung von Antikörpern bis zur schweren, tödlichen Enzephalitis.

Alle erwähnten Fragen sind noch nicht definitiv gelöst. In diesem Referat haben wir eher Anregungen für weitere Untersuchungen gegeben als Resultate vorgelegt. In Zukunft müssen die Bedingungen der inapparenten Infektion bei den Zeckenenzephalitiden erforscht werden, d. h. die Bedingungen, die den Eintritt des Virus aus dem Blut in das zentrale Nervensystem verhindern. Weiterhin sollten die Beziehungen des Virus der Zeckenenzephalitis zur Wirtszelle mit Hilfe von Gewebekulturen und biochemischen Methoden untersucht werden.

LITERATUR

[1] Neurovirusinfektionen. Red. A. A. Smorodinzew. Medgis, Leningrad 1954.
[2] Fornosi, F., Molnár, E.: Orv. hétil. 95, 144 (1954) (ungar.).
[3a] Przesmycki, F., Taytsch, Z., Semkow, R., Walentynowitz-Stanczyk, R.: Przegl. epidemiol. 8, 205 (1954) (poln.).
[3b] Przesmycki, F., Taytsch, Z., Semkow, R., Walentynowitz-Stanczyk, R., Kamieniecka, Z., Kirkowska, J.: Przegl. epidemiol. 8, 215 (1954) (poln.).
[4] Vesenjak-Zmijanac, J., Bedjanić, M., Rus, S., Kmet, J.: Bull. World. Health. Organizat. 12, 513 (1955).
[5] Verlinde, J. D., van Tongeren, H. A. E., Pattyn, S. R., Rosenzweig, A.: Bull. World. Health. Organizat. 12, 565 (1955).
[6] Slonim, D.: Čsl. hyg. epidem., mikrobiol., imunol. 5, 173 (1956).
[7] Dekleva, A., Likar, M.: Schweiz. Zschr. Path. 19, 184 (1956).
[8] Pintér, M., Béládi, J.: Acta microbiol. hung. 1, 243 (1944).
[9] Slonim, D.: Čsl. hyg. epidem., mikrobiol., imunol. 5, 3 (1956).
[10] Dlúhoš, M., Jandásek, L.: Scripta medica fac. med. univ. Masarykianae et Palackyanae, 27, 6 (1954).
[11] Slonim, D.: Čsl. hyg., epidem., mikrobiol., imunol., 2, 366 (1953).
[12] Kolman, J.: 1. Konferenz der Tschechoslowakischen Virologen. Smolenice. Oktober 1955.
[13] Webster, L. T., Johnston, M. S.: J. Exper. Med. 74, 489 (1941).
[14] Fischer, J., Rampas, J.: Čsl. hyg., epidem., mikrobiol., imunol. 1, 49 (1952).
[15] Pattyn, S. R., Wyler, R.: Bull. World. Health. Organizat. 12, 581 (1955).
[16] van Tongeren, H. A. E.: Arch. ges. Virusforsch. 6, 159 (1956).
[17] Libíková, H.: Dissertation als Kandidat der Medizin. Wissenschaften: „Die Naturherdenzephalitiden in der ČSR".

J. Vesenjak

Mikrobiologisches Institut und Zentrales Hygiene-Institut, Zagreb

Biologie der slowenischen und österreichischen Stämme des Zeckenenzephalitisvirus

Dem Vorkommen der Zeckenenzephalitis wird in Slowenien seit 1946 Aufmerksamkeit geschenkt, und man glaubt, daß diese Krankheit wahrscheinlich schon im Jahre 1940 aufgetreten ist. Die Ätiologie wurde 1953 bewiesen. In Österreich ist das Vorkommen der serösen Meningoenzephalitis seit 1947 bekannt, und man nimmt an, daß schon 1932 ein permanentes Epidemiezentrum dieser Infektion vorhanden war. Das Virus wurde im Jahre 1953 isoliert. In diesem Referat werden die biologischen Eigenschaften der isolierten Virusstämme aus veröffentlichten und nicht veröffentlichten Untersuchungen zusammengefaßt.

Virusstämme

Tab. 15 zeigt die Übersicht der bis jetzt isolierten Stämme sowie deren Herkunft und experimentelle Pathogenität.

Tabelle 15. Isolierte Stämme des Zeckenenzephalitisvirus in Slowenien und Österreich

Stammbezeichnung	Isolationsmaterial	Isolation an	Pathogenität für						
			Maus	Affe	Meerschweinchen	Kaninchen	Hühnerembryo	Gewebekultur	Autor
Slovenia	Blut des Patienten	Mäusen	+		O(+)	O	+	O	Vesenjak
MF 54	Medulla oblongata	Mäusen	+				+	+	Likar
MF 54	ZNS	Mäusen	+				+	+	Likar
MF 55	ZNS	Mäusen	+						Likar
ZI 55	ZNS	Mäusen	+						Likar
Graz I	ZNS	Affen Mäusen	+	+	O	O	+		Verlinde
Graz II	ZNS	Mäusen, Hühnerembryo	+	+	O	O	+	O	Verlinde
Graz III	ZNS	Mäusen, Hühnerembryo	+		O	O	+		Verlinde

+ = Pathogen; O = Apathogen; Frei = ungeprüft

1. *Die Infektion von weißen Mäusen*

Sowohl die erwachsenen als auch die noch saugenden Mäuse zeigten sich empfänglich für den Stamm „Slovenia". In der ersten Passage betrug die Inkubationszeit 9—19 Tage. Schon in der zweiten Passage wurde das Virus leicht adaptiert. Bei den Säuglingsmäusen betrug die Inkubationszeit 3—4 Tage, während sie bei erwachsenen Mäusen noch 4—8 Tage dauerte. Die Mäuse sind gleich empfänglich für die intracerebrale und die intraperitoneale Inoculation. Bei der intraperitonealen Inoculation dauert die Inkubation länger. Die ersten Symptome sind gewöhnlich Hypersensibilität und Haarsträuben. Es folgen dann Tremor, Ataxie, Konvulsionen, Dreh- und Manegebewegungen und schließlich die Paralyse. Der Tod tritt etwa 1—4 Tage nach den ersten Krankheitsanzeichen ein. Manchmal verenden die Mäuse vor der Paralyse bereits nach der Periode der Hypersensibilität. Die beschriebenen Symptome wurden nicht bei jeder infizierten Maus bemerkt. Manchmal blieben Paralyse und Tod ohne vorhergehende Symptome.

Die Mäuse waren für die intranasale Inoculation in gleicher Weise empfindlich, jedoch dauerte die Inkubation im allgemeinen länger, und die Mäuse verendeten ohne Krankheitssymptome.

Die LD_{50} betrug für die Mäuse nach 10 Passagen $10^{-9,5}$. Auch mit den übrigen in Slowenien isolierten Stämmen wurden dieselben Symptome bei Mäusen nach experimenteller Infektion konstatiert.

Ähnlich verlief die experimentelle Infektion bei Mäusen, die mit den in Österreich isolierten Stämmen inoculiert wurden. In der ersten Passage dauerte die Inkubation 9—14 Tage. Es wurde dann jedoch eine rasche Adaptation der Stämme bemerkt, und in der dritten Passage verendeten 100% der Mäuse nach der intracerebralen Inoculation. Die Inkubation betrug jetzt 5—7 Tage und die Krankheit 24—48 Stunden. Die Inkubationsdauer war länger, wenn das Virus peripher inoculiert wurde. Die LD_{50} betrug $10^{-8,5}$.

2. *Die Infektion von Rhesus- und Cynomolgusaffen*

Die Slovenia-Stämme wurden an Affen nicht geprüft. Die Stämme Graz I und II, intracerebral inoculiert, zeigten folgendes Bild: Die Affen wurden träge, regten sich aber bei Berührung leicht auf. Der Ataxie gingen Muskelkrämpfe, Nacken- und Extremitäten-Konvulsionen voran. Es folgten die Paralyse eines oder beider Beine und manchmal Parese eines Armes. Die Inkubation dauerte 9 Tage. Die meisten Affen verendeten nach 3tägiger Krankheitsdauer. Die überlebenden Affen zeigten längere Zeit Symptome einer mehr oder weniger ausgeprägten Ataxie. Einige Cynomolgusaffen erkrankten nach der intraperitonealen Inoculation nicht. Als sie jedoch 4 Wochen nach der Inoculation getötet wurden, konnte man bei ihnen eine Enzephalomyelitis feststellen. Virämie wurde bei den Affen während der ganzen Inkubationszeit festgestellt.

3. *Die Infektion von Meerschweinchen und Kaninchen*

Diese Tiere zeigten sich als unempfindlich für Stämme, die in Slowenien und Österreich isoliert wurden, mit Ausnahme des Stammes „MF 1954" (Likar). Dieser Stamm verursachte angeblich bei Meerschweinchen Temperaturanstieg, Gewichtsabnahme, Paralyse, Kachexie und Tod. Auch der Stamm „Slovenia" erwies sich in einigen Fällen für Meerschweinchen als pathogen.

4. *Die Infektion anderer Tiere*

Mit dem Stamm „Graz I" wurde die Nichtempfänglichkeit von Ratten, Tauben und Enten bewiesen. Bei Kaninchen, Hennen und Spatzen wurde das Virus p. i. im Blut festgestellt.

Die subcutane Injektion des Stammes „Graz" verursachte bei der Ziege binnen 5 Tagen Virämie. Krankheitserscheinungen traten nicht ein. In der Ziegenmilch befand sich das Virus 3—8 Tage nach der Injektion. Versuche, das Virus mittels Zeckenstichs zu übertragen, blieben ohne Erfolg.

5. *Die Infektion von Hühnerembryonen*

Der Hühnerembryo ist für die Stämme „Slovenia" und für die österreichischen Stämme empfänglich. Die mit dem Stamme „Slovenia" auf die Chorioallantois geimpften 10- bis 11-tägigen Embryonen wurden 3 Tage p. i. moribund. Auf der verdickten Chorioallantois wurden winzige graugelbe Tupfen vorgefunden. Die Veränderungen waren mit erhöhter Passagezahl stärker ausgeprägt. Die Embryonen waren ödematös und ikterisch. Die LD_{50} betrug $10^{-6,5}$. Die gleichen Veränderungen wurden bei mit dem Stamm „Graz" infizierten Embryonen beobachtet, jedoch dauerte die Inkubation hier 5—6 Tage.

6. *Die Infektion der Gewebekultur*

Es wurde versucht, den Stamm „Slovenia" auf der Gewebekultur aus Menschen- und Hühnerembryo-Gewebe zu kultivieren. Im Verlaufe von 3 Passagen wurde in beiden Gewebearten kein cythopathogener Effekt bemerkt. Ein anderer Stamm aus Slowenien wurde angeblich auf der Gewebekultur gezüchtet (Likar) (MF 54). Der Stamm „Graz" konnte auf Fibroblastenkulturen aus Affenhoden nicht kultiviert werden.

Die Histopathologie stimmt beim experimentell infizierten Tier und beim natürlich infizierten Menschen überein. Die intracerebral, intraperitoneal und intracerebral plus intraperitoneal mit dem „Slovenia"-Stamm infizierten Mäuse, die im Stadium ausgeprägter Paralyse oder in moribundem Zustand getötet wurden, zeigten mikroskopisch eine akute Enzephalitis und Leptomeningitis, bzw. eine Polioenzephalitis und akute Poliomyelitis (Abb. 19, 20 u. 21).

Das gleiche Bild ergab die experimentelle Infektion mit den Stämmen „Graz I, II und III".

Bei Affen, die intracerebral mit den Stämmen „Graz I und II" inoculiert worden waren, wurde histologisch eine akute Meningoenzephalomyelitis vorgefunden, die besonders in der grauen Substanz von Groß- und Kleinhirn, Medulla und Vorderhörnern der Medulla spinalis lokalisiert war.

Die Pathologie der slowenischen Stämme wurde an Affen nicht studiert.

Physikalisch-chemische Eigenschaften

Die Stämme „Slovenia" und „Graz" lassen sich in 50%igem Glycerin gut konservieren. Sie halten sich gleichfalls gut in lyophilisiertem Zustande. Bei −20° C bleibt der „Slovenia"-Stamm einige Wochen infektiös.

Die beim Stamm „MF 54" mittels Elektronenmikroskopie festgestellte Virusgröße betrug 55—65 mμ (Dekleva, Likar).

Der „Slovenia"-Stamm lieferte ein gutes, stabiles Antigen für die Komplementbindungsreaktion.

Tabelle 16. Vorläufige Identifizierung der „Slovenia"- und „Graz"-Stämme des Zeckenenzephalitisvirus mit Hilfe des intracerebralen Neutralisationstestes an Mäusen

Immune Kaninchen-sera	log der homologen Virusneu-tralisation	„Slovenia"-Virus			„Graz"-Virus		
		log Virustiter	log der Antiserum-Virusneu-tralisation	Neutra-lisations-index	log Virustiter	log der Antiserum-Virusneu-tralisation	Neutra-lisations-index
Normal (Kontrolle)	—	8,5	—	—	8,9	—	—
Jap. B	4,7	8,0	0,5	3	8,5	0,4	2
WN	3,5	8,5	0	0	8,5	0,4	2
SLE	2,4	8,4	0,1	0	8,5	0,4	2
MVE	3,6	8,4	0,1	0	8,4	0,5	3
WEE	4,1	8,4	0,1	0	8,5	0,4	2
EEE	3,7	8,4	0,1	0	8,5	0,4	2
RSSE	3,8	5,3	3,2	1,600	5,2	3,7	5,000

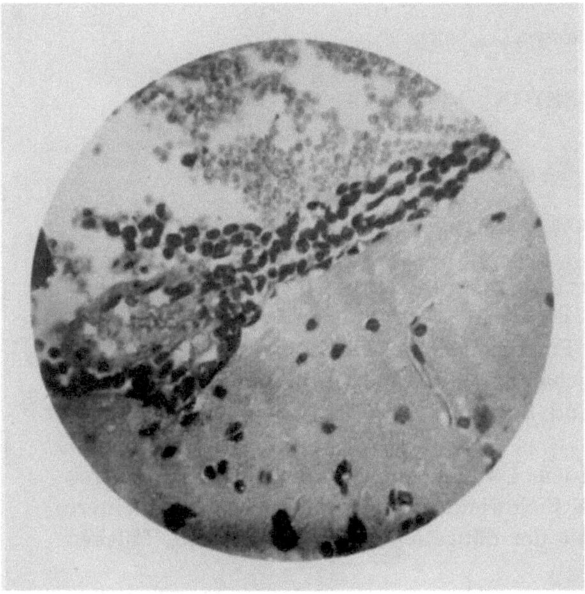

Abb. 19. Leptomeningitis acuta haemorrhagica.
Weiße Maus, intracerebral infiziert, 7 Tage p. i. getötet

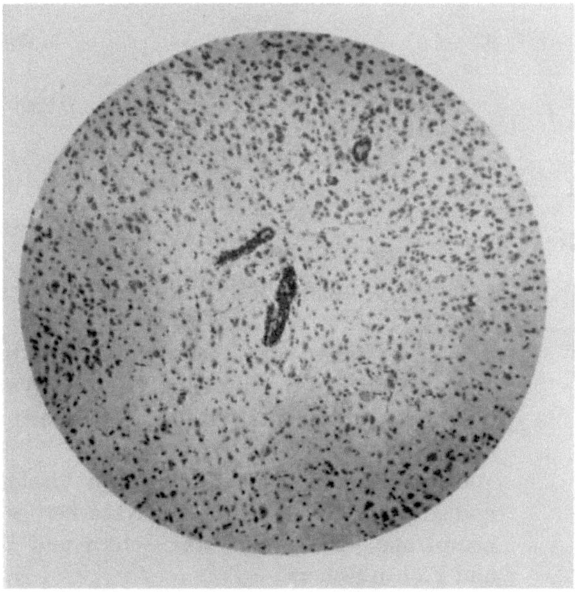

Abb. 20. Encephalitis acuta.
Weiße Maus, intracerebral infiziert, 7 Tage p. i. getötet

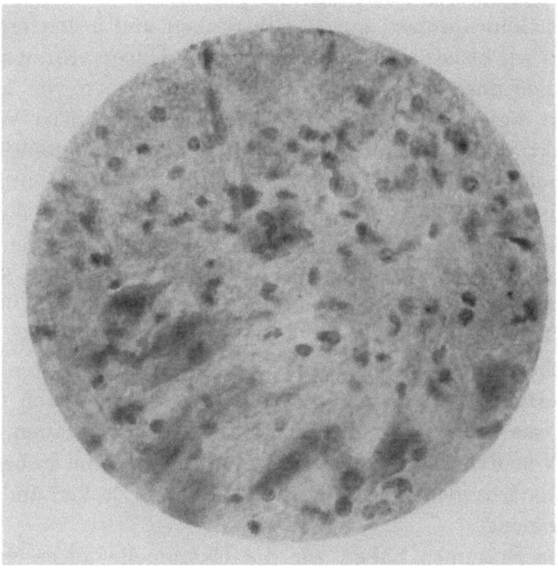

Abb. 21. Poliomyelitis cervicalis acuta. Weiße Maus, intracerebral infiziert, 7 Tage p. i. getötet

DISKUSSION

J. WROBLEWSKA

Isolation der Zeckenenzephalitisviren in polnischen Naturherden

In erster Linie möchte ich die Angaben der Forschungen von Dr. LIBÍKOVÁ ergänzen.

Im Staatlichen Institut für Hygiene in Warschau haben wir aus 3 Naturherden 15 Stämme des Zeckenenzephalitisvirus von Menschen und 6 Stämme aus den Zecken Ixodes ricinus isoliert.

In den Jahren 1955/56 haben wir virologische Untersuchungen an kleinen Säugetieren und Arthropoden im Gebiet des Naturherdes in Białowieża durchgeführt. Wir haben mehrere neurotrope Virusstämme aus Gehirn und Blut der Säugetiere sowie aus Zecken, Mücken und Flöhen isoliert.

Im Jahre 1955 haben wir 2270 kleine Säugetiere aus 16 Gattungen untersucht. Wir haben 259 Proben von Gehirnen und 88 Blutproben virologisch untersucht. Dabei haben wir 35 Virusstämme isoliert, und zwar 22 aus den Gehirnen und 13 Stämme aus dem Blut. Die Stämme wurden aus Gehirn und Blut von Clethrionomys glareolus, aus dem Gehirn von Sorex minutus und aus dem Blut von Sicista betulina isoliert.

Im folgenden Jahre haben wir nach denselben Methoden 196 kleine Säugetiere untersucht. Wir untersuchten 44 Gehirnproben und 10 Blutproben und isolierten dabei 6 Virusstämme. Diese Stämme haben wir bisher nicht identifiziert, die Untersuchungen sind noch im Gange.

Auch die Ergebnisse unserer serologischen Untersuchungen von kleinen Säugetieren bestätigen den Kontakt dieser Tiere mit dem Zeckenenzephalitisvirus. Wir haben mittels Komplementbindungsreaktion die Antikörper gegen das Zeckenenzephalitisvirus durchschnittlich bei 4,6% der untersuchten kleinen Säugetiere gefunden. Im Jahre 1955 haben wir 17000 Stück Arthropoden untersucht, davon 3200 Zecken Ixodes ricinus und 5000 Aedes-Mücken. Dieses Material haben wir in 120 Proben geteilt und davon 8 Virusstämme isoliert. Es ist uns gelungen, 3 Stämme auch aus Mücken zu isolieren. Wir konnten einen Stamm aus Zecken und einen Stamm aus Mücken als Zeckenenzephalitisvirus identifizieren.

Im Jahre 1956 haben wir virologisch 2425 Arthropoden untersucht, und zwar 1000 Aedes- und Anopheles-Mücken sowie 1267 Zecken. Dieses Material prüften wir in 73 Isolierungsversuchen und isolierten 8 Virusstämme, davon 3 aus Mücken. Ich möchte bemerken, daß wir in den Mücken, aus welchen wir die Virusstämme isoliert haben, starke Blutverdauung festgestellt haben. Von den in diesem Jahr isolierten Stämme haben wir bisher erst zwei als Zeckenenzephalitisvirus identifiziert: einen Stamm aus Zecken und einen Stamm aus dem Gehirn von Sorex araneus.

Bei allen isolierten Stämmen haben wir die Ektromelie ausgeschlossen. Die Isolierung des Zeckenenzephalitisvirus aus Mücken erfordert unsere spezielle Aufmerksamkeit.

Wir können noch nicht entscheiden, ob die Mücke die Rolle eines mechanischen Überträgers oder eines echten Virus-Reservoirs spielt.

Z. KAWECKI

Isolation von Zeckenenzephalitisviren im Gebiet von Gdansk und Szczecin

Seit ein paar Jahren führen die virologischen und entomologischen Laboratorien des Institutes der Marinen und Tropischen Medizin in Gdansk Untersuchungen über die Zeckenenzephalitis durch.

Man hat in den Gebieten Gdansk und Szczecin 9 Virusstämme isoliert. 2 Virusstämme wurden von den Zecken Ixodes ricinus isoliert, 2 von Larven der Zecke Ixodes ricinus, die im Laboratorium gezüchtet worden sind, und 5 aus dem Gehirn der Maus Microtus arvalis.

Die isolierten Stämme sind pathogen für Mäuse bei intracerebraler und intraperitonealer Infektion. Es gelang uns nicht, mit den isolierten Stämmen Meerschweinchen zu infizieren. Die Letalität der Hühnerembryonen nach Infektion mit diesen Virusstämmen übersteigt nicht 50%. Wir haben die neuen Stämme in der Komplementbindungsreaktion mit dem THEILER-Virus, dem Louping-ill-Virus und mit dem Stamm der tschechoslowakischen Zeckenenzephalitis „Ha" verglichen. 8 Stämme waren den Stämmen „Ha" und „Louping-ill" sehr ähnlich. Es wurden auch 6 Stämme im Neutralisationstest mit dem Stamm „Ha" verglichen. Sie haben sich hier auch als sehr ähnlich erwiesen. Die isolierten Virusstämme wurden auch mit dem WEE-Virus mit Hilfe der Komplementbindungsmethode verglichen. Sie sind dem WEE-Virus gar nicht ähnlich.

Auf Grund der Untersuchungen an Zecken und Nagetieren sind wir zu der Überzeugung gelangt, daß im Gebiet von Gdansk und Szczecin Naturherde von Zeckenenzephalitis vorkommen.

Z. TAYTSCH

Analyse der antigenen Struktur der in Polen im Jahre 1955 isolierten Enzephalitisviren

Von Arthropoden und kleinen Säugetieren wurden 40 Virusstämme isoliert, die für weiße Mäuse ausgesprochen pathogen sind. Die serologischen Untersuchungen ergaben, daß die antigene Struktur der Mehrzahl dieser Stämme mit der Struktur des aus Moskau zur Verfügung gestellten Stammes identisch war. 9 Stämme dagegen wiesen keine antigene Ähnlichkeit auf.

2 Stämme wurden an Affen verimpft. Die Affen erkrankten und zeigten charakteristische Enzephalitissymptome. Auf Grund dieser Versuche kann man annehmen, daß diese Stämme auch für Menschen pathogen sein können.

In den weiteren Versuchen wollen wir die Verwandtschaft zu anderen schon bekannten Stämmen studieren.

A. I. Iwanenko

Über biologische Eigenarten des Zeckenenzephalitisvirus und der ihm ähnlichen Erreger, die auf Tiertumoren kultiviert werden können

Um die biologischen Eigenarten der Neuroviren, die untereinander identische immunologische und serologische Eigenschaften aufweisen, festzustellen, benutzten wir die Methode der Viruskultivierung in Tumorzellen von Laboratoriumstieren. Das Virus wurde in vivo und in vitro eingeführt.

In diesen Versuchen wurden die Stämme des Virus der Frühjahr-Sommer-Zeckenenzephalitis studiert, die wir von Kranken mit und ohne Lähmungen isoliert haben, ferner Stämme der zweiwelligen Meningoenzephalitis, des Louping-ill und des Omsker hämorrhagischen Fiebers.

Die genannten Virusarten wurden in den Zellen des Ehrlichschen Ascites-Carcinoms und des Acridin-Sarkoms der Mäuse, zu dem diese Virusgruppe eine große Affinität aufweist, kultiviert. Sodann wurden diese auf die Sarkom-Zellen der empfänglichen Tiere adaptierten Virusarten in die Sarkomgeschwulstzellen virusunempfänglicher Tiere (erwachsener Ratten) übertragen.

Es wurde festgestellt, daß sich die Virusstämme der Zeckenenzephalitis, des Louping-ill, der zweiwelligen Meningoenzephalitis und des Omsker hämorrhagischen Fiebers untereinander in der Vermehrungsintensität auf Tumorzellen in empfänglichen Tieren und auch betreffs der Adaptationsfähigkeit an Tumorzellen von unempfänglichen Tieren nicht unterscheiden.

Diese Virusarten behielten ihre anfänglichen biologischen, immunologischen und serologischen Eigenschaften auch nach 10, 20 und mehr Tumorpassagen.

Was die sogenannte onkolytische Wirkung auf das Ehrlichsche Ascites-Carcinom anbelangt, so wurde festgestellt, daß das Louping-ill-Virus eine weniger markante tumorentwicklungshemmende Aktivität bei Mäusen aufweist, dagegen alle anderen untersuchten Erreger eine ausgesprochene onkolytische Wirkung sowohl auf das Ehrlichcarcinom wie auch auf das Mäuse- und Rattensarkom aufweisen.

Durch langfristige Kulturpassagen des Zeckenenzephalitisvirus in Ehrlichtumoren und im Rattensarkom in vivo wurden Stämme mit ausgesprochen cytopathogener Aktivität erzielt. Diese Aktivität wurde in den Zellen entsprechender Tumoren auch in vitro (Gewebekultur in Rollerröhrchen) beobachtet.

Analoge Gesetzmäßigkeiten wurden auch beim japanischen Zeckenenzephalitisvirus verzeichnet.

Die Eigenschaften der cytopathogenen Wirkung verschiedener Stämme wurden noch nicht ausführlicher untersucht, doch auf Grund der die Cytopathogenität hemmenden Wirkung einiger typenspezifischer Seren kann man annehmen, daß diese an Tumoren adaptierten Stämme in der Zukunft zu diagnostischen Zwecken verwendet werden können.

E. Molnár

Züchtung eines ungarischen Zeckenenzephalitisvirusstammes im Dottersack und in der Gewebekultur

Zur Frage der Biologie der Zeckenenzephalitisviren, genauer zum Problem ihres Verhaltens im Brutei und in der Gewebekultur, möchte ich meinerseits noch einige Angaben über einen Zeckenenzephalitisstamm in Ungarn bekanntgeben.

Der „KEm_1"-Stamm läßt sich gut züchten und im Dottersack bzw. in der Amnionhöhle von 6- bis 8tägigen Hühnerembryonen passagieren, vermehrt sich aber in der Allantoishöhle nicht. Der virusinfizierte Hühnerembryo geht 4—8 Tage nach der Impfung zugrunde. Am Embryo sind stets Hämorrhagien sowie eine gallertig-ödematöse Veränderung des subcutanen Bindegewebes zu sehen. Dieses Ödem ist oft so umfangreich, daß der Embryo fast kugelförmig wird. Die Haut hebt sich dabei von der Skelettmuskulatur ab. Der entstandene Hohlraum wird von einem durchsichtigen, beinahe wasserklaren dickflüssigen Ödem ausgefüllt.

Diese Veränderung ist charakteristisch für den „KEm_1"-Virus-Stamm, da sie mit dem Blutserum von Zeckenenzephalitis-Rekonvaleszenten im Dottersack des Hühnerembryos neutralisiert werden kann.

Aus Tab. 18 ist ersichtlich, daß drei Neutralisierungsteste durchgeführt wurden, wobei im ersten eine virushaltige Hühnerembryoverreibung das zu neutralisierende Virus enthielt, in den beiden anderen Versuchen dagegen die Hirnverreibung von an Zeckenenzephalitis erkrankten Mäusen. Der Neutralisierungsindex des auf der Tabelle angeführten Blutserums Nr. 637 war, an der Maus untersucht, mehr als 1000. Das im zweiten Versuch geprüfte Blutserum Nr. 696 stammte von einer Person, die während der Laboratoriumsarbeit durch den tschechoslowakischen „Ri-Stamm" des Zeckenenzephalitisvirus infiziert worden war. Der Neutralisationsindex dieses Serums betrug bei der Maus 500. Das im dritten Versuch untersuchte Blutserum M. E. stammte von einer Person, die sich durch den ungarischen „KEm_1"-Stamm des Zeckenenzephalitisvirus im Laboratorium angesteckt hatte. Der Neutralisationsindex betrug $1^1/_2$ Jahre vorher bei der Maus 1000. Aus der Tabelle ist ersichtlich, daß die Neutralisationsindices der drei Blutseren im Hühnerembryo den im Mäusegehirn festgestellten Werten entsprechen.

Tabelle 18. Neutralisation des Virusstammes KEm_1 mit menschlichen Immunseren in Dottersack

Nr. der Versuche	Virusmaterial	Immunseren (NI in Mäusen)	Neutralisations-index in Hühnerembryonen
1.	Hühnerembryo	637. (>1000)	>500
2.	Mäusegehirn	696. (500)	600
3.	Mäusegehirn	M. E.	1000

Züchtung des „KEm_1"-Virusstammes in der Gewebekultur

Das im Mäusegehirn oder im Dottersack des Hühnerembryo gezüchtete Virus kann in Gewebekulturen vermehrt und passagiert werden, welche die Gewebestückchen von 6—10 Tage alten Hühnerembryonen oder Stücke der Chorioallantoismembran von älteren Embryonen enthalten. Die Gewebekultur des Hühnerembryos wird nach MAITLAND in 100 ml Kolben bereitet, und als Nährflüssigkeit wird Penicillin und Streptomycin enthaltende Simms-X-6-Lösung verwendet. 4,5 ml Nährflüssigkeit wurde mit 0,5 ml virushaltigem Stoff versetzt und in einem Thermostat von 37° C 72 Stunden lang inkubiert. Der optimale Zeitpunkt der Überimpfung liegt zwischen 24 und 48 Stunden. Nach 72 Stunden gelang es nicht mehr, das Virus zu übertragen.

Der Ablauf der Vermehrung des „KEm$_1$"-Virusstammes in der Gewebekultur wurde ebenfalls eingehend untersucht, wobei wir Nährflüssigkeit und Gewebeverreibung der Kultur gesondert im Mäusegehirn titrierten. Die Ergebnisse sind in Abb. 22 dargestellt.

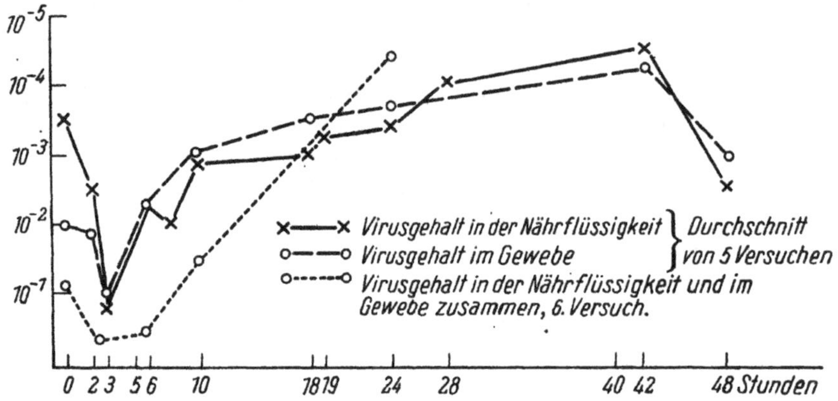

Abb. 22. Vermehrungsablauf des in hühnerembryonalen Gewebekulturen gezüchteten Virusstammes „KEm$_1$"; Titration des Virus intracerebral an Mäusen

Die zusammenhängende Linie zeigt die durchschnittlichen LD_{50}-Werte der Nährflüssigkeiten für Mäuse unmittelbar nach Infektion der Kultur, sodann nach 2, 3, 6, 10, 18, 19, 24, 28, 40 und 48 Stunden. Die gestrichelte Linie hingegen bedeutet den Virusgehalt der Gewebeverreibung. Die dritte Kurve stellt das Resultat eines besonderen Versuches dar, bei dem wir die Gewebeverreibung mit der eigenen Nährflüssigkeit verdünnten und so die Mengenverhältnisse des Virus durch Titration im Mäusegehirn untersuchten. Wie ersichtlich, befand sich unmittelbar nach der Infektion mehr Virus in der Nährflüssigkeit als im Gewebe. In der 2.—3. Stunde verminderte sich die Menge der Viren in der Nährflüssigkeit und im Gewebe um 3 Logarithmen. Danach stieg die Quantität des Virus sowohl in der Nährflüssigkeit als auch in den Gewebestückchen allmählich an, nahm nach 42 Stunden im Verhältnis zum ursprünglichen Virusgehalt um einen Logarithmus zu, während sie sich nach 48 Stunden weiter verringerte. Aus der dritten Kurve ist außerdem ersichtlich, daß eine kleinere Ausgangsvirusmenge schnellere und größere Vermehrung ergibt.

Ähnliche Versuche sind auch in Kulturen aus embryonalen menschlichen Haut-Muskel-Geweben im Gange. Die Versuche sind noch nicht so weit fortgeschritten, daß ein endgültiges Resultat vorliegt.

P. ALBRECHT

Stellungnahme zu gegensätzlichen Ansichten über morphologische Veränderungen im Hühnerembryo nach der Infektion mit dem tschechoslowakischen Stamm des Zeckenenzephalitisvirus

Im Verlauf und als Bestandteil der Forschungsarbeiten über die Biologie der tschechoslowakischen Zeckenenzephalitisvirusstämme wurden von einigen Autoren Untersuchungen

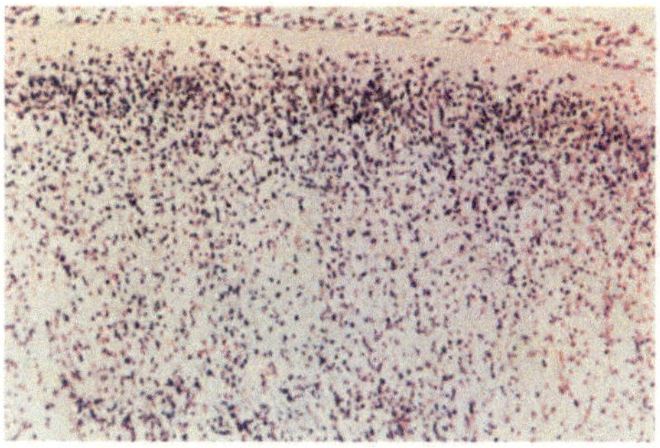

Abb. 23. Nekrotisierende Enzephalitis als direkte Folge der Infektion

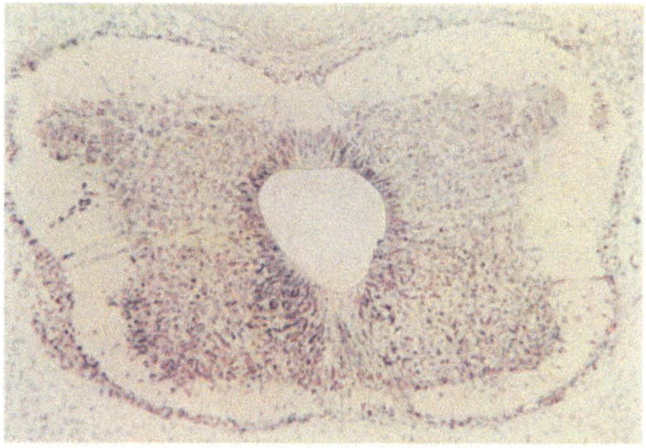

Abb. 24. Herdweiser Zerfall von Nervenzellen in der grauen Substanz der Hinterhörner .

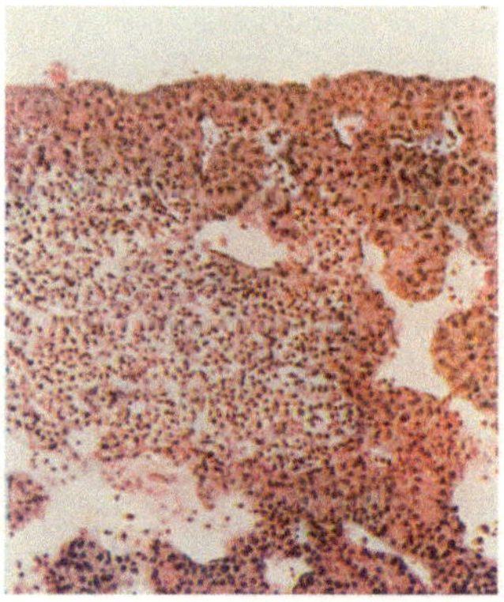

Abb. 25. Umschriebener Nekroseherd in der Leber

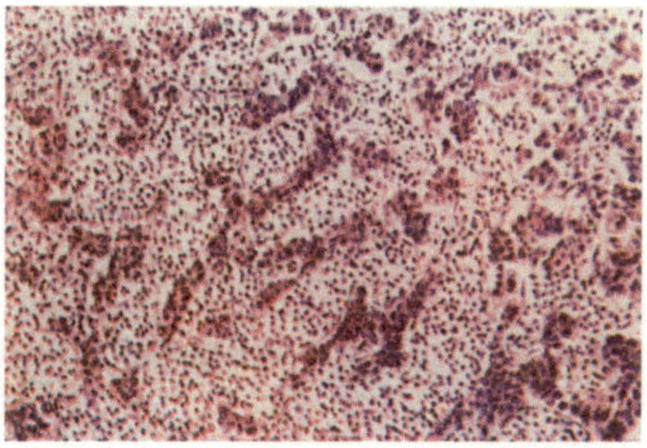

Abb. 26. Lymphocytäre Infiltration des Leberparenchyms

über die histologischen Veränderungen angestellt, die durch Einwirkung des Virus bei verschiedenen Inoculationswegen an den Eihäuten und im Embryo entstehen.

Eigenartige Veränderungen wurden in der Arbeit von JANDÁSEK und DLÚHOŠ nach der Beimpfung des Dottersackes angegeben. DLÚHOŠ, ein Pathologe, konnte im Embryo regelmäßig schwere und weitverbreitete degenerative und entzündliche Veränderungen in den verschiedenen Organen feststellen. Überdies beschrieb er Infiltrate leukämischen Charakters in Leber, Niere und Milz und wies auf ihre Analogie mit Veränderungen hin, die durch die Viren der Geflügelleukämie hervorgerufen werden.

In Zusammenarbeit mit dem Pathologen BEDNÁŘ, konnte SLONIM diese Veränderungen nicht bestätigen. Die zuletzt genannten Autoren fassen die als leukämoides Infiltrat beschriebenen Zellen als Erythrocyten auf.

Bekanntlich sind bei den übrigen Zeckenenzephalitisviren Veränderungen solchen Ausmaßes oder gar leukämoiden Charakteis nicht beschrieben worden.

Sollte sich deshalb der Befund von DLÚHOŠ bewahrheiten und reproduzierbar sein, wäre dadurch eine beachtenswerte neue biologische Eigenschaft des Zeckenenzephalitisvirus entdeckt.

Deshalb hielten wir es für angebracht, die Morphologie der durch das Virus der tschechoslowakischen Zeckenenzephalitis hervorgerufenen Veränderungen im Hühnerembryo nachzuprüfen.

Es wurden 4 Versuchsgruppen aufgestellt: 1. normale 10- bis 12tägige Kontrollembryonen; 2. Embryonen, die mit einer inaktiven Suspension beimpft wurden; 3. infizierte Embryonen, die in Agonie zur Verarbeitung entnommen wurden; 4. infizierte Embryonen, die bereits tot aufgefunden wurden, in denen sich also dem infektiösen Prozeß ein bestimmter Grad von Autolyse zugesellt hat.

Dabei kamen wir zu folgenden Ergebnissen:

Die geläufigste Veränderung, als direkte Folge der Infektion, ist eine nekrotisierende Enzephalitis (Abb. 23). Meist kommt es herdweise zum Zerfall einzelner Nervenzellen im Gehirn, wobei ein besonders exponiertes Gebiet der Tectumbogen darstellt.

Auch im Rückenmark sind die Zerfallsgebiete meist gut umschrieben und befinden sich mit Vorliebe in der grauen Substanz der Hinterhörner (Abb. 24). Sie weisen mikroskopisch denselben Charakter wie im Gehirn auf. Besonders ist darauf hinzuweisen, daß durch Kernpyknose und Cytoplasmaveränderungen der Nervenzellen Bilder entstehen, die irrtümlich als Leukocyteninfiltrate angesehen wurden.

In der Leber treten größere und kleinere Nekroseherde häufig auf. Sie sind ebenfalls gut umgrenzt, keinesfalls diffus, wie angegeben. Die Nekrose führt recht plötzlich zur Kernpyknose und zu einer acidophilen Umwandlung des Cytoplasmas, wodurch eine mitunter große Ähnlichkeit mit Erythrocyten entsteht (Abb. 25). In den übrigen Organen findet man meist nur leichte degenerative Veränderungen und eine ödematöse Veränderung.

Wir konnten also bei in Agonie entnommenen Embryonen keine so weit verbreiteten Veränderungen nachweisen.

Ganz anders wird jedoch das histologische Bild, wenn bereits abgestorbene, also mehr oder weniger autolysierte Embryonen untersucht werden. Hier stößt man auf diffuse, die meisten Organe und Gewebe betreffende degenerative und lytische Prozesse, ähnlich den von den erstgenannten Autoren beschriebenen. So zeigt das ganze Gehirn zugleich mit einer Auflockerung eine Schrumpfung der Nervenzellen, die Skelettmuskulatur wird lytisch und mit Zellansammlungen lymphoiden Charakters durchsetzt, die Leberzellbalken werden auseinandergedrängt, und lymphocytenähnliche Zellen infiltrieren das ganze Parenchym (Abb. 26). Analog ist die Niere verändert. Es liegen also Veränderungen vor, die von den erstgenannten Autoren als weitverbreitete Nekrose und leukämoide Veränderungen angegeben worden sind.

Da wir diese Veränderungen jedoch nur bei spontan abgestorbenen infizierten Embryonen vorfanden, untersuchten wir eine Reihe von Kontrollembryonen, die durch Überdeckung der Eischale mit Paraffin asphyktisch gemacht und zu verschiedenen Zeiten nach dem Absterben untersucht wurden.

Im folgenden seien diese rein autolytischen Prozesse an der Leber normaler, also nichtinfizierter Embryonen geschildert.

Die Leber eines normalen, sich gut entwickelnden Hühnerembryos zeigt wohlausgebildete Balken, die Kapillaren sind ziemlich schmal und mit ovalen sattrosarot gefärbten Erythrocyten mit pyknotischem ovalem Kern versehen.

Abgestorbene Embryonen zeigen der post mortem verflossenen Zeit proportional folgende Veränderungen: Das Blut wird aus den Eihüllen in den Embryo verlagert, und es kommt zu einer stark ausgeprägten Hyperämie. Die Erythrocyten wiesen zunächst einen etwas aufgelockerten abgerundeten Kern auf. Daß es sich hier nicht um jüngere Entwicklungsformen handelt, beweist das stark acidophile Cytoplasma des betreffenden Erythrocyten. Bald kommt es aber auch hier zu einer Auslaugung des roten Blutfarbstoffes, das Cytoplasma macht einen leeren Eindruck, die Zellmembran ist aber noch gut wahrnehmbar. Die durch die Hyperämie weit auseinandergedrängten Leberzellbalken zerfallen in einzelne Zellen, die unscharf abgegrenzt sind.

Die Erythrocyten verlieren nun auch ihre Zellmembran, es bleiben nur die Kerne übrig, die wieder pyknotisch werden.

Die durch das tschechoslowakische Zeckenenzephalitisvirus am Hühnerembryo hervorgerufenen morphologischen Veränderungen entsprechen denen, die durch die übrigen Zecken enzephalitisviren verursacht werden. Durch eine derartige autolytisch bedingte Veränderung der Erythrocyten entstehen also Bilder, die irrtümlich als leukämoid bezeichnet wurden.

Nach unseren Untersuchungen an unbeimpften, künstlich getöteten Embryonen besteht kein Zweifel daran, daß es bei Hühnerembryonen nach Dottersackbeimpfung mit dem Virus der tschechoslowakischen Zeckenenzephalitis weder zu weitverbreiteten und schweren Veränderungen noch zu leukämoiden Infiltraten kommt. Verläßlich sind allein Veränderungen im Gehirn, im Rückenmark und in der Leber zu suchen.

Dies sei auch ein Hinweis auf die Notwendigkeit, zur histologischen Untersuchung nur lebendige, womöglich in Agonie befindliche Embryonen auszuwählen, um die vielgestaltigen autolytischen Veränderungen auszuschließen.

N. OKER-BLOM

Züchtung des Louping-ill-Virus in HeLa-Zellen

Wenn von der Züchtung verschiedener Zeckenenzephalitisviren in der Gewebekultur gesprochen wird, so möchte ich kurz über unsere Versuche mit dem Louping-ill-Virus in HeLa-Zellen Bericht erstatten.

Den Louping-ill-Virusstamm erhielten wir von Dr. EDWARDS aus England und die HeLa-Zellen von Dr. SYVERTON aus den USA. Das Virus wurde durch intracerebrale Inoculation in Mäusen passagiert und nach der dritten Mäusepassage auf HeLa-Zellen übertragen. Dabei wurden 0,1 ccm einer 10%igen Gehirnsuspension pro Röhrchen auf etwa 40000 HeLa-Zellen verimpft. Schon in der ersten Passage ergaben sich gewisse Veränderungen. Es kam zur Schrumpfung der Zellen, die Zahl der Zellen ging merklich zurück, aber die Veränderungen traten langsam ein, und erst nach 15tägiger Inkubation waren die meisten Zellen zerstört. Nach mehreren Passagen traten jedoch cytopathogene Veränderungen regelmäßig nach 5—6 Tagen auf, die sich von den durch Polio- und Adenoviren verursachten Veränderungen stark unterschieden. Der Virustiter in HeLa-Zellen steigerte sich während der Passagen und hatte nach 8 Passagen einen Wert von TCID 10^{-4} erreicht. Bisher ist der an HeLa-Zellen adaptierte Stamm des Louping-ill-Virus in der 15. Passage und hat noch immer einen Titer von 10^{-4}. Der Mäusetiter ist anfangs gesunken, aber später wieder angestiegen. Der Titer des an HeLa-Zellen adaptierten Stammes war jedoch letztens noch ungefähr um 2 Logarithmen niedriger als der des Originalstammes.

Die Inkubationszeit und auch die Symptome bei Mäusen waren mit dem an HeLa-Zellen adaptierten Stamm die gleichen wie mit dem Originalstamm.

Tabelle 19. Kultivierung des Virus der russischen Frühjahrs-Sommerenzephalitis (Stamm „Sofin“) in HeLa-Zellkulturen

		Tage nach der Infektion										Medium	
		1	2	3	4	5	6	7	8	9	10		
Sofin M 4	H 1	/	/	††								YEM	10^{-3}
		/	/	††									
		—	—	†	†††	†††							
		—	—	—	—	††	††	†††					
	H 2	—	—	††	†††	/	††††					HS	10^{-2}
		—	—	—	—	/	†	/	/	/	†††		
	H 3	—	†	†††								HS	10^{-3}
		—	|	†††									
		—	†††	†††									
	H 4	—	†	†	/	†††						HS	10^{-3}
	H 5	—	††	††	/	†††						HS	10^{-3}
		—	††	†††	/	†††							
	H 6	—	—	†	/	†	/	††				PS	10^{-4}
		†	—	—	/	†	/	††					
	H 7	—	—	††	†††							HS	10^{-4}

CPE:
- † anfangend
- †† progressiv
- ††† fast alle Zellen degeneriert
- †††† Dissolution und Lyse der Zellen

Medium:
- YEM = „yeast extract medium“
- HS = Medium mit 40% Menschenserum, 60% Hanks-Lösung, Antibiotika
- PS = Medium mit 40% Pferdeserum, 60% Hanks-Lösung, Antibiotika

7*

Daß der adaptierte Stamm wirklich noch Louping-ill-Virus ist, geht daraus hervor, daß das Virus durch spezifisches Immunserum neutralisiert wird, und zwar sowohl in Mäusen als auch in der Gewebekultur. Spezifisches Poliomyelitis-Immunserum und normales Schafserum oder Immunserum gegen lymphocytäre Choriomeningitis hatten dagegen keine neutralisierende Wirkung.

Wir sind deshalb der Meinung, daß diese Methode für Antikörperstudien anwendbar ist.

H. Libíková

HeLa-Zellen als Substrat für die Vermehrung der Zeckenenzephalitisviren

Die menschlichen Carcinomzellen, Stamm „HeLa", erwiesen sich in den letzten Jahren als ein vorzügliches Milieu für die Vermehrung verschiedener Virusarten.

Wir unternahmen daher Experimente zur Kultivierung von 3 Stämmen des Zeckenenzephalitisvirus in diesen Zellen, die wir in Carrel-Fläschchen gezüchtet haben. Das Medium bestand aus 40% Menschen- oder Pferdeserum, 60% Hanks-Lösung und Antibioticis. Wir wählten für diese Versuche einen Virusstamm aus der Sowjetunion (genannt „Sofin") und zwei tschechoslowakische Stämme, die von einem Kranken (genannt „Hypr") und aus der Zecke Dermacentor marginatus (genannt „Dm") isoliert wurden. Die Adaptation an die HeLa-Zellen wurde mit Mäusegehirnvirus begonnen, die folgenden Passagen führten wir mit

Tabelle 20. Kultivierung des Virus der tschechoslowakischen Zeckenenzephalitis (Stamm „Hypr") in HeLa-Zellkulturen

		Tage nach der Infektion								Medium	
		1	2	3	4	5	6	7	8		
Hypr M 42	H 1	/	/	†	†	††	†††	†††		YEM	10⁻³
		/	/	†	††	†††					
		/	/	††	††	†††	†††	†††	††††		
		/	/	† —	†	††	†††				
	H 2	†††	†††	†††	†††					HS	
		†††	†††	†††	†††						
		†††	†††	†††	†††						
	H 3	—	—	††	†††	†††				HS	
	H 4	—	†	†††	/	†††				HS	10^{-3}
		—	††	†††	†††						
	H 5	—	—	† —	/	††				PS	10^{-4}
		—	—	—	/	††					
	H 6	—	—	†	/	††				PS	10^{-4}
		—	—	†	/	†††					

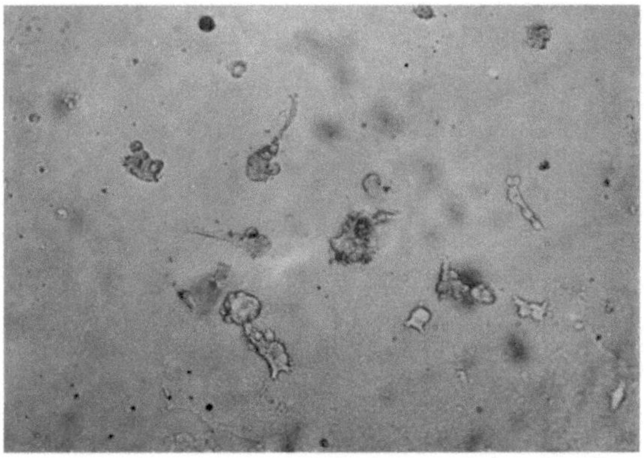

Abb. 27. HeLA-Zellkultur, 7 Tage nach der Infektion mit dem Virusstamm „Sofin" (YEM)

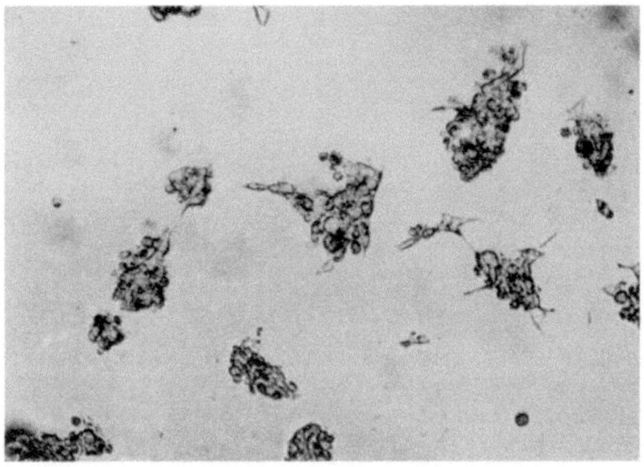

Abb. 28. Cytopathogener Effekt in der HeLa-Zellkultur, 7 Tage nach der Infektion mit dem Virusstamm „Hypr" (YEM)

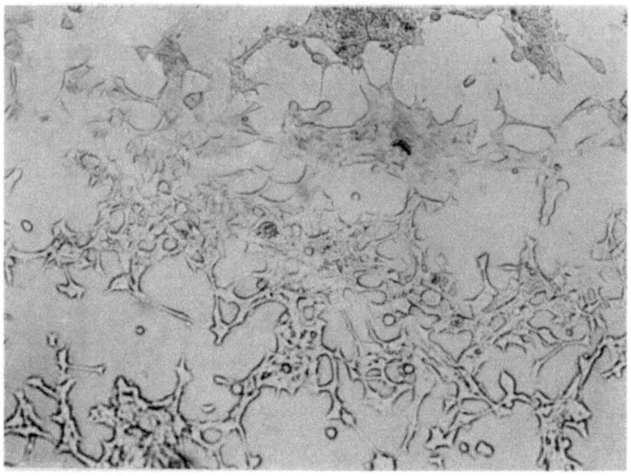

Abb. 29. Nicht infizierte HeLa-Zellkultur als Kontrolle (YEM)

der Flüssigkeit aus den infizierten Gewebekulturen aus. Alle drei Stämme konnten wir in den Kulturen von HeLa-Zellen in sukzessiven Passagen züchten, und im Laufe von 6—8 Passagen haben sich die Stämme trotz kurzer Adaptation schon gut vermehrt, wie die Virustitrationen der Flüssigkeit aus jeder Passage an weißen Mäusen bewiesen. Die LD_{50} betrug ungefähr 10^{-4} bis 10^{-5}. Das Medium mit Menschen- oder mit Pferdeserum ermöglichte die Vermehrung des Virus, jedoch führten wir keine vergleichenden Untersuchungen durch. In mehreren Passagen haben wir eine auffallende Degeneration der Zellen gefunden. Wir zeigen diese Degeneration an zwei Bildern (Abb. 27 u. 28). Die HeLa-Zellen wurden mit Stamm „Sofin" bzw. „Hypr" infiziert. Das dritte Bild zeigt nicht infizierte Kontrollzellen unter denselben Bedingungen (Abb. 29).

Die Tabellen 19 und 20 veranschaulichen den Verlauf der Degeneration. Diese hat sich nicht immer in gleicher Zeit und Intensität gezeigt. Vom Grad dieser Degeneration war die Quantität des vermehrten Virus nicht abhängig. Versuche zur Neutralisation dieser HeLa-Zellen-Degeneration durch homologes Immunserum gegen das Zeckenenzephalitisvirus schlugen bisher fehl. Die Degeneration der Zellen war in unseren Experimenten nicht so regelmäßig, daß wir darin ein Kriterium für die Bewertung des Neutralisationstestes sehen könnten.

G. Grinschgl

Isolierte Virusstämme aus Österreich, Pathologie der Affenerkrankung

Ich möchte mir erlauben, in Ergänzung zu den Ausführungen von Dr. Libíková und Dozent Vesenjak eine Übersicht über die bisher in Österreich isolierten Stämme zu geben:

1953 3 Stämme: Graz I, II und III
(isoliert aus dem Gehirn von Todesfällen der Grazer Nervenklinik, identifiziert von Verlinde u. Mitarb.);

1954 2 Stämme: Graz IV und V
(isoliert aus dem Gehirn von Todesfällen der Grazer Nervenklinik, identifiziert von Verlinde u. Mitarb.);

1955 2 Stämme
(isoliert auf der Chorioallantoismembran von Hühnerembryonen aus Gehirnbrei von Todesfällen der Grazer Nervenklinik. Die Stämme sind noch nicht identifiziert);

1955 6 Stämme aus Zecken und
1 Stamm aus Blut von Patienten wurden in Steiermark von Jettmar (Hygiene-Institut, Universität Graz) isoliert. Identifizierung noch nicht abgeschlossen.

Verlinde konnte wohl eine enge Verwandtschaft dieser Stämme, aber keine sichere Identität mit den Graz-Stämmen nachweisen. Weiteres Material (Gehirne von Todesfällen der Jahre 1955 und 1956) liegt noch vor und wird von uns erst untersucht. Um unrichtige epidemiologische Vorstellungen zu vermeiden, sei erwähnt, daß die Graz-Stämme nicht von Patienten aus der Stadt Graz selbst, sondern aus Gebieten in einem Umkreis bis zu 100 km von der Stadt isoliert wurden.

Von Interesse ist auch die Beobachtung, daß der Stamm Graz IV (1954) vom Gehirn eines Patienten isoliert wurde, der im Blut bereits neutralisierende Antikörper hatte. Es handelte sich um einen sehr schweren spinobulbären-ascendierenden Verlauf, der nach 11 Tagen zum Tode führte. Die gleichzeitige Anwesenheit von aktivem Virus im Gehirn und von neutralisierenden Antikörpern im Blut dürfte selten nachweisbar sein, und dann jedenfalls auch nur während eines relativ kurzen Zeitraumes.

Nun noch ein kleiner Beitrag zum pathologischen Befund an Rhesusaffen, die mit dem „Graz"-Stamm infiziert worden waren. Die Affen wurden von Verlinde und Mitarbeitern experimentell intracerebral infiziert, die Mikrophotografien wurden von uns angefertigt.

In Präparaten vom Stirnhirn ist eine meningeale Reaktion vorhanden mit knötchenförmigen Infiltraten in den naheliegenden Schichten der Hirnrinde. Es hat den Anschein, als ob das Übergreifen der Infektion auf die Hirnsubstanz hier vom Liquor und nicht vom Blut aus gegangen wäre. Im Kleinhirn sind besonders die Purkinje-Zellen befallen, wobei jedoch eine Neuronophagie fehlt. Ebenso sind die übrigen entzündlichen Veränderungen im Kleinhirn minimal. Nach Kersting (Institut Pette in Hamburg) können diese Befunde am Kleinhirn, die sich von den sonstigen Beobachtungen am Gehirn und Rückenmark unterscheiden, sekundäre, anoxämische Veränderungen infolge Schädigung des cerebralen Kreislaufs darstellen.

L. Daneš

Zur Kultivierung des Virus der tschechoslowakischen Zeckenenzephalitis in vitro

Im Jahre 1955 haben wir einige Probleme der Kultivierung des Zeckenenzephalitisvirus in vitro studiert. Bei der Kultivierung in Gewebekulturen nach Maitland im natürlichen oder synthetischen Medium haben wir ein relativ breites Spektrum der Gewebearten, die als gutes Substrat für die Virusvermehrung dienen können, entdeckt. Nach der biologischen Art waren es: embryonale sowie differenzierte menschliche Gewebe, ferner embryonales Hühner-, Mäuse-, Hamster-, Meerschweinchen- und Rindergewebe. Benutzt wurden folgende Organe: Haut, Muskel, Gehirn, Placenta, Funiculus umbilicalis, Myometrium, Endometrium, Tonsilla und auch maligne Tumorgewebe.

Aus den Ergebnissen konnte man schließen, daß für das Wachstum des Virus nicht die biologische Art des Kulturgewebes entscheidend ist. Wesentliche Unterschiede in der Virusausbeute gab es aber innerhalb einzelner Organe und zwischen den differenzierten und embryonalen Geweben. Im großen und ganzen lieferten die biologisch aktiveren Gewebetypen, wie Embryogewebe, Tumorgewebe und Endometrium während der 2, 4, 6 Tage in der Kultur eine Virusausbeute, die der im Mäusegehirn ungefähr gleich war (LD_{50} $10^{-7,5}$ bis $10^{-8,5}$). Das Virus befand sich in der flüssigen sowie in der festen Phase der Kultur und vermehrt sich in beiden parallel. Die Titer, die das Virus in der Kultur erreicht, hängen nicht von der Größe des Inoculums (in den Grenzen von 10^{-1} bis 10^{-6}) ab.

Beim Verfolg der Virusvermehrung durch Titration von Kulturflüssigkeit und -gewebe in 24stündigem Intervall haben wir eine latente Phase 1—24 Stunden p. i. festgestellt.

Die Ergebnisse unserer Experimente mit Gewebezellkulturen verschiedener Typen zeigen einen breiten Polytropismus des Zeckenenzephalitisvirus unter den Bedingungen der in vitro-Kultivierung an.

Beim Suchen nach dem cytopathogenen Effekt in verschiedenen Kultursystemen erzielten einige Forscher negative Ergebnisse, andere beobachteten nicht regelmäßig Zellveränderungen.

Die nur selten reproduzierbaren Veränderungen, die wir 1955 an Fibroblasten und mehrmals an epithelialen Zellen beobachteten und deren Spezifität wir im Neutralisationstest mit Immunserum sicherstellen konnten, waren auf den isolierten reinen Gewebezellkulturen verschiedener Typen nie mehr zu beobachten. Wir nehmen an, daß nur in den Gewebekulturen mit Stückchen des Primoexplantates, in denen sich das Virus stark vermehrt, besondere metabolische Bedingungen bestehen, die nach der Infektion zur Vernichtung der jungen

Zone von Zellen führen. Diese Kombination der spezifischen und unspezifischen Vernichtung kann man durch Immunserum verhindern. Die Verwendung von Gewebekulturen in der Diagnostik der Zeckenenzephalitis wird aber wahrscheinlich nicht auf dem cytopathogenen Effekt des Virus beruhen. Vielleicht ergibt sich eine geeignete serologische Methode, mit deren Hilfe man das in der Gewebekultur sich schnell vermehrende Virus zum Nachweis bringen und solcherart das diagnostische Verfahren abkürzen könnte.

D. MÁLKOVÁ

Desinfektionswirkung von Chlorpräparaten auf das Zeckenenzephalitisvirus

Wir prüften die Wirkung von Chlorkalk und Chloramin auf das Virus der tschechoslowakischen Zeckenenzephalitis.

Es wurden ungereinigte Suspensionen aus dem Hirn infizierter Mäuse verwendet, mit denen Wasserproben mit einem p_H von 7,5—8,0 und einer Temperatur von 10—12°C infiziert wurden. Die Anfangswerte des Gehaltes an aktivem Chlor betrugen bis 1 mg pro Liter. Die Milligrammwerte des Cl′ wurden mittels der orthotolidin-kolorimetrischen Methode ge-

Tabelle 21. Desinfektionswirkung des Chlorkalks auf das Zeckenenzephalitisvirus (Stamm Ři)

150 LD_{50}/ml

Zeit \ mg Cl′/l	1,0	0,4—0,5	0,1—0,2	0,1
5′	0/4	0,4	0/4	3/4
10′	1/4+	1/4+	0/4	0/4
30′	0/4	0/4	0/4	1/4
60′	0/4	0/4	0/4	0/4
3 h	0/4	0/4	0/4	0/4

700—750 LD_{50}/ml

Zeit \ mg Cl′/l	1,0	0,6	0,2
5′	0/4	3/4	2/4
10′	0/4	1/4	4/4
30′	0/4	1/4	4/4
60′	0/4	1/4	2/4
3 h	0/4	0/4	1/4

1500 LD_{50}/ml

Zeit \ mg Cl′/l	0,9	0,4—0,5	0,2	0,1
5′	2/4	4/4	3/4	4/4
10′	2/4	1/4	2/4	4/4
30′	1/4	2/4	2/4	3/4
60′	0/4	1/4	4/4	3/4
3 h	1/4	0/4	0/4	2/4

7000—7500 LD_{50}/ml

Zeit \ mg Cl′/l	1,0	0,4—0,5	0,2
5′	4/4	4/4	3/4
10′	3/4	4/4	4/4
30′	3/4	1/4	4/4
60′	4/4	2/4	3/4
3 h	3/4	4/4	4/4

+ Nicht durch Zeckenenzephalitisvirus hervorgerufene letale Fälle.

messen. Die Desinfektionswirkung prüften wir in Intervallen von 5, 10, 30, 60 Minuten und 3 Stunden. Der Virusnachweis wurde an weißen Mäusen von 10—12 g Gewicht erbracht.

Die Versuche bewiesen eine ziemlich starke Sensibilität des Zeckenenzephalitisvirus gegen die Desinfektionswirkung von Chlorpräparaten.

Wie aus Tab. 21 ersichtlich, äußerte sich die Wirkung von Chlorkalk auf 150 LD_{50} des Virus bereits innerhalb von 5 Minuten bei einem Spiegel von 0,1.—0,2 mg aktiven Chlors pro Liter. (Der Zähler gibt die Zahl der verendeten Mäuse an, der Nenner die Zahl der geimpften.) Bei steigender Viruskonzentration und gleichzeitiger Steigerung der Menge der organischen Ballaststoffe sank die Fähigkeit des Chlorkalks, das Virus zu inaktivieren.

Tab. 22 vermittelt die Ergebnisse der durch Chloramin erzielten Wirkung. Wir bemerken, daß die Inaktivierung einiger 100—1000 LD_{50} des Virus durch verhältnismäßig niedrige Anfangswerte aktiven Chlors erreicht wird.

Der Unterschied zwischen Chloramin und Chlorkalk besteht hauptsächlich in einem abweichenden Zeitverhältnis. Während nämlich die Wirkung von Chlorkalk rasch und nahezu unmittelbar eintritt (bei unseren Versuchen binnen einer Minute), zeigt Chloramin eine gewisse „Latenzzeit". Der anfangs verhältnismäßig hohe Spiegel aktiven, aus Chloramin

Tabelle 22. Desinfektionswirkung des Chloramins auf das Zeckenenzephalitisvirus (Stamm Ři)

150 LD_{50}/ml

Zeit \ mg Cl'/l	0,7	0,2	0,08
5'	1/4	3/4	4/4
10'	1/4	2/4	1/4
30'	1/4+	0/4	0/4
60'	0/4	0/4	0/4
3 h	0/4	0/4	0/4

700—750 LD_{50}/ml

Zeit \ mg Cl'/l	0,8	0,4	0,1	0,05—0,06
5'	2/4	2/4	4/4	4/4
10'	0/4	3/4	4/4	4/4
30'	0/4	0/4	0/4	2/4
60'	0/4	0/4	0/4	3/4
3 h	0/4	0/4	0/4	0/4

1500 LD_{50}/ml

Zeit \ mg Cl'/l	0,7	0,3	0,1
5'	4/4	4/4	4/4
10'	4/4	3/4	1/4
30'	0/4	1/4	3/4
60'	0/4	0/4	0/4
3 h	0/4	0/4	1/4

7000—7500 LD_{50}/ml

Zeit \ mg Cl'/l	0,9—1,0	0,4	0,2	0,2
5'	2/4	3/4	4/4	4/4
10'	4/4	0/4	4/4	4/4
30'	2/4	0/4	4/4	4/4
60'	2/4	3/4	2/4	4/4
3 h	1/4	0/4	1/4	3/4

+ Nicht durch Zeckenenzephalitisvirus hervorgerufene letale Fälle.

freigewordenen Chlors wirkt auf das Virus weniger rasch ein als der gleiche Spiegel aus Chlorkalk. Diesen Wirkungsunterschied erklären wir aus dem verschiedenartigen Mechanismus bei Freiwerden des aktiven Chlors. Bei Chlorkalk wird der größte Teil des aktiven Chlors sehr rasch an die Flüssigkeit abgegeben, welche organische Stoffe enthält. Das aktive Chlor verbindet sich augenblicklich mit den organischen Stoffen. Demgegenüber kommt es bei Chloramin nach Zugabe von Virussuspension zu einem allmählichen Anstieg des aktiven Chlorspiegels mit nachfolgender Senkung (Abb. 30 und 31).

Gewisse Unterschiede bei den Immunitätsreaktionen von Mäusen, welche die Desinfektionsversuche überlebten, hängen wahrscheinlich von der unterschiedlichen Intensität ab, mit der beide Präparate in der ersten Phase der Anwendung das Virus inaktivierten. Nach der Wirkung des Chlorkalks auf das Virus stellten wir nur noch eine geringe Resistenz gegen Reinfektion ohne den Nachweis von Antikörpern fest. Im Vergleich dazu geht wahrscheinlich im ersten Zeitabschnitt der Wirkung eine weniger vollkommene Inaktivierung des Virus durch Chloramin vor sich. Der positive Antikörperbeweis hängt unserer Ansicht nach davon ab, daß das Virus im Organismus teilweise überlebt und sich in diesem aufhält, ohne jedoch eine feststellbare Krankheit zu verursachen.

Bei der Desinfektionswirkung von Chlorpräparaten wurde die Bedeutung von organischen Ballaststoffen erkannt. Je größere Mengen organischer Stoffe der Virussuspension beigemengt sind, desto größer ist die Voraussetzung, daß das Virus überlebt.

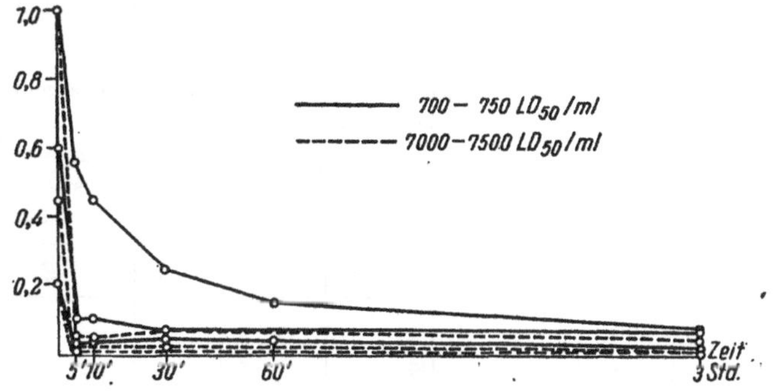

Abb. 30. Graphische Kurve
Spiegel des aktiven Chlors in Verbindung mit der Wirkung von Chlorkalk auf das Zeckenenzephalitisvirus (Stamm Ri)

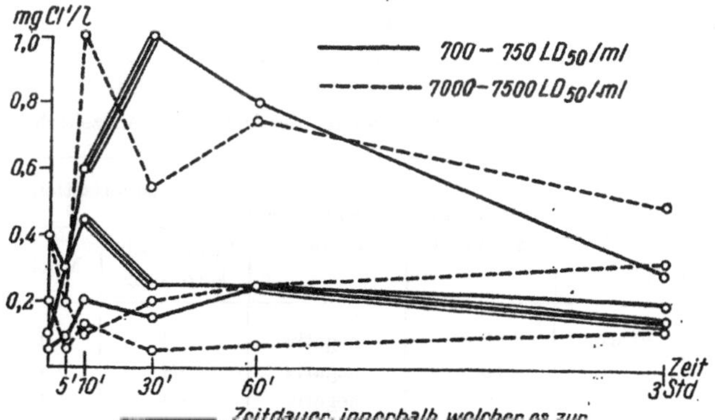

Abb. 31. Graphische Kurve
Spiegel des aktiven Chlors in Verbindung mit der Wirkung von Chloramin auf das Zeckenenzephalitisvirus (Stamm Ri)

Aus unseren Erkenntnissen ergibt sich für die Praxis, daß die üblicherweise angewendete 0,5 und höherprozentige Chlorkalk- oder Chloraminlösung vollkommen für die Desinfektion eines mit Zeckenenzephalitisvirus verseuchten Milieus genügt. Das gilt selbstverständlich nur bei hochaktivem Chlorgehalt der angewendeten Präparate und unter Berücksichtigung ihrer zeitgebundenen Wirkung sowie der Verunreinigung des Milieus durch organische Stoffe. Ebenso erweist sich die übliche Chlordesinfektion größerer Wasserbehälter bei zufällig möglicher Verunreinigung mit Zeckenenzephalitisvirus als ausreichend.

M. Grešíková

Die Temperaturbeständigkeit des Virus der tschechoslowakischen Zeckenenzephalitis in Milch und physiologischer Kochsalzlösung

Durch die experimentellen Arbeiten von Smorodinzew, van Tongeren, Blaškovič und Libíková konnte nachgewiesen werden, daß die Zeckenenzephalitisviren auch durch Ziegenmilch übertragen werden. Es war unsere Aufgabe, die für die Viruszerstörung in der Milch benötigte Temperatur festzustellen.

Wir benutzten den Stamm „Hypr“ des Virus der tschechoslowakischen Zeckenenzephalitis, der in Milch oder physiologischer Kochsalzlösung 1:10 und 1:100 verdünnt wurde. Das Gemisch wurde 20 Minuten lang im Ultrathermostat nach Wobser auf die jeweilige Tempe-

Tabelle 23. Einfluß der Temperatur auf das Virus der tschechoslowakischen Zeckenenzephalitis (Stamm „Hypr“)

Dauer der Einwirkung	Temperatur	Suspension des Virus in der Milch 10^{-3}		Suspension des Virus in physiologischer Kochsalzlösung 10^{-3}
		Exp. am 26. 4.	Exp. am 27. 4.	Exp. am 26. 4.
20 Minuten	40°C	4/4	4/4	4/4
20 Minuten	45°C	4/4	4/4	4/4
20 Minuten	50°C	4/4	4/4	0/4
20 Minuten	55°C	4/4	4/4	0/4
20 Minuten	60°C	4/4	3/4	0/4
20 Minuten	65°C	1/4	0/4	0/4
20 Minuten	70°C	0/4	0/4	0/4

Tabelle 24. Pasteurisation der Milch nach der Methode „Langzeiterhitzung“

Stamm	Temperatur	Zeit	Verdünnung des Virus	Phosphatase-Prüfung	Vor Pasteurisation		Nach Pasteurisation	
					Phys. Kochsalzlösung	Milch	Phys. Kochsalzlösung	Milch
Hypr	62°C	30 Min.	10^{-3}	negativ	4/4	4/4	0/4	0/4
Hypr	62°C	30 Min.	10^{-4}	negativ	4/4	3/4	0/4	0/4
Hypr	62°C	30 Min.	10^{-5}	negativ	4/4	4/4	0/4	0/4
Hypr	62°C	30 Min.	10^{-6}	negativ	4/4	3/4	0/4	0/4
Hypr	62°C	30 Min.	10^{-7}	negativ	4/4	4/4	0/4	0/4
Hypr	62°C	30 Min.	10^{-8}	negativ	2/4	3/4	0/4	0/4
LD_{50}					10^{-8}	10^{-8}	$<10^{-3}$	$<10^{-3}$

ratur erwärmt und dann weißen Mäusen zu je 0,2 ml intraperitoneal verimpft. Die Temperatur betrug 40—70°C in Abständen von 5°. Für die längere Pasteurisation bei niedrigeren Temperaturen erwärmen wir 20—30 Minuten bei 62—63°C.

Die Versuchsergebnisse zeigen einen beträchtlichen Unterschied der Wärmeeinwirkung auf das tschechoslowakische Zeckenenzephalitisvirus, je nachdem sich dieses in der Milch oder in physiologischer Kochsalzlösung befindet.

Das Virus wird in physiologischer Kochsalzlösung bei 50°C nach 20 Minuten, in der Milch aber erst bei 70°C nach 20 Minuten inaktiviert (Tab. 23).

Bei einer 20 Minuten langen Einwirkung einer Temperatur von 62—63°C sank zwar der Virustiter beträchtlich sowohl in der Milch als auch in der physiologischen Kochsalzlösung, doch blieb die Infektiösität des Virus erhalten. Nach einer Pasteurisation bei 62—63°C für 30 Minuten gelang es uns nicht, aktives Virus nachzuweisen (Tab. 24).

Durch Kochen wird das Virus der tschechoslowakischen Zeckenenzephalitis sowohl in der Kochsalzlösung als auch in der Milch zuverlässig vernichtet, und zwar schon nach 2 Minuten.

M. Grešíková

Der Einfluß des p_H auf das Virus der tschechoslowakischen Zeckenenzephalitis

Die epidemiologische Praxis erfordert eine genaue Kenntnis der Resistenz der Zeckenenzephalitisviren gegenüber äußeren Bedingungen, besonders aber in der Milch und in Milchwaren. Dieses Erfordernis sowie die Literaturangaben über eine höhere Stabilität des Virus der japanischen B-Enzephalitis und des SLE-Virus bei mild alkalischem p_H veranlaßten uns, den Einfluß des p_H auf das Virus der tschechoslowakischen Zeckenenzephalitis zu untersuchen. Wir benutzten den Virusstamm „Hypr". Je einem ml der Virussuspension wurden 9 ml der Pufferlösung von gewünschtem p_H zugegeben. Das Virus-Pufferlösungsgemisch wurde 24 Stunden bzw. 7 Tage bei 4°C stehengelassen. Vor der Verimpfung wurde das p_H erneut justiert und 0,03 ml der Lösung weißen Mäusen intracerebral injiziert.

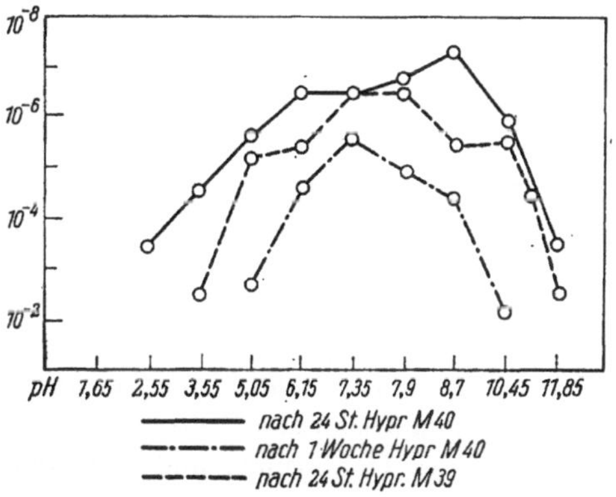

Abb. 32. Einfluß des pH auf das Virus der tschechoslowakischen Zeckenenzephalitis (Stamm „Hypr")

Bei Prüfung des p_H-Einflusses nach 24 Stunden konnten wir eine beträchtliche Resistenz des Virus gegenüber Veränderungen des p_H-Wertes feststellen. Die Infektiosität blieb in weiten Grenzen zwischen p_H 2,55 und p_H 11,85 erhalten. Eine völlige Inaktivierung wurde bei p_H 1,65 festgestellt. Den höchsten Titer behielt das Virus bei p_H 8—9. Auch bei einem p_H von 9,45 war es noch gut nachweisbar.

Wenn aber das Virus der verschiedenen p_H-Einwirkung 7 Tage lang ausgesetzt wurde, ergaben sich andere Resultate. Die Resistenzbreite für das p_H war nicht so groß. Der höchste Titer wurde bei p_H 7,35 festgestellt, und das Virus blieb bei einem p_H von 7,9—8,9 gut erhalten (Abb. 32).

Weiterhin wurden Versuche unternommen, die Virusaktivität in Sauermilch zu prüfen. Wir ließen die infizierte Kuhmilch sauer werden, wobei nach 48 Stunden ein p_H von 4,7 erreicht wurde, und stellten nach Zugabe von Penicillin und Streptomycin den Titer durch intraperitoneale Verimpfung an weißen Mäusen fest. Das Virus blieb in der Milch in einem beträchtlichen Titer erhalten (Tab. 25).

Tabelle 25. Titration des Virus der tschechoslowakischen Zeckenenzephalitis in saurer Milch

Virusstamm	p_H saurer Milch	Verdünnung des Virus	verendete Mäuse / verwendete Mäuse	LD_{50}
Virus der Zeckenenzephalitis, tschechoslowakischer Stamm Hypr M 36	4,7	10^{-3}	4/4	$10^{-5,7}$
		10^{-4}	4/4	
		10^{-5}	4/4	
		10^{-6}	1/3	
		10^{-7}	0/4	
		10^{-8}	0/4	

D. Málková

Experimentelle Infektion der Mäuseart „Micromys minutus" mit dem Virus der Zeckenenzephalitis

Die Bedeutung der verschiedenen wildlebenden kleinen Säugetiere für die Verbreitung von Virusinfektionen mit Naturherdcharakter ist wohlbekannt.

Bei uns konnte ein Kontakt der kleinen Säuger Apodemus flavicollis, Clethrionomys glareolus, Sorex araneus und Mus musculus mit den Viren der Zeckenenzephalitis, der LCM und der ostamerikanischen Pferdeenzephalomyelitis nachgewiesen werden. Die bisherigen Arbeiten hatten vor allem das Ziel, die Anwesenheit von Viren durch Isolationsversuche und serologische Untersuchungen zu beweisen.

Fragen der Empfänglichkeit bzw. der natürlichen Resistenz, der Zirkulation der Viren im Organismus sowie die Frage der Virusträger — alles epizootiologisch und epidemiologisch wichtige Fragen — sind bisher bei uns keinem gründlicheren Studium unterzogen worden.

In unserem Diskussionsbeitrag wollen wir auf das Problem der Empfänglichkeit und der Reaktion des Organismus und besonders seines empfänglichsten Gewebes, des zentralen Nervensystems, bei Micromys minutus eingehen, wie sie nach der Infektion dieser bei uns ziemlich verbreiteten Mäuseart durch das Virus der Zeckenenzephalitis in Erscheinung treten. Wir wollen einige vorläufige Ergebnisse anführen. Mäuse, denen eine einmalige kleine Dosis des Zeckenenzephalitisvirus subcutan verabreicht worden war, erlagen zum Unterschied von weißen Mäusen der Infektion nur selten. Zum größten Teil verlief bei ihnen die Infektion latent. Nur nach Gaben von etwa 100—1000 LD_{50} gingen vereinzelte Tiere zugrunde, wobei die Inkubationsfrist ziemlich verlängert war und mehr als 20 Tage betrug. Das Virus erschien im Blute der infizierten Micromys zwischen der 20ten und 70ten Stunde nach der Infektion, fehlte jedoch bei Mäusen, die weniger als eine LD_{50} erhalten hatten.

Die virologische und histologische Untersuchung der Mäusegehirne am 10. Tag nach der Infektion ergab ziemlich häufig positive Isolierungsversuche mit gleichzeitig negativem histologischem Befund, was darauf hinzuweisen scheint, daß das in der virämischen Phase ins zentrale Nervensystem gelangte Virus eine relativ lange Zeit braucht, um im eigentlichen Hirnparenchym Fuß zu fassen. Zu dieser Zeit befällt das Virus allem Anschein nach die Endothelien der Gehirnkapillaren und vermehrt sich in ihnen. Später, d. h. 31 Tage nach der Infektion, war der histologische Befund im Gehirn öfters positiv, der Isolierungsversuch hingegen gelang spärlicher. Die zu diesem Zeitpunkt erhobenen Befunde deuten auf eine bereits vollzogene Durchbrechung der Bluthirnschranke und auf eine Ansiedlung des Virus im eigentlichen Hirngewebe hin. Die histologischen Veränderungen hatten einen milden, für eine chronisch verlaufende Infektion sprechenden Charakter. Die histologischen Veränderungen auf die Einwirkung des Virus zurückzuführen, halten wir uns für berechtigt, da bei den Kontrolltieren und bei den Tieren, denen man weniger als eine LD_{50} verabreicht hatte, keine histologischen Veränderungen entdeckt werden konnten. Ebenso zeugt ein Anstieg der neutralisierenden Antikörper nach der Infektion dafür, daß die Mäuse eine Infektion mit dem Virus der Zeckenenzephalitis durchgemacht haben.

Aus den bisherigen Erfahrungen können wir schließen, daß die Mäuseart „Micromys minutus" gegen die Verabreichung des Zeckenenzephalitisvirus ziemlich resistent ist. Meist machen diese Tiere nur eine latente Infektion durch. Dabei vermehrt sich das Virus in ihrem Organismus, gelangt in den Blutkreislauf und dringt in das Gehirnparenchym ein, ohne dabei, was sehr wichtig ist, irgendwelche bemerkbaren Symptome oder gar den Tod hervorzurufen. Unseren Untersuchungen zufolge überlebt das Virus im Organismus von Micromys minutus mindestens 31 Tage nach der Infektion.

H. Libíková

Resorptive Virämie bei den transmissiven Virusenzephalitiden mit Rücksicht auf den Begriff des Wirts- und Reservoirtieres

Die Virämie ist vielleicht der wichtigste Faktor in der Epidemiologie und Pathogenese der transmissiven Enzephalitiden. Sie bedingt die Übertragung durch blutsaugende Vektoren und dient als Quelle des Virus bei seinem Eindringen ins Gehirn durch die Blut-Gehirn-

Tabelle 26. Nachweis der „Resorptiven Virämie" bei verschiedenen Tieren nach peripherer Inokulation des Virus der Zeckenenzephalitis und der EEE

Tierart	Virus	Stamm	Nachweis der Virämie nach
Macacus rhesus	Zecken-enzephalitis	Dm, Hypr	2 Stunden
Capreolus capr.		Dm, Hypr	50 Minuten
Lepus europaeus		Dm	40 Minuten
Vulpes vulpes		Dm	40 Minuten
Equus domesticus (2 Experimente: subcutan und intramuskulär)	EEE	Cg	1 Stunde
Sus domestica		Cg	15 Minuten
Capreolus capr.		Cg	40 Minuten

Tabelle 27. Resorptive Virämie bei Haus- und Wildtieren nach peripherer Infektion mit dem Virus der Zeckenenzephalitis

Tierart	Stamm	Modus der Inoculation	Tage nach der Infektion (1 5 10 15 20 25 30)	Antikörper
Macaccus rhesus	Dm	0,6 ml 10% Suspension (Mäusegehirn) i. nas.	● □□□□ ▲	–
Macaccus rhesus	Dm	10% Suspension (Mäusegehirn) s. cut. 5mal 0,2 ml	■■■■ □□ □□□□ □ □ □ □ □ □ ▲	35. Tag KBR NT (ipt) negat
Macaccus rhesus	Hy-pr	10% Suspension (Mäusegehirn) s. cut. 5mal 0,2 ml	■■■■ □□ □□ □ □ □ □ □ □ ▲	35. Tag KBR. ∅ NI (ipt) 1000
Sus domestica	Dm	10% Suspension (Mäusegehirn) s. cut. 5mal 0,1 ml	0 50 >100 500 □□□□□□□□□□□ ▲	Nummer bedeuten NI (ipt)
Sus domestica	Dm	10% Suspension (Mäusegehirn) s. cut. 5mal 0,1 ml	<10 10 100 1000 □□□□□□□□□□□ ▲	Nummer bedeuten NI (ipt)
Capreolus capreolus	Dm	10% Suspension (Mäusegehirn) s. cut. 5mal 0,2 ml	0 >1000 ■▨▨▨ □ □ □ □ □ ▲	38. Tag NI (i. cer.) 100 000
Capreolus capreolus	Hy-pr	10% Suspension (Mäusegehirn) s. cut. 5mal 0,2 ml	0 ■▨■▨▨ □ □ □ □ ▲	38. Tag NI (i.cer.) 1000
Lepus europaeus	Dm	10% Suspension (Mäusegehirn) s. cut. 5mal 0,2 ml	■■■ ▨□□ ▲	–
Vulpes vulpes	Dm	10% Suspension (Mäusegehirn) i. cer. 0,5 ml s. cut. 5 × 0,1 ml	0 0 ■▨▨□□ □ □ ▲	35. Tag NI (ipt) 1 000 000

schranke. Enzephalitische Viren dringen bei der natürlichen Infektion durch Arthropoden in den Makroorganismus peripher ein, und zwar subcutan. In älteren (Schubladse) und auch neueren (Verlinde u. a.) Publikationen wurde ein rasches Eindringen des Zeckenenzephalitisvirus aus der Peripherie ins Blut und Gehirn beschrieben. Wir haben die anfängliche Virämie nach der peripheren Applikation der Zeckenenzephalitis- und EEE-Viren näher studiert. Diese sogenannte „resorptive" Virämie haben wir sehr früh nach der peripheren Impfung des Virus festgestellt (Tab. 26).

Als Methode für den Nachweis des Virus im Blut haben wir die gleichzeitige intracerebrale und intraperitoneale Impfung infantiler Mäuse angewendet, wozu wir das heparinisierte Blut unmittelbar nach seiner Entnahme benutzten. Die periphere Applikation einer 10%igen Suspension hatte gewöhnlich eine so große Resorption des Virus in das Blut zur Folge, daß wir es regelmäßig mit der erwähnten Methodik nachweisen konnten. Für die Experimente haben wir solche Tiere gewählt, die auf Grund der Terrainforschungen als Wirts- oder Reservoirtiere interessant sind. Bei verschiedenen Tierarten und bei den beiden Viren haben wir jedoch Abweichungen beobachtet (Tab. 27 und 28).

Die intranasale Infektion des Affen mit beiden Viren hatte keine resorptive Virämie zur Folge, obwohl eine Enzephalitis entstand. Das Virus dringt ins Gehirn wahrscheinlich über den Nervus olfactorius ein.

Weiter seien folgende Beobachtungen erwähnt: Eine 4 Tage dauernde resorptive Virämie nach peripherer Impfung mit dem Zeckenenzephalitisvirus (Stamm „Dm") führte bei einem Macaccus rhesus nicht zur Ausbildung neutralisierender und komplementbindender Antikörper.

Tabelle 28. Resorptive Virämie bei Haus- und Wildtieren nach peripherer Infektion mit dem Stamm „Cg" des EEE-Virus aus der Tschechoslowakei

Tierart	Stamm	Modus der Inoculation	Tage nach der Infektion (1 5 10 15 20 25 30)	Antikörper
Macaccus rhesus	Cg	10% Suspension (Mäusegehirn) 0,6 ml i. nas.	● □□□□□ ▲	—
Equus domesticus	Cg	10% Suspension (Mäusegehirn) 2mal 1 ml i. musc.	0 >100 ● 100000! ■□▨□ □■ ▲	Nummer bedeuten NI (ipt)
Equus domesticus	Cg	10% Suspension (Mäusegehirn) 10mal 0,2 ml s. cut.	0 100 100000 ■□▨□ □ □ □ ▲	Nummer bedeuten NI (ipt)
Capra domestica	Cg	10% Suspension (Mäusegehirn) 5mal 0,1 ml s. cut.	0 10000 ca 10 ■▨□ ▨ □ ▲▲	Nummer bedeuten NI (i. cer.)
Ovis domestica	Cg	10% Suspension (Mäusegehirn) 5mal 0,1 ml s. cut.	0 ca 5000 1000 ■▨ □ □ ▲▲	Nummer bedeuten NI (i. cer.)
Sus domestica	Cg	10% Suspension (Mäusegehirn) 5mal 0,1 ml s. cut.	■□□ □ □ ▲	—
Capreolus capreolus	Cg	10% Suspension (Mäusegehirn) 5mal 0,2 ml s. cut.	<10 ca 100 100 ■ □□□ □ ▲	Nummer bedeuten NI (i. cer.)

■ Virämie wurde durch Impfung infantiler Mäuse festgestellt
▨ Virämie wurde nach dem Experiment an infantilen Mäusen suspekt (nur einige Mäuse verendeten)
□ Virämie wurde durch Impfung infantiler Mäuse nicht festgestellt
▲ Termin der Infektion
● Erkrankung des Tieres an Enzephalitis

Bei zwei Schweinen kam es nach der peripheren Applikation des Virus „Dm" zu keiner nachweisbaren resorptiven Virämie, jedoch wurden Antikörper gebildet.

Die resorptive Virämie nach Zeckenenzephalitisvirus-Infektion ohne jedes Krankheitssymptom und auch ohne Fieber dauerte bei den Waldtieren mehrere Tage. Bei dem EEE-Virus scheint sie ein wenig kürzer zu sein.

Aus diesen Befunden können für die epidemiologische Praxis hauptsächlich zwei Erscheinungen von Wichtigkeit sein:

1. Wie das Experiment bei dem Macaccus rhesus mit dem Zeckenenzephalitisvirus zeigt, kann die resorptive Virämie auch ohne Antikörperbildung eintreten, so daß die serologische Untersuchung nicht immer zur Entdeckung der möglichen Quelle des Virus führen muß.
2. Die Experimente an Schweinen haben wir darum unternommen, weil wir in der Ostslowakei bei Wildschweinen neutralisierende Antikörper gegen das Virus der Zeckenenzephalitis festgestellt haben. Aus dem Resultat der experimentellen Infektion können wir schließen, daß der Antikörpernachweis im Serum kein sicherer Beweis einer durchgemachten Virämie ist und daher nicht als Indikator für Resorvoirtiere dienen kann.

Die Experimente an Rehböcken, Fuchs und Hasen zeigten, daß bei diesen Tieren eine mehrere Tage dauernde resorptive Virämie besteht. Bei ihrer bekannten hohen Verzeckung können diese Tiere Quelle des Virus für Ektoparasiten sein, die dann als Vektoren dienen.

Jedoch stellten wir bei diesen subcutan infizierten freilebenden Tierarten nach der Inkubationszeit keine Virämie fest, die der sogenannten „ersten Phase" der Erkrankung, wie wir sie beim Menschen kennen, entsprechen würde. Es kam bei den Tieren zu keiner fieberhaften Reaktion und zu keiner Enzephalitis. Wir nehmen an, daß solch eine Reaktion der peripher infizierten Tiere möglich ist, sie kommt aber nur selten vor. Zu ihrem Nachweis müßten wir mit einer größeren Anzahl von Tieren arbeiten.

W. I. Iljenko

Experimentelle Ergebnisse über den Mechanismus der alimentären Infektion bei der zweiwelligen Virus-Meningoenzephalitis

Die zweiwellige Virus-Meningoenzephalitis (ZME), die in den Jahren 1948/52 auf Territorien verschiedener Waldgebiete der Sowjetunion erforscht wurde, stellt die häufigste Variante der Zeckenenzephalitis dar. Diese Form gehört zur sogenannten „Zeckenenzephalitis in Mitteleuropa", die in der Tschechoslowakei, in Polen, Ungarn, Jugoslawien und Österreich beschrieben wurde.

Die grundlegende epidemiologische Eigenart dieser Form ist die Ansteckungsmöglichkeit des Menschen, nicht nur durch den Biß von Ixodeszecken, sondern auch durch Genuß roher Ziegenmilch. Die dadurch entstehenden Erkrankungen weisen einen Familiengruppencharakter auf und treten in den verschiedenen Naturherden mit verschiedener Häufigkeit auf (zwischen 20% und 80% aller Fälle). Durch die Arbeiten von A. A. Smorodinzev, W. I. Iljenko und A. I. Drobyschewskaja wurde der regelmäßige Übertritt des Erregers in die Ziegenmilch bewiesen, und zwar sowohl unter natürlichen wie auch experimentellen Bedingungen.

Bei wiederholten Untersuchungen an ein und derselben Ziegenherde in einem Naturherd haben wir in der Epidemiesaison 15 Stämme der Virus-Meningoenzephalitis isoliert. Im Experiment wurde das Virus regelmäßig in der Milch bei Ziegen festgestellt, die subcutan oder nach

Ansetzen infizierter Zecken infiziert wurden. Der Erreger wird bei immunisierten Ziegen in der Milch nicht nachgewiesen, auch nicht nach Infektion mit großen Mengen des Erregers.

In epidemiologischen Untersuchungen konnte die Verbreitung der zweiwelligen Virus-Meningoenzephalitis durch Kuhmilch nicht bewiesen werden, da Familiengruppenerkrankungen nach Genuß von Kuhmilch nicht auftraten. Diese Angaben wurden auch durch unsere experimentellen Untersuchungen bestätigt, in denen wir die Möglichkeit des Übertrittes des Virus der ZME in die Kuhmilch nach subcutaner Infektion studierten.

Zwei Kühe erhielten 15 ccm einer 10%igen virushaltigen Mäusegehirnsuspension subcutan in die Halsgegend injiziert. Vor der Infektion und $1^1/_2$ Monate danach wurden Blutproben zum Neutralisationstest entnommen. 20 Tage lang wurden die Kühe täglich thermometriert, und jeden dritten Tag wurde die Milch auf das Vorhandensein von Virus untersucht.

Tabelle 29. Übertritt des Virus der ZME in die Milch verschiedener Tiere

Tiergruppe	Tierart	Anzahl der untersuchten Tiere	Virus isoliert	
			aus dem Blut	aus der Milch
Empfänglich	Ziege	5	4	5
	Meerschweinchen	12	8	11
	weiße Maus	106	106	106
Nicht empfänglich	Kuh	2	—	—
	Kaninchen	3	—	—
	Katze	2	—	—
	weiße Ratte	9	—	—

Temperaturerhöhungen und andere Krankheitssymptome wurden bei den Kühen nicht festgestellt. Auch gelang es nicht, das Virus aus der Milch zu isolieren. Im Blut wurde aber ein Antikörpertiteranstieg nachgewiesen. Somit war auch nach intensiver Infektion ein Übertritt des Erregers in die Kuhmilch nicht zu beobachten.

Zur Klärung der Frage, wodurch die festgestellten Unterschiede bei Ziegen und Kühen bedingt sind, haben wir die Übertrittsmöglichkeit des Virus der ZME in die Milch verschiedener Tiere nach subcutaner Infektion ergänzend untersucht. Hierbei wurde das ZME-Virus regelmäßig in der Milch empfänglicher Tiere (Ziege, Meerschweinchen, weiße Maus) nachgewiesen, während es in der Milch nicht empfänglicher Tiere (Kuh, Kaninchen, Katze, weiße Ratte) fehlte (Tab. 29). Die Einreihung in die Gruppe der empfänglichen oder nicht empfänglichen Tiere richtete sich nach ihrem Verhalten gegenüber der experimentellen intracerebralen Infektion mit dem Virus der zweiwelligen Meningoenzephalitis. Auf diese Weise wurden alle angegebenen Tierarten mit Ausnahme der Kühe untersucht. Wenn nach der i. c. Infektion Erkrankung eintrat oder wenn eine Vermehrung des Virus im Hirn nachgewiesen werden konnte, wurden die Tiere als empfänglich beurteilt.

Auf Grund dieser Versuche wählten wir zum Experimentmodell das Meerschweinchen und die weiße Maus. Am Meerschweinchen wurden alle Versuche wiederholt, die schon bei Ziegen durchgeführt waren. Es erwies sich, daß das ZME-Virus, ebenso wie bei den Ziegen regelmäßig in die Milch der Meerschweinchen (die subcutan oder durch Ansetzen infizierter Zecken infiziert wurden) übertritt. Antikörper im Blute der Meerschweinchen verhindern den Übertritt des Virus in die Milch (Tab. 30). Wahrscheinlich kommt der Übertritt des Virus in die Milch empfänglicher Tiere nicht nur bei dem Erreger der ZME vor.

Tabelle 30. Übertritt des Virus der ZME in die Milch von Meerschweinchen

Tiere	Art der Infektion	Meerschweinchen Nr.	Untersuchtes Material	Tage p. i. 1	3	5	7	10	13	17
Normale	Zeckenbiß	1	Blut	−	−	+	+	+	−	−
			Milch	−	+	+	+	+	−	−
		2	Blut	−	−	+	+	+	+	
			Milch	−	+	+	+	+	+	
		3	Blut	−	+	+	+	+	−	−
			Milch	−	+	+	+	+	+	−
Normale	Subcutane Inoculation	4	Blut	+	−	−	−	−	−	−
			Milch	−	+	+	+	+		
		5	Blut	−	−	−	Exitus			
			Milch	−	+	+				
		6	Blut	−	−	−	−	−	−	
			Milch	−	+	+	+	+		
		7	Blut	+	−	−	−	Exitus		
			Milch	−	+	+	+			
Immunisierte	Subcutane Inoculation	8	Blut	−	−	−	−	−	−	−
			Milch	−	−	−	−	−	−	−
		9	Blut	−	−	−	−	−	−	−
			Milch	−	−	−	−	−	−	−

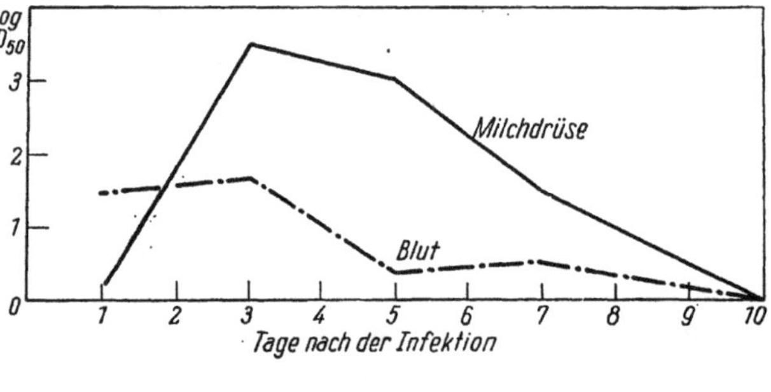

Abb. 33
Vermehrung des Virus der ZME in Blut und Milchdrüse weißer Mäuse

Wir untersuchten die Milch von Meerschweinchen, die subcutan mit massiven Virusdosen der Fernost-Zeckenenzephalitis, der Japanischen Enzephalitis, der lymphocytären Choriomeningitis und der spontanen Enzephalitis weißer Mäuse infiziert wurden. In diesen Versuchen wurden alle angeführten Viren in der Milch der Meerschweinchen festgestellt.

Das Phänomen des Übertrittes in die Milch bei verschiedenen Viren wird quantitativ genau zu erforschen sein. Es ist möglich, daß das ZME-Virus in dieser Hinsicht nicht nur am aktivsten ist und am häufigsten in die Milch übertritt, sondern sich auch in den Milchdrüsen selbst vermehrt. Diese Frage erfordert jedoch weitere Untersuchungen.

Der Mechanismus der Ausscheidung des ZME-Virus durch die Milch ist nicht auf einfache Filtration des im Blut zirkulierenden Erregers zurückzuführen, da die Konzentration des Virus in der Milch meist höher ist als im Blut. Abb. 33 zeigt die Ergebnisse der Virustitration aus Blut und Milch weißer Mäuse. Zu analogen Resultaten führten auch die Versuche mit Ziegen.

Zur Klärung der Ausscheidung des ZME-Virus mit der Milch studierten wir die Verteilung des Virus im Organismus von Tieren mit verschiedenartiger Empfänglichkeit.

Die Methodik der Versuche war dabei folgende: Den Tieren wurde subcutan eine 10%ige Suspension des ZME-Virus verabreicht. In verschiedenen Zeitabständen wurde unter Äthernarkose Herzblut entnommen und anschließend der Organismus mit physiologischer Kochsalzlösung durchspült. Die vom Blut befreiten Organe wurden auf Virusgehalt untersucht.

Es wurde festgestellt, daß es bei hochempfänglichen Tieren, wie z. B. bei weißen Mäusen, nach subcutaner Infektion zur Virusvermehrung nicht nur in den Geweben des Zentralnervensystems, sondern auch in einigen anderen Organen, in erster Linie aber in der Milz und in der Milchdrüse, kommt (Abb. 34). Durch Immunisation der Mäuse wird die Virusvermehrung verhindert.

Bei weniger empfänglichen Tieren, wie z. B. Meerschweinchen, kommt es zur leichten (mit Fieberanstieg) oder symptomlosen Form der Infektion. Bei diesen Tieren treten dieselben Gesetzmäßigkeiten der Virusvermehrung wie in der ersten Gruppe auf, jedoch ist die Ausscheidungsdauer des Virus hier länger (Abb. 35).

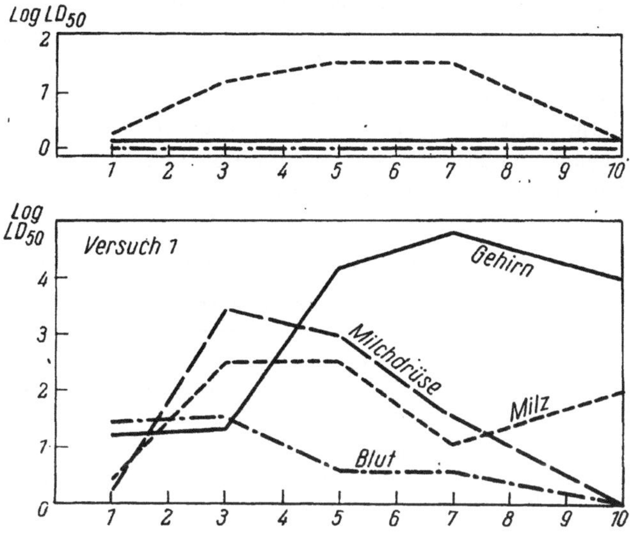

Abb. 34
Vermehrung des Virus der ZME im Organismus weißer Mäuse nach subcutaner Infektion

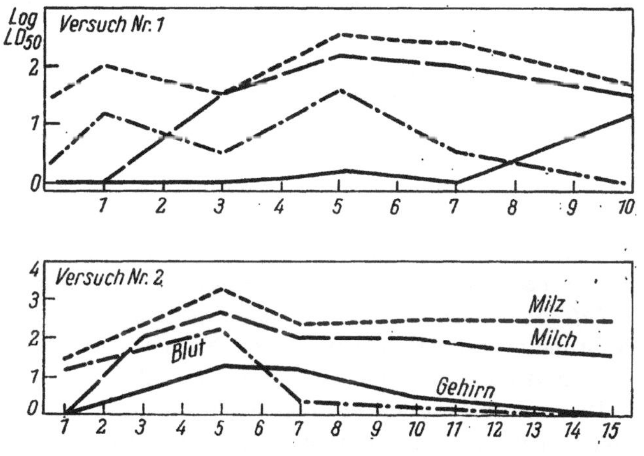

Abb. 35
Vermehrung des Virus der ZME im Organismus von Meerschweinchen nach subcutaner Infektion

Im Organismus nichtempfänglicher Tiere, wie z. B. weißer Ratten, kommt es zu keiner Virusvermehrung. Das Virus konnte in keinem der untersuchten Organe (Gehirn, Milz, Milchdrüse, Leber, Blut) nachgewiesen werden.

Bei ausgesprochener Vermehrung des ZME-Virus in den Mäusemilchdrüsen nahmen wir morphologische Veränderungen in den Geweben dieses Organs an. Zu diesem Zweck hat O. A. Swjatuchina histologische Untersuchungen der Milchdrüsen von 18 weißen Mäusen, die subcutan mit dem ZME-Virus (Stamm „Absetarov") infiziert waren, durchgeführt. Die Tiere wurden am 3., 5., 7. und 10. Tag nach der Infektion getötet und von jedem untersuchten Tier Teilchen der Milchdrüsen auf das Vorhandensein von Virus geprüft. Zur Kontrolle hat man Milchdrüsen von 27 nichtinfizierten graviden und säugenden Mäusen untersucht und das Material nach der Methode von CAJAL-FAVORSKY, MARKI und MANNA verarbeitet und mit Hämatoxylin-Eosin gefärbt. Die mikroskopischen Untersuchungen ließen aber keine grundsätzlichen pathologischen Veränderungen im Stroma der Milchdrüsen und in deren Nervenelementen erkennen. Der mitunter auftretende Zerfall von Nervenfasern wurde ebenso wie unbedeutende Anhäufungen von Leukocyten in den Alveolen der Milchdrüse auch bei den Kontrolltieren festgestellt. Es erscheint notwendig, andere Methoden, speziell aber die der Gewebekultur anzuwenden, um die Vermehrungsfähigkeit des ZME-Virus in den Epithelzellen der Milchdrüsen sicherzustellen.

Im zweiten Teil unserer Arbeit studierten wir die Verbreitung des ZME-Virus im Organismus von Tieren, die man auf alimentärem Wege infiziert hatte. Es wurde bewiesen, daß beim Füttern der empfänglichen Tiere mit infizierter Milch eine experimentelle Enzephalitis entsteht.

Tabelle 31. Erkrankung verschiedener Tiere nach Aufnahme infizierter Milch

I. Aufnahme von Milch infizierter Mütter (natürliche Ernährung)

Tierart	Anzahl der Versuchstiere	Davon	
		erkrankten	überstanden
Mäuse	120	7	113
Meerschweinchen	9	0	9

II. Aufnahme von künstlich infizierter Milch (künstliche Ernährung)

Tierart	Anzahl der Versuchstiere	Davon	
		erkrankten	überstanden
Mäuse	93	39	54
Meerschweinchen	3	1	2
Zicklein	7	5	2

Infektion durch natürliche Ernährung: Weiße Mäuse und Meerschweinchen wurden am ersten Tag nach dem Wurf subcutan mit dem Virus infiziert. Den Mäusen wurden 0,25 ccm, den Meerschweinchen 2 ccm einer 10%igen Virussuspension injiziert. Die an den infizierten Müttern säugenden Mäuse und Meerschweinchen wurden untersucht.

Infektion durch künstliche Ernährung: Am Vortage des Versuches wurden die Tiere ohne Nahrungseinnahme einzeln isoliert. Nach 18—20 Stunden Hungerzeit wurden den Mäusen 0,5 ccm der 10%igen Virussuspension in Milch verabreicht.

Die Zicklein wurden vor der Infektion unter natürlichen Bedingungen gehalten. Sie erhielten dann einmalig mittels einer Saugflasche 100 ccm Milch mit Virussuspension (Hirnsuspension) in der Konzentration von 1:100.

Die Mäuse erkrankten sowohl bei natürlicher Ernährung (Milch infizierter Mütter) als auch bei Einnahme künstlich infizierter Milch (Tab. 31).

Es ist interessant, daß bei einigen Zicklein die Erkrankung einen zweiphasigen Temperaturanstieg aufwies und das klinische Bild an die ZME des Menschen erinnerte.

Die histologische Untersuchung des Nervensystems von alimentär infizierten Mäusen ergab deutliche degenerative Veränderungen im Tractus olfactorius, was wahrscheinlich auf das Eindringen des Virus bei dieser Infektionsweise auf dem Wege der Fasern des Tractus olfactorius hinweist (O. A. SWJATUCHINA).

Doch die Eintrittspforten bei alimentärer Infektion sind nicht nur die Nervenendigungen der nasopharyngealen Schleimhaut. Das Virus kann in den Tierorganismus auch durch die Schleimhaut oder durch die Nervenendigungen des Magen- und Darmkanals eindringen, da bei Infektion der Mäuse mit Hilfe von Magensonde oder per rectum regelmäßig Erkrankungen beobachtet werden. Um die Infektion der Nasenschleimhaut und somit auch das Eindringen des Virus in das Gehirn über die Nervenfasern des Tractus olfactorius beim Einführen der Magensonden auszuschließen, wurden die Tiere unmittelbar in den Magen mit Hilfe eines Nadelstiches infiziert. Die Mehrzahl der Mäuse erkrankte (Tab. 32).

Titrationsversuche bewiesen, daß sogar kleine Mengen des in den Magen eingeführten Virus eine Erkrankung hervorrufen können (Tab. 33).

Das in den Magen eingeführte ZME-Virus dringt sehr rasch in den Organismus der Maus ein und kann nach 6 Stunden im Blut nachgewiesen werden (Tab. 34). Dies spricht für das Eindringen des Virus via gastrointestinale Schleimhaut, da die Verbreitung auf dem Nervenwege eine viel längere Zeitspanne beanspruchen würde.

Tabelle 32. Erkrankung von Mäusen nach gastro-intestinaler Applikation des Virus der ZME

Infektionsmodus	Anzahl der Versuchstiere	Davon erkrankten	In Prozenten
Mittels Magensonde	75	32	42
Direkt in den Magen (operativ)	35	28	80
Per rectum	45	25	55

Tabelle 33. Titration des Virus der ZME durch Infektion von Mäusen mittels Magensonde

Verdünnung der Virussuspension					
10^{-1}	10^{-2}	10^{-3}	10^{-4}	10^{-5}	10^{-6}
4/5	3/5	4/5	3/5	2/5	1/4

Zähler = Anzahl der erkrankten Mäuse
Nenner = Anzahl der verwendeten Mäuse

Tabelle 34. Verteilung des in den Magen eingeführten Virus der ZME im Organismus der weißen Maus (Infektionsdosis: 100 LD_{50})

Untersuchte Organe	Untersuchung nach				
	6 Stunden	1 Tag	3 Tagen	5 Tagen	7 Tagen
Blut	+	+	+	+	—
Milz	—	—	+	+	+
Leber	—	—	+	+	+
Nieren	+	—	+	+	—
Magen	+	—	—	—	—
Mundschleimhaut	+	—	+	+	—
Darm	—	—	+	+	—
Gehirn	—	—	+	+	+

+ = positiver Virusbefund — = kein Virus nachgewiesen

Die Eintrittsmöglichkeit des Virus in den Organismus durch die Schleimhaut des gastrointestinalen Traktes wurde durch quantitative Titration des Virus in verschiedenen Organen bewiesen. Bei der Infektion mit großen Virusdosen wird das Virus binnen kurzer Zeit und in ziemlich hoher Konzentration im Blut, in der Milz und in anderen Organen nachgewiesen. In Tab. 35 sind die Ergebnisse eines dieser Versuche wiedergegeben. Diese Angaben sind aber nur vorläufige Ergebnisse, und weitere detaillierte Studien mit verschiedenen Virusdosen an mehreren Tieren sind notwendig.

Tabelle 35. Titration verschiedener Organe von weißen Mäusen, die mittels Magensonde mit dem Virus der ZME infiziert wurden (Infektionsdosis: 100000 LD_{50})

Untersuchte Organe	Zeitabstand nach der Infektion				
	6 Stunden	1 Tag	3 Tage	5 Tage	7 Tage
Blut	2,24*	3,0	1,74	0,69	2,74
Milz	2,5	3,0	2,0	2,74	2,0
Leber	1,5	2,24	1,24	0	1,5
Niere	2,5	2,16	2,24	0	0,69
Magen	1,24	0	0	0	0
Darm	1,74	0	2,0	3,74	1,24
Hirn	0	0	0	4,4	3,24

* = $-\log LD_{50}$ 0 = In der Grundverdünnung von 1:10 kein Virus nachweisbar

Resultate

1. Der regelmäßige Übertritt des ZME-Virus in die Ziegenmilch sowohl unter natürlichen als auch unter experimentellen Bedingungen erfordert weiteres Studium dieses Phänomens.
2. Weiße Mäuse und Meerschweinchen sind für das Studium des Übertrittsmechanismus des ZME-Virus in die Milch und der Verbreitung des Virus im Organismus geeignete Versuchstiere.
3. Die Untersuchungen an verschiedenen Tierarten beweisen, daß das subcutan eingeführte ZME-Virus leicht in die Milch der für diesen Erreger empfänglichen Tiere übertritt, während es bei nicht empfänglichen Tieren in der Milch nicht nachgewiesen werden kann.
4. Bei Infektion empfänglicher Tiere kommt es zu einer spezifischen Anhäufung des ZME-Virus in den Geweben der Milchdrüsen und in der Milz.

LITERATUR

[1] ILJENKO, W. I.: Bedingungen und Mechanismus des Virusübertritts der zweiwelligen Meningoenzephalitis in die Milch der Ziegen und anderer Tiere. Konferenz über die Ergebnisse der Forschungsarbeiten des Jahres 1954. J. epidemiol. mikrobiol. (russ.). Akad. Med. Wiss. UdSSR. Referat-Thesen (russ.).

[2] ILJENKO, W. I., DROBYSCHEWSKAJA, A. I., FEDORTSCHUK, L. W.: Infektionswege des Virus der zweiwelligen Meningoenzephalitis beim Menschen. Thesen der Konferenz über die Ergebnisse der Forschungsarbeiten des Jahres 1953. J. epidemiol. mikrobiol. (russ.). Akad. Med. Wiss. UdSSR (russ.).

[3] KIRKOWSKA, J., KAMIENIECKA, Z., SZAJNA, A.: Zeckenenzephalitis. Neurol. neurochirurg. psychiatr. polska. 4, 281—291 (1954).

[4] KMET, J., VESENJAK-ZMIJANAC und BEDJANIĆ, M.: Virusmeningoenzephalitis in Slowenien. 1. Epidemiological observation. Bull. organ. mond. santé. Bull. World. Health. Organizat. 12, 491—501 (1955).

[5] KOLMAN, J. M., HAVLÍK, O.: Erforschung der Überträger- und Reservoirtiere im Naturherd der Enzephalitis. Čsl. hyg., epidem., mikrobiol., immunol. 3, 74—78 (1954).

[6] LIBÍKOVÁ, H., STRAUSS, J., SLONIM, D., KOLMAN, J. M.: Aufgaben der Virologen bei der Kontrolle und Diagnostik der Herdenzephalitiden. SZN, Praha 1954.
[7] HLOUČAL, L., RAMPAS, J.: Die tschechoslowakische Zeckenenzephalitis. SZN, Praha 1954.
[8] RAŠKA, K., BÁRDOŠ, V.: Epidemiologie der Enzephalitis bei Rožňava. In: Die Enzephalitisepidemie im Naturherd von Rožňava. Unter d. Red. von D. BLAŠKOVIČ. SAV, Bratislava 1954.
[9] RAŠKA, K., BÁRDOŠ, V.: Epidemiologie der Enzephalitis bei Rožňava. Die tschechoslowakische Zeckenenzephalitis. SZN, Praha 1954.
[10] ROSICKÝ, B., HAVLÍK, O.: Naturherd der tschechoslowakischen Zeckenenzephalitis. Die tschechoslowakische Zeckenenzephalitis. SZN, Praha 1954.
[11] SMORODINZEV, A. A., DROBYSCHEWSKAJA, A. I., ILJENKO, W. I., ALEKSEJEW, D. P., GULAMOWA, W. P., FEDORTSCHUK, L. W.: Ätiologie und Epidemiologie einer neuen Neurovirusinfektion — der zweiwelligen Virusmeningoenzephalitis. In: Neurovirusinfektionen. Medgis 1954, S. 3—7 (russ.).
[12] SMORODINZEV, A. A., ALEKSEJEW, B. P., GULAMOWA, W. P., DROBYSCHEWSKAJA, A. I., ILJENKO, W. I., KLENOW, K. N., TSCHURILOWA, A. A.: Epidemiologische Eigenarten der zweiwelligen Virusmeningoenzephalitis. J. epidemiol. mikrobiol. (russ.). 5, 54—60 (1953) (russ.).
[13] SMORODINZEV, A. A., DROBYSCHEWSKAJA, A. I., GULAMOWA, W. P., ILJENKO, W. I., FEDORTSCHUK, L. W.: Ätiologie einer Neurovirusinfektion — der zweiwelligen Virusmeningoenzephalitis. J. epidemiol. mikrobiol. (russ.). 5, 47—54 (1953) (russ.).
[14] SMORODINZEV, A. A., ILJENKO, W. I., POKROWSKAJA, O. A., MASLENNIKOWA, L. K.: Neue Angaben zur Ätiologie und Epidemiologie der zweiwelligen Meningoenzephalitis. Konferenz über die Ergebnisse der Forschungsarbeiten des Jahres 1954. F. Akad. Med. Wiss. Referat-Thesen (russ.).
[15] SMORODINZEV, A. A., DROBYSCHEWSKAJA, A. I., ILJENKO, W. I.: „Ätiologie und Immunologie der zweiwelligen Meningoenzephalitis". Nov. med. 35, 44—51 (1953) (russ.).
[16] VAN TONGEREN: Russische Zeckenenzephalitis als Zoonose. Zschr. diergeneesk. Utrecht. 80, 433—439 (1955).
[17] STILBANS, I. I.: Ist die Infektion bei Menschen von Zeckenenzephalitis unter Naturbedingungen ohne Zeckenbiß möglich? Neuropath. psichiatr. 52, 2, 33—38 (1952) (russ.).

F. FORNOSI

Virämie bei der Zeckenenzephalitis

Unter Bezugnahme auf die Ausführungen von Frau Dr. LIBÍKOVÁ über die Virämie möchte ich über folgende eigene Versuchsergebnisse berichten:

Wir beimpften weiße Mäuse von 14—16 g Körpergewicht subcutan mit einer Verdünnung 1:10 bzw. 1:100000 des Stammes „KEm_1" des Zeckenenzephalitisvirus. Den so infizierten

Tabelle 36. Nachweis des Virus der Zeckenenzephalitis (Stamm „KEm_1") aus dem Blut subcutan infizierter Mäuse (Infektionsdosis: 0,05 ml einer 1:10-Verd.)

Infizierte Mäuse	Der Erfolg des Virusnachweises am									
	1.	2.	3.	4.	5.	6.	7.	8.	9.	10.
	Tage nach der Impfung									
8 +	3/3		3/3		3/3		2/3			
4 +	2/3		0/2							
7kr 8 +	2/3		1/3		0/4		1/3			
7kr 8 +	2/3		3/3		0/3		0/3			
7kr 8 +	3/3		0/3		0/3		0/3			
7kr 9 +		2/3		3/3		1/3		0/3		
4 +		2/3		2/3						
4kr 6 +		2/3		3/3		2/3				
2 +										
7 +		2/3		2/3		2/3				

Mäusen wurde jeden 2. Tag Blut entnommen, das im Verhältnis 1:1 mit destilliertem Wasser verdünnt und im hämolysierten Zustand sofort in 4wöchige weiße Mäuse intracerebral injiziert wurde. Die Ergebnisse sind in den Tabellen 36 und 37 wiedergegeben.

Tabelle 37. Nachweis des Virus der Zeckenenzephalitis (Stamm „KEm$_1$“) aus dem Blut subcutan infizierter Mäuse (Infektionsdosis: 0,05 ml einer 1:100000-Verd.)

Infizierte Mäuse	Der Erfolg des Virusnachweis am											
	1.	2.	3.	4.	5.	6.	7.	8.	9.	10.	11.	12.
	Tage nach der Impfung											
G 14 +	0/3		1/3		3/3		1/3	0/3				
7 +	0/2		2/3		1/3		0/2					
11kr 12 +	0/3		0/3		2/2		2/3	0/3			1/3	2/3
1 +	1/3											
4 +	3/3		2/3									
G 14		0/3		0/3		3/3		0/3				
6 +		0/3		1/3								
6kr 8 +		2/3		3/3		1/3						
2 +												
8 +		1/3		1/3		3/3						

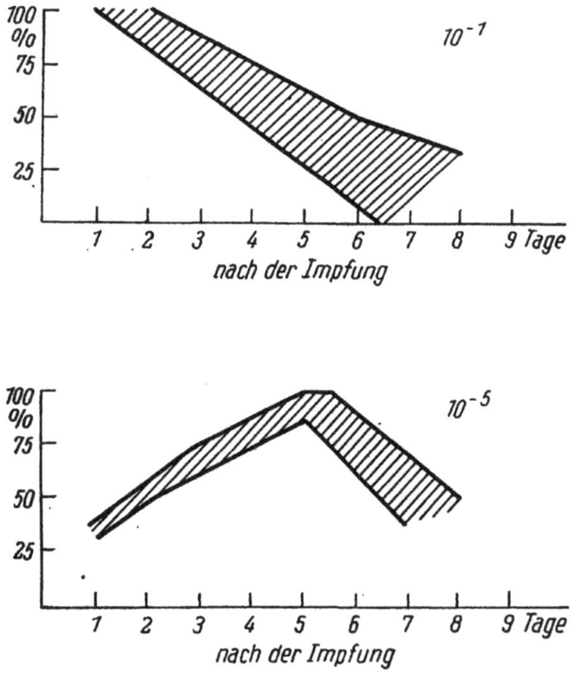

Abb. 36. Die Wahrscheinlichkeit des Virusgehaltes des Blutes

Die erste Tabelle veranschaulicht das Resultat des Virusnachweises aus dem Blut der mit der 1:10 verdünnten Virussuspension infizierten Mäuse. Aus der Tabelle ist ersichtlich, daß in den ersten 2 Tagen das Virus aus dem Blute sämtlicher Mäuse nachgewiesen werden konnte, während vom 3. Tage an die Zahl der virämischen Mäuse abnahm.

Bei den mit einer 1:100000 verdünnten Virussuspension infizierten Mäusen (Tab. 37) ist dagegen die Zahl der virämischen Tiere am 1. Tag gering, in den nächsten Tagen läßt sich das Virus aus dem Blut von immer mehr Mäusen nachweisen, während vom 4.—5. Tag an die Zahl der virämischen Mäuse von Tag zu Tag abnimmt. Noch anschaulicher läßt sich das Ergebnis in einem Diagramm darstellen (Abb. 36).

Bei den mit einer großen Virusdosis infizierten Mäusen ist die Abnahme der Virämie nahezu linear, gegen das Ende der Inkubationszeit zeigt die Kurve eine Verflachungstendenz. Die Virämie der mit einer schwachen Virusdosis infizierten Tiere kommt durch eine parabolische Kurve zum Ausdruck. Der aufsteigende Schenkel der Parabel gestattet den

Schluß, daß das aus dem Blut nachweisbare Virus nicht nur aus den in den Organismus eingeführten und dort noch nicht gebundenen, sondern auch aus sich dort bereits vermehrenden Viren besteht. Bei Infektion mit einer großen Virusdosis fehlt der aufsteigende Schenkel.

Es hat den Anschein, als ob die in den Kreislauf gelangende Menge freier Viren zuerst eine gewisse Konzentration erreichen muß, um sich an die entsprechenden nervalen Rezeptoren zu binden. Ich bin der Ansicht, daß zusammen mit der Klärung der sich im Nervensystem abspielenden Vorgänge auch die Untersuchung der Virämie dazu beitragen wird, weitere Kenntnisse über die Pathogenese der Infektion zu erlangen. Untersuchungen in dieser Richtung, die wir zusammen mit Akademiemitglied Környey durchführen, stehen vor dem Abschluß.

M. Grešíková

Die Übertragung des Virus der tschechoslowakischen Zeckenenzephalitis durch die Ziegenmilch

Der Versuch wurde an 5 Ziegen durchgeführt, die vor der Infektion klinisch und serologisch auf Neuroviren, Leptospiren und Rickettsienerkrankungen mit negativem Ergebnis untersucht worden waren. Den Ziegen wurde subcutan 0,04 ml einer 10%igen Suspension des Virus der tschechoslowakischen Zeckenenzephalitis (Stamm „Hypr“) je Kilogramm Körpergewicht verabreicht. Die so infizierten Ziegen zeigten mit einer Ausnahme, wo das Tier eingegangen war, keine klinischen Krankheitserscheinungen außer einer mäßigen Temperaturerhöhung.

Das Virus konnte aus dem Blut von der 6. Stunde an bis zum 5. Tag nach der Impfung isoliert werden. Es gelang, aus der Milch das Virus von der 48. Stunde bis zum 7. Tag nach der Impfung zu isolieren (Tab. 38).

Tabelle 38. Isolierung des Virus der tschechoslowakischen Zeckenenzephalitis aus Blut, Milch, Harn und Faeces von Ziegen

Ziege Nr.	Material	6 Std.	24 Std.	48 Std.	3. Tag	4. Tag	5. Tag	6. Tag	7. Tag	8. Tag
180	Blut	●	●	●	●	●	●	—	—	—
	Milch	—	—	●	●	●	●	●	—	—
	Harn	—	—	—	—	—	—	—	—	—
	Stuhl	—	—	—	—	—	—	—	—	—
876	Blut	●	●	●	●	—	—	—	—	—
	Milch	—	—	—	●	●	●	●	—	—
875	Blut	—	●	●	●	●	—	—	—	—
	Milch	—	—	●	●	●	●	●	●	—
184	Blut	—	●	●	●	●	—	—	—	—
	Milch	—	—	—	—	—	●	●	●	—
873 (10^{-3})	Blut	●	●	●	—	—	—	—	—	—
	Milch	—	—	—	—	—	—	—	—	—

● Mäuse verendeten nach der Infektion
— Mäuse überlebten die Infektion

Der Darstellung ist zu entnehmen, daß es einen gewissen Zeitunterschied zwischen der Anwesenheit des Virus im Blut und in der Milch gibt. Die größte Konzentration erreicht das Virus im Blut 24 Stunden nach der Infektion, dann sinkt die Viruskonzentration im Blut proportional zur Zeit ab (Abb. 37). Indessen steigt die Viruskonzentration in der Milch stufenweise von der 48. Stunde bis zum 4. Tage an und erreicht damit ihren Höhepunkt. Am 5. und 6. Tag sinkt die Konzentration des Virus in der Milch ab und erreicht am 7. Tage ihr Minimum. Aus dem Gesagten geht hervor, daß es sich keinesfalls um eine bloße Exkretion des Virus aus dem Blut in die Milch handelt (es erreicht in der Milch eine höhere Konzentration als im Blute), sondern daß ein biologischer Prozeß vorliegt. Isolationsversuche aus Harn und Stuhl waren negativ.

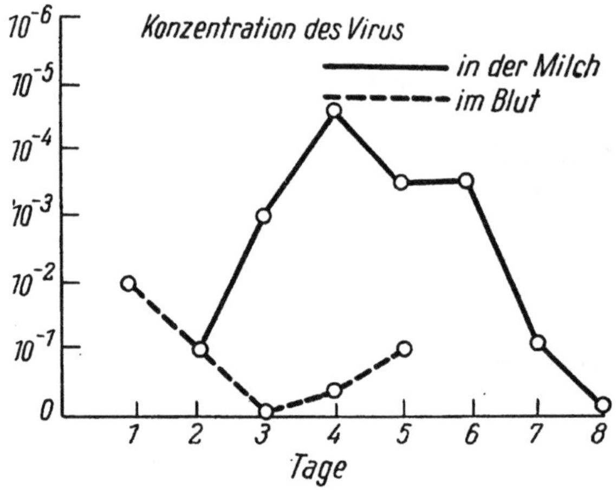

Abb. 37. Virusgehalt in Milch und Blut bei experimentell mit dem Virus der Zeckenenzephalitis (Stamm „Hypr") infizierten Ziegen

Unsere Versuchsergebnisse, die sich im Einklang mit den ausländischen Angaben und epidemiologischen Erkenntnissen befinden, bestätigen die Möglichkeit einer Übertragung der Zeckenenzephalitisinfektion durch rohe Ziegenmilch. Wir nehmen weiter an, daß die Ziegen eine längere Zeit als Virusreservoir wirken können, wobei sie der Infektion in der Regel widerstehen und ihr nur unter besonderen Umständen (Schwächung des Organismus, interkurrente Infektion) erliegen.

P. Antolík

Dynamik der Veränderungen des Eiweißspektrums in Seren von Mäusen, die für das Zeckenenzephalitisvirus sensibel und resistent sind

Mit Hilfe der Papierelektrophorese haben wir die Dynamik der Veränderungen im Eiweißspektrum von Mäuseseren verfolgt. Die Tiere waren zwischen 5 und 60 Tage alt. Diese Veränderungen haben wir bei Mäusen aus zwei Zuchtfarmen verfolgt, die sich in ihrer Empfänglichkeit für die Zeckenenzephalitisviren unterscheiden.

Wir konnten feststellen, daß es im Verlauf der Aufzucht im Mäuseserum zu bedeutsamen Veränderungen sowohl im Gesamteiweißgehalt als auch im Verhältnis der einzelnen Fraktionen zueinander kommt.

Der Verlauf der Veränderungen hatte in Mäuseseren beider Zuchten ähnlichen Charakter.

Wir setzten die bisher festgestellten quantitativen Unterschiede nicht mit der verschiedenen Empfänglichkeit dieser zwei Mäusezuchten in Beziehung. Wir meinen aber, daß unsere Resultate uns bei weiteren Versuchen helfen können (Abb. 38 bis 40).

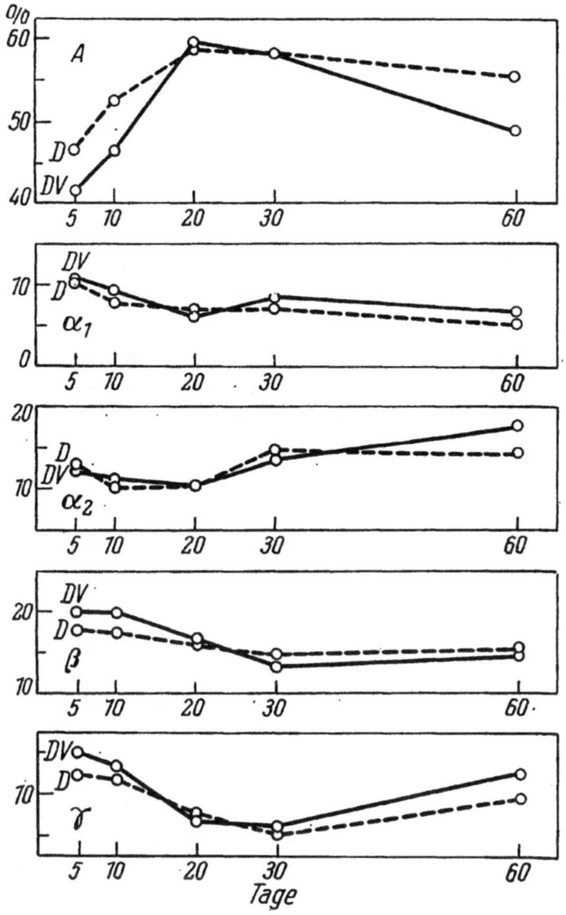

Abb. 38. Prozentsatz der einzelnen Eiweißfraktionen in Mäuseseren aus den Zuchten „Dečin“ und „Dobra Voda“

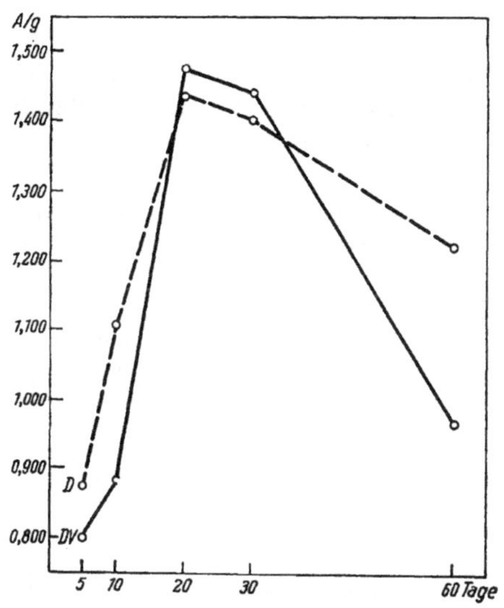

Abb. 40. Verhältnis der Albumine zu den Globulinen in Mäuseseren aus den Zuchten „Dečin“ und „Dobra Voda“

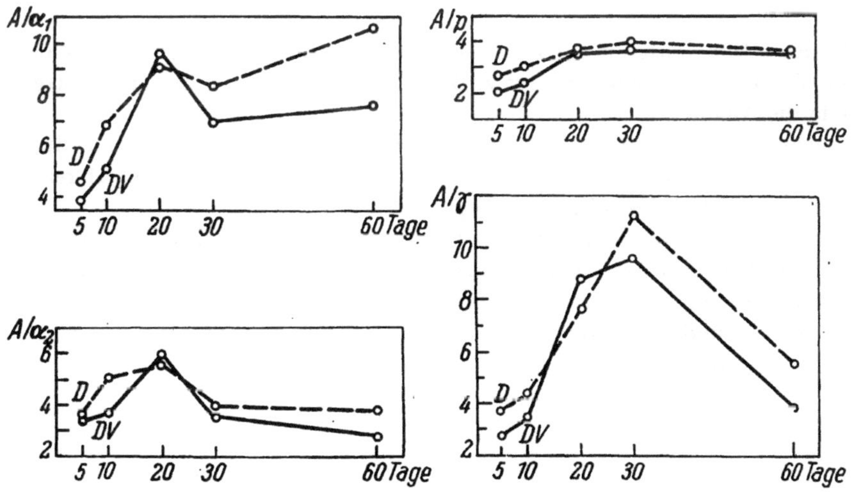

Abb. 39. Vergleich der Globulinfraktionen zum Albumin in Mäuseseren aus den Zuchten „Dečin“ und „Dobra Voda“

L. Pospíšil

Interferenzeigenschaften des tschechoslowakischen Zeckenenzephalitisvirus und der Viren der Gruppe „Parotitis epidemica-Influenza-NDV"

Der Stamm „Hypr" des tschechoslowakischen Zeckenenzephalitisvirus, der im Jahre 1953 von uns isoliert wurde, zeigt an Hühnerembryonen Interferenzeigenschaften gegen die Viren der Gruppe „Grippe-Parotis epidemica-Newcastle Disease". Es wurden die Stämme „PR 8 und Lee" des Influenzavirus, das Parotitisvirus von Henle und Newcastle-Disease-Viren (Stamm „USA 111" und „Orlovice") benutzt.

Die erste Inoculation wurde mit dem Stamm „Hypr" in die Allantois von 7tägigen Hühnerembryonen durchgeführt. Nach 48stündiger Inkubation wurden die interferierten Stämme ebenfalls in die Allantois injiziert. Nach einer weiteren Inkubation von 48 Stunden wurde der Virusgehalt in der Allantoisflüssigkeit bzw. die Anzahl der abgestorbenen Embryonen festgestellt (Tab. 39).

Tabelle 39. Interferenz zwischen dem Virus der tschechoslowakischen Zeckenenzephalitis (Stamm „Hypr") und den Viren der Gruppe „Parotitis epidemica (Stamm „Henle") -Influenza (Stamm „PR 8" und „Lee")-Newcastle-Disease (Stamm „USA 111")"

	Anzahl der Embryonen	HT 1:							
		0	32	64	128	256	512	1024	2048
Kontrollgruppe	10	0	0	2	4	3	1	0	0
Hypr+Henle	12	4	5	0	2	1	0	0	0
Kontrollgruppe	10	0	0	0	0	0	0	0	10
Hypr+PR 8	10	8	1	1	0	0	0	0	0
Kontrollgruppe	10	0	0	0	0	0	3	7	0
Hypr+Lee	10	6	3	1	0	0	0	0	0
Kontrollgruppe	20	0	0	0	0	8	8	4	0
Hypr+NDV	20	6	0	3	3	7	1	0	0

Ähnliche Resultate zeitigten auch jene Versuche, in denen die beiden Inocula auf verschiedenen Wegen appliziert wurden, so z. B. die erste Inoculation in den Eidottersack und die zweite in die Allantois.

Die Versuche, die mit dem Zeckenenzephalitisvirus im inaktivierten Zustande durchgeführt wurden, waren alle negativ. Ebenfalls negativ waren die Resultate des Interferenzversuches mit inaktiviertem und aktivem Zeckenenzephalitisvirus.

Zuletzt wurde der Interferenzeinfluß des Grippevirus (Lee) gegen das Zeckenenzephalitisvirus (Hypr) studiert. Die Embryonen starben infolge der interferierenden Eigenschaft des Grippevirus durchschnittlich zwei Tage später.

Genaue Angaben und Resultate aller dieser Versuche sind in den „Scripta med.", Bd. 27 (1954) publiziert worden.

L. Daneš

Zur Frage der Pathogenese der Zeckenenzephalitis

Die Pathogenese der Zeckenenzephalitis wurde schon an verschiedenen Laboratoriumstieren studiert. Erlauben Sie mir bitte einige Teilfragen, die aus der Literatur bekannt sind, heranzuziehen und mit unseren Resultaten zu konfrontieren.

In manchen Experimenten, für die man für pathogenetische Studien sehr empfängliche Laboratoriumstiere, weiße Mäuse, benutzt, kann man sehr bald nach der parenteralen Applikation des Inoculums das Virus im Blut oder in verschiedenen Organen feststellen. Solche Resultate demonstrierten z. B. Smorodinzew (1940), Silber und Solowjow (1946), Iljenko (1956) sowie auch Dr. Libíková in ihrem Referat. Die letztgenannte Autorin verwendete für diese frühzeitige Phase die Bezeichnung „Resorptionsvirämie". Ich meine, daß gerade diese frühzeitige Phase der Pathogenese mit der „Resorptionsvirämie" als einer mechanischen und artifiziellen Erscheinung verdeckt wird und sich so unserer Erkenntnis entzieht. Ich möchte darum auf einige Versuche hinweisen, bei denen die „Resorptionsvirämie" nicht vorkommt und die uns so die ganze Entwicklung der Pathogenese zu beobachten erlauben. Bei Experimenten an weißen Mäusen haben wir nach intranasaler Inoculation in 6stündigen Intervallen die Virämie und den Gehalt der Organe an Virus quantitativ untersucht. Ein ähnliches Experiment haben wir mit peroraler Applikation durchgeführt.

In beiden Fällen wurde übereinstimmend festgestellt, daß sich das Virus an den Schleimhäuten des betreffenden Traktes absorbiert, dort überlebt und sich mindestens in den ersten 24 Stunden vermehrt, ohne daß es in das Blut übergeht. Die Virämie haben wir in beiden Fällen erst nach 24 Stunden konstatiert. Doch auch in manchen Experimenten mit parenteraler Injektion des Virus wurde eine latente Periode nach der Impfung beobachtet. Jandásek hat 1955 festgestellt, daß das Virus nach der peritonealen Applikation im Blute in den ersten 24 Stunden ohne Vermehrung zirkuliert. Erst dann nimmt der Virusgehalt des Blutes zu.

Bei unseren Titrationsversuchen von Blut und Organen nach subcutaner, intranasaler, intraperitonealer und intracerebraler Applikation des Virus haben wir in manchen Fällen den Anfang der Virämie und ihre Entwicklung erst 48 Stunden p. i. festgestellt und erst in der weiteren Phase die Zunahme des Virusgehaltes in verschiedenen Organen (einschl. des Gehirns) nachgewiesen.

Aus diesen Beispielen resultiert, daß der natürlichen Entwicklung der Zeckenenzephalitisinfektion im Organismus eine ca. einen Tag dauernde Adaptation und Proliferation des Virus an der Stelle der Infektion vorausgehen muß, und zwar in den Schleimhäuten oder in der Haut. Zur Entscheidung dieser Frage wäre ein Studium der Pathogenese in kurzen Zeitintervallen nach dem Zeckenbiß notwendig.

In den publizierten Arbeiten gibt es keine Übereinstimmung über die Frage des Tropismus des Zeckenenzephalitisvirus zu einzelnen Organen in vivo. Smorodinzew, Silber und Solowjow haben das Virus im ZNS, im Blut, in der Milz, in der Leber, im Urin, in der Nase und im Pharynx nachgewiesen, und Iljenko hat es in den Milchdrüsen und in der Milz gefunden. Jandásek hat keine Vermehrung des Virus in parenchymatösen Organen mit Ausnahme des Gehirns festgestellt. Bei unseren Experimenten mit verschiedenen parenteralen Applikationsweisen konnten wir immer die Anhäufung des Virus in den Organen beobachten. Die größten Titerwerte waren in Leber und Milz vorhanden. Im Blut war dabei der Virusgehalt immer niedriger. Im Gegensatz dazu konnten wir in Experimenten mit der peroralen Applikation an weißen Mäusen nie den Nachweis der Vermehrung des Virus in Leber, Milz, Nieren und Darm ohne strenge Abhängigkeit von der Virämie erbringen.

Es ist wahrscheinlich, daß sich das Virus in den parenchymatösen Organen (das Gehirn ausgenommen) nur unter bestimmten Bedingungen vermehrt. Diese Bedingungen kamen in unseren Experimenten bei den parenteralen Impfungen vor, aber nicht bei der peroralen Infektion.

Die experimentelle Infektion per os studierte 1956 ILJENKO. Manche ihrer Resultate stimmen mit unseren überein. Wir haben bei experimentell per os infizierten weißen Mäusen eine vorübergehende Virämie und zeitweilige Anwesenheit des Virus im Gehirn und in anderen Organen nachgewiesen. Das Virus wird in kleinen Mengen durch den Harn und Stuhl ausgeschieden. Die Empfindlichkeit weißer Mäuse auf die perorale Infektion ist sehr gering, erst Dosen von 10^5—10^6 LD_{50} (intracerebral titriert) führen zu einer vorübergehenden Virämie.

Besonders interessant waren die großen Titerwerte des Virus im Gehirn, bei denen die Mäuse nicht zugrunde gingen und keine Symptome der Erkrankung zeigten. Eine ähnliche Situation beschreibt MEDVĚDKOVA bei der LCM. Neutralisierende Antikörper werden dabei gebildet.

Mangelhaft studiert ist die Pathogenese beim Menschen. Es wäre nützlich, den Ablauf der Virämie in einzelnen Phasen der Erkrankung und den Gehalt an Viren im cerebrospinalen Liquor zu studieren. Die Resultate einer solchen Arbeit könnten uns zu Kenntnissen über die Pathogenese beim Menschen führen, aber sie könnten auch als Basis für die Serumtherapie oder für eine Schnelldiagnose durch Isolierung und schnelle Identifizierung des Virus dienen.

R. BENDA

Zur Frage der Pathogenese der Zeckenenzephalitis bei Ziegen

In unserem Laboratorium verfolgen wir die Beziehungen zwischen dem Zeckenenzephalitisvirus und der Zecke Ixodes ricinus. Bei dieser Gelegenheit haben wir auch den Ablauf der Infektion bei Ziegen, an die sich die infektiösen Zecken angesaugt hatten, studiert.

Je 4 und 6 infektiöse Weibchen der Zecke Ixodes ricinus wurden auf 2 Ziegen 8 Tage lang angesaugt belassen. Von den Tieren haben wir täglich Blut und Milch untersucht sowie die klinischen Symptome beobachtet. Einmal in der Woche haben wir Blut zur Bestimmung neutralisierender Antikörper entnommen.

Unsere bisherigen Resultate sind folgende:

Es gab keine klinischen Symptome einer Erkrankung. Das Virus war im Blut und in der Milch bis zum 11. Tage des Versuches anwesend. Es erschien in der Milch 2 Tage später als im Blut. Der Virusgehalt in der Milch war nicht hoch. Bei einer Ziege haben wir das Virus im Blut und Milch nur zweimal, bei der anderen Ziege dreimal festgestellt. Die Neutralisationsindices bei den Ziegen lagen in der 7. Woche bei 300 bzw. etwas über 1000.

Versuche, in denen wir an immunen Tieren eine größere Anzahl von infektiösen Zecken saugen ließen, sind noch nicht beendet.

Wir meinen, daß eine geringe Anzahl von infektiösen Zecken (Imagines) eine milde, klinisch fast inapparente Infektion hervorrufen kann.

RESOLUTION ZUM THEMA IV

Biologie der mitteleuropäischen Stämme des Zeckenenzephalitisvirus

Durch die Vorträge und durch die Diskussionsbeiträge wurden die bisherigen Kenntnisse über die Verbreitung des Zeckenenzephalitisvirus in Europa ergänzt. Das Virus konnte aus Material von Menschen, aus Zecken und aus Organen von kleinen Nagetieren isoliert werden. Es mag erneut darauf hingewiesen werden, daß bei experimentellen Arbeiten stets den Störungen durch Spontaninfektionen der weißen Mäuse besondere Aufmerksamkeit zu schenken ist.

Weitere Mitteilungen beschäftigen sich mit der Züchtung des Virus in bebrüteten Hühnereiern und in Kulturen von menschlichem Gewebe, Hühnerembryonalgewebe und von HeLa-Zellen. Es ging daraus hervor, daß die genannten Substrate gute Vermehrungsmöglichkeiten für das Virus bieten und besonders die Versuche mit HeLa-Zellen aussichtsreiche Resultate ergeben. In diesem Zusammenhang wurde auch über eingehende histologische Untersuchungen berichtet, die einige Zweifelsfragen der histologischen Veränderungen im Hühnerembryo nach Infektion mit dem Zeckenenzephalitisvirus klärten.

Verschiedene Berichte brachten weitere Daten zur Tenazität des Virus gegenüber chemischen und physikalischen Einwirkungen (Chlorpräparate, p_H-Resistenz, Temperaturresistenz). Die vorgetragenen Versuchsergebnisse sind von großer theoretischer und praktischer Bedeutung (Persistenz des Virus in der Milch, Milchkannendesinfektion).

Die Pathogenese der Zeckenenzephalitisvirusinfektion bei Laboratoriumsmäusen, Haustieren und wildlebenden Tieren war Gegenstand der Untersuchung einiger Berichterstatter. Im Vordergrund des Interesses standen hierbei das Vorkommen einer Virämie sowie die Virusausscheidung mit der Milch. Die Untersuchungen brachten Resultate, die zu weiteren Forschungen anregen. Das trifft auch für die in der Tschechoslowakei festgestellte unterschiedliche Empfänglichkeit verschiedener Mäusezuchten gegenüber dem Virus der Zeckenenzephalitis zu.

Wenn auch noch manche Studien auf morphologischem, biochemischem und biophysikalischem Gebiet nachzuholen sind, so haben doch die auf einem großen Material beruhenden Referate und Diskussionsbeiträge gezeigt, daß die wichtigsten Daten über die biologischen Eigenschaften des Zeckenenzephalitisvirus inzwischen erarbeitet worden sind. Die Diskussionsbeiträge und die Vorträge wiesen Wege für die weitere Forschung insbesondere auch auf dem Gebiet der Pathogenese auf.

Prof. H. Röhrer, Doz. J. Vesenjak, Dr. H. Libíková

THEMA V

Virologisch-diagnostische Methoden der Zeckenenzephalitis in Mitteleuropa

Präsidium:

Dr. W. I. ILJENKO, Dr. F. FORNOSI, Dr. V. BÁRDOŠ

Sekretär:

Dr. L. DANEŠ

V. Bárdoš

Virologisch-diagnostische Methoden der Zeckenenzephalitis in der Tschechoslowakei

Der erstaunliche Fortschritt in der Virusforschung während der letzten Dekade ist in nicht geringem Maße auch durch eine Verbesserung der virologisch-diagnostischen Methoden gekennzeichnet. Dadurch wurde es möglich, Fälle von Zeckenenzephalitis in vielen Ländern Europas und Asiens auch außerhalb der Sowjetunion [1]—[9] zu diagnostizieren.

Ich werde mich in diesem Referat keineswegs mit der Entwicklung der virologisch-diagnostischen Methoden bei der Zeckenenzephalitis befassen, sondern erwähne nur, wie sie bei uns in der Tschechoslowakei z. Z. größtenteils praktiziert werden. Es ist selbstverständlich, daß jede Arbeitsstätte gewisse Modifikationen vornimmt, so daß von einer Standardisierung der virologisch-diagnostischen Methoden im wahrsten Sinne des Wortes keine Rede sein kann, obwohl das Virologische Institut der Tschechoslowakischen Akademie der Wissenschaften durch Veranstaltung von zwei ganzstaatlichen Diskussionen in den Jahren 1954/55 eine feste Basis für eine zukünftige Standardisierung schuf [10]—[11].

Die Komplementbindungsreaktion (KBR)

In der geläufigen Praxis der Virusforschung ist als zweckmäßigste Methode der serologischen Untersuchung die KBR zu bewerten. Diese Reaktion ist verhältnismäßig einfach und wirtschaftlich und deshalb auch in kleinsten virologischen Laboratorien durchführbar. Die auf verschiedene Art zubereiteten Antigene wurden bei uns in den letzten Jahren auf ihre Sensibilität und Spezifität in einigen Laboratorien verglichen [12]—[16]. Es wurden Versuche mit gefrorenen Antigenen nach Casals-Palacios [17], mit Benzol-extrahierten Antigenen nach Boer und Cox [18], mit Aceton- und Äther-behandelten Antigenen nach Casals, Olitzky und Anslow [20] und zum Schluß mit Antigenen durchgeführt, die mit Äther oder Chloroform nach Iljenkowa [21] extrahiert worden waren.

Die Mehrzahl der Forscher tritt für die Methode von Casals ein (mit Aceton und Äther extrahiertes Antigen aus dem Gehirn infizierter 9—11 g schwerer Mäuse). Unser Institut hat gute Erfolge mit dem durch Aceton-Äther-Extraktion zubereiteten Antigen aus dem Gehirn infizierter, 2 Tage alter saugender Ratten. Das auf diese Weise zubereitete Antigen enthielt meist spezifisches Antigen bis zu Verdünnungen von 1:32, 1:64 und manchmal auch 1:128.

Bei manchen an Zeckenenzephalitis Erkrankten konstatierten wir mit diesem Antigen einen komplementbindenden Titer im Serum bis 1:256 und höher (Tab. 40).

Außer der Zubereitung eines guten Antigens ist es auch nötig, der Herstellung von Hyperimmunseren erhöhte Aufmerksamkeit zu widmen. Slonim [21] verwendete syrische Hamster, die er mit homologen virushaltigen Gehirnen infizierte, und zwar unter Zugabe von lipoiden Adjuvantien. In unserem Institut immunisierten wir 70—90 g schwere erwachsene weiße Ratten mit dem infizierten Gehirn saugender weißer Ratten, und zwar ebenfalls unter Zugabe von lipoiden Adjuvantien [22], [23]. Beide Methoden ergaben reproduktionsfähige Ergebnisse. Im Serum immunisierter ausgewachsener Ratten konstatierten wir einen Titer komplementbindender Antikörper von 1:512 und höher (Tab. 41).

Tabelle 40. Komplementbindende Antikörpertiter bei Zeckenenzephalitis-Kranken

Nr. des Patienten	Tage seit dem Beginn der Krankheit	Titer der komplementbindenden Antikörper gegen das Antigen*	
		„0"	„REc"
1	9	negativ	negativ
	37	128	16
2	17	128	128
	24	128	64
	30	128	32
3	13	256	256
	44	64	8
4	30	256	256
5	23	256	256
	32	128	64
	73	32	16
6	15	128	256
	60	16	32

* = letzte +++-Reaktion in der Komplementbindung

In den meisten unserer Laboratorien werden jetzt die Komplementbindungsreaktionen in Eprouvetten durchgeführt. Das zu untersuchende Serum, das bei 56° C 30 Minuten oder bei 60° C 20 Minuten inaktiviert worden ist, wird zur Reaktion in Zweierpotenzen verdünnt. Von jeder Komponente wird für die KBR eine Menge von 0,1 ml verwendet. Zur Verdünnung verwenden wir den Veronal-Bicarbonat-Puffer nach MAYER und Mitarbeitern [24]. Das Antigen wird in optimaler Verdünnung, die durch Boxtitration festgestellt wurde, unter Verwendung von 2 Komplementeinheiten gebraucht. Meist nimmt man zur Reaktion 4—8 Einheiten Antigen. In unserem Institut arbeiten wir mit zwei Zeckenenzephalitis-Virusantigenen und einem Kontrollantigen, das aus normalen, nicht infizierten Gehirnen jener Tiere zubereitet wird, von denen auch diese virushaltigen Antigene gewonnen worden sind. Es werden genau 2 Einheiten des Komplementes zugegeben, das gegen beide verwendeten Antigene und gegen das Kontrollantigen aus normalem Gehirn zuvor austitriert worden ist. Die Kontrolltitration des Komplementes wird außerdem parallel zu der eigentlichen Reaktion durchgeführt. Jedes Serum wird gleichzeitig auf Antikomplementarität untersucht. Das hämolytische System besteht aus 2% Hammelblutkörperchen und 2 Einheiten Hämolysin. Unser Institut widmet seine ganz besondere Aufmerksamkeit der Zubereitung der 2%igen Hammelblutkörperchen-Suspension mittels Hämatokritbestimmung nach COLLIER [25]. Was die eigentliche Durchführung der Reaktion anbelangt, so ziehen die meisten Laboratorien das 16- bis 18stündige Fixieren im Kühlschrank mit nachfolgender halbstündiger Inkubation bei 37° C vor. Bei Bewertung der Ergebnisse der KBR gehen wir folgendermaßen vor: Den Titer 1:2 betrachten wir als unspezifisch. Ein vierfaches Ansteigen bei Untersuchung zweier Sera, den Übergang vom Negativen ins Positive oder wiederholt festgestellte Antikörperwerte von mindestens 1:4 und mehr ohne Steigerung betrachten wir als Beweis einer überstandenen Zeckenenzephalitis-Infektion.

Einige Laboratorien beginnen jetzt die KBR nach der wirtschaftlichen Methode von FULTON und DUMBELL in der Modifikation von TAKÁTSY [26] durchzuführen.

Trotz steigender Exaktheit in der Methodik der KBR sind wir der Meinung, daß wir der Durchführung dieser Reaktion bei der Zeckenenzephalitis noch größere Aufmerksamkeit widmen müssen.

Mit der KBR können wir bei der Mehrzahl der an Zeckenenzephalitis Erkrankten bereits in der 3. Woche nach der Erkrankung Antikörper im Serum feststellen. Die Maximalwerte sind in der 5.—9. Woche vorhanden. Nach einem Jahr gibt es in der Regel keine meßbaren Titer an komplementbindenden Antikörpern mehr [27]—[30].

Slonim wies bei einigen Kranken ungewöhnlich niedrige Werte komplementbindender Antikörper nach, so daß erst mehrmals wiederholte Serumuntersuchungen zu verschiedenen Zeitabschnitten die Diagnose eines solchen Falles ermöglichen [30]. Außerdem begegnen wir auch solchen Erkrankungen, bei denen komplementbindende Antikörper überhaupt nicht nachweisbar sind. Solche Fälle waren z. B. die Patienten B. und F., aus deren Blut wir das Virus der Zeckenenzephalitis isolierten. Wir fanden im Serum steigende neutralisierende Antikörperwerte, ohne jedoch ein einziges Mal komplementbindende Antikörper nachweisen zu können. Man kann daher unmöglich behaupten, daß das Fehlen komplementbindender Antikörper eine Erkrankung an Zeckenenzephalitis ausschließt.

Außer zur Diagnose akuter Zeckenenzephalitiserkrankungen kann man die KBR auch bei epidemiologischen Studien in den Naturherden anwenden. So zeigen zum Beispiel die Frühjahrs- und Herbstuntersuchungen der Bevölkerung in einem ausgewählten Gebiet ziemlich

Tabelle 41. Titer der komplementbindenden Antikörper in den Seren von Ratten, die mit dem Virus der Zeckenenzephalitis (Stamm „0“) hyperimmunisiert worden sind

Nr. der Ratte	Das Serum aufbewahrt bei 10° C	Titer der komplementbindenden Antikörper gegen das Antigen*,**	
		„0“	„REC“
1	1 Woche	128	32
2	„	128	128
3	„	128	128
4	„	128	64
5	„	128	32
6	„	128	128
7	„	128	128
8	„	128	128
9	3 Tage	128	***
10	„	512	
11	„	526	
12	„	512	
13	„	526	
14	„	256	
15	„	64	
16	„	512	
17	1 Jahr	128	256
18	„	256	256
19†	4 Monate	256	256

* = Titerangabe als reziproker Wert
** = letzte +++-Reaktion in der Komplementbindung
*** = das Antigen „REC“ wurde für die Reaktion nicht verwendet
† = das Serum stammte aus einem anderen Institut; die Reaktion wurde aber in unserem Institut durchgeführt

deutlich, bis zu welchem Grade die Bevölkerung auch die inapparente Infektion überstanden hat. Studien dieser Art betrieben MÁLKOVÁ, KRÓO und ŽÁČEK [31]. Auf diese Art läßt sich nur die überstandene Infektion des vergangenen Jahres feststellen. Für retrospektive Studien, die die Prozentzahl der an Zeckenenzephalitis Erkrankten im Naturherd angeben sollen, eignet sich die KBR nicht. Von nicht geringer Bedeutung ist die KBR jedoch bei der Serumuntersuchung lebender kleiner Nagetiere, die in den Naturherden der Zeckenenzephalitis vorkommen. Es lassen sich mit ihr auch Herzspülflüssigkeiten von in Fallen gefangenen Nagetieren untersuchen. Mit dieser Art von Untersuchungen begann bei uns LIBÍKOVÁ. Später führten sie auch Fachkollegen anderer Institute durch [32], [33].

Die KBR läßt sich auch erfolgreich zur Identifizierung neuisolierter Stämme des Zeckenenzephalitisvirus anwenden [33], [34].

Der Virusneutralisationstest (NT)

Dieser Test zeigt uns die überstandene Infektion mit dem Zeckenenzephalitisvirus exakter an als die KBR. Die Methodik des NT ist innerhalb der Tschechoslowakei ziemlich standardisiert, obwohl auch hier Unterschiede der Durchführung in den einzelnen Laboratorien zu beobachten sind. In den Grundzügen wird nach der üblichen Methodik [35] vorgegangen, die die „Kommission zum Studium neurotroper Virusinfektionen in den USA“ empfohlen hat und die in Bratislava [10] [11] in zwei ganzstaatlichen Beratungen der tschechoslowakischen Virusforscher zur Debatte standen. Da die Grundprinzipien der Ausführung dieses Testes bekannt sind, äußere ich mich darüber nur ganz kurz. Das unverdünnte, bei 56° C 30 Minuten lang inaktivierte Serum vermengt man mit steigenden Zehnerpotenzen einer 20%igen Virussuspension in gepufferter physiologischer NaCl mit einem Gehalt von 10% inaktiviertem Meerschweinchenserum. Die Mischung wird nach zweistündiger Inkubation bei 37° C und nachfolgender Abkühlung im Kühlschrank verimpft. In den meisten Instituten werden intracerebrale Neutralisationsteste an 9—13 g schweren weißen Mäusen durchgeführt. Wir haben gezeigt, daß in einigen Fällen der extraneurale Neutralisationstest vorteilhaft angewendet wird, und das hauptsächlich bei niedrigem virusneutralisierendem Antikörperspiegel [36]. Den extraneuralen Neutralisationstest kann man an ausgewachsenen und saugenden weißen Mäusen und an saugenden weißen Ratten durchführen. Die im Neutralisationsversuch stehenden Tiere beobachten wir 14 Tage lang. Was die Bewertung des Neutralisationsindex anbelangt, so stimmen wir mit CASALS [37] überein, der einen Index von 0—10 als negativ, von 10—49 als fraglich und von 50 an aufwärts als positiv beurteilt.

JANDÁSEK und Mitarbeiter [38] zeigten, daß man Virusneutralisationsversuche auch sehr vorteilhaft durch Verimpfung der zu untersuchenden Serum-Virusmischung in den Dottersack des Hühnerembryos durchführen kann.

Bei der Untersuchung von Rekonvaleszentenseren verwenden wir den intracerebralen Neutralisationstest an weißen Mäusen. Die virusneutralisierenden Antikörper lassen sich meist schon in der 2. Woche nach der Erkrankung nachweisen und sind mehrere Jahre im Serum vorhanden. Der Nachweis des steigenden virusneutralisierenden Antikörperspiegels im Serum von an Zeckenenzephalitis Erkrankten stößt auf keinerlei Schwierigkeiten und läßt deshalb mit Sicherheit auf die Ätiologie der vorliegenden Krankheit schließen.

Der intracerebrale NT ist auch für epidemiologische Studien erfolgreich anwendbar und gibt Aufschluß über längst überstandene Zeckenenzephalitisinfektionen. Bei Untersuchungen in den Naturinfektionsherden wenden wir ihn bei wildlebenden Tieren, bei Haustieren, Vögeln und kleinen Nagetieren an.

Der extraneurale NT läßt sich erfolgreich dort anwenden, wo sich mit dem intracerebralen NT ungenaue Werte des Neutralisations-Index ergeben. Er zeigt uns auch, ob es sich um ein positives oder negatives Serum handelt. Wir benutzen ihn ferner beim Verfolgen virusneutralisierender Antikörper im Serum von Freiwilligen und Versuchstieren nach Verabreichung von normalem menschlichem Gammaglobulin oder von antienzephalitischem menschlichem Gammaglobulin. Šimková stellte fest, daß der extraneurale Neutralisationstest den Immunitätszustand der Versuchstiere besser wiederspiegelt als der intracerebrale NT. Wir nehmen an, daß es bei Untersuchungen über die Wirksamkeit der Vaccine gegen die Zeckenenzephalitis im Serum Freiwilliger nötig sein wird, vor der Vaccination das Serum auf das Nichtvorhandensein spezifischer Antikörper im extraneuralen NT zu prüfen.

Den Virusneutralisations-Kreuztest verwendet man auch erfolgreich bei der Identifizierung neuisolierter Stämme des Zeckenenzephalitisvirus.

Der Schutztest

Diesen verwenden wir zum Identifizieren neuisolierter Virusstämme. In Übereinstimmung mit Edward und Pond stellten wir fest, daß sich zu diesem Zweck nur der extraneurale Protektionstest eignet [40], [41], [42].

Die Virusisolation

Das geeignetste Material zur Isolierung eines Zeckenenzephalitisvirus ist nach unseren Erfahrungen das Blut im virämischen Stadium der Krankheit und an zweiter Stelle Gehirngewebe Verstorbener.

Das Blut wird in ein Schüttelglas mit gläsernen Kugeln gebracht. Nach Defibrinisation durch Schütteln (5—10 Min.) impfen wir 8—10 Mäuse von 9—11 g Gewicht intracerebral mit 0,03 ml und intraperitoneal mit 0,5 ml. Am 5.—7. Tage machen wir eine Blindpassage mit 2 getöteten Mäusen. Im ganzen werden 2 Blindpassagen durchgeführt. Die Mäuse beobachten wir 14 Tage lang. Bei positiver Isolierung nehmen wir eine Reisolierung mit dem ursprünglichen Material vor. Zeigen sich in der ersten Passage 5—9 Tage nach Einimpfen des Materials typische klinische Symptome [5] an den Mäusen, so setzen wir außer einer weiteren Passage gleichzeitig auch den Neutralisationstest unter Verwendung von hyperimmunem Meerschweinchenserum mit bekanntem Neutralisationsindex an. Handelt es sich hierbei um das Zeckenenzephalitisvirus, das sich in der ersten Passage manifestierte, so kann man nach 15—19 Tagen dem behandelnden Arzt die Isolierung des Virus melden, die durch die Reisolierung aus dem ursprünglichen Material noch bestätigt worden ist.

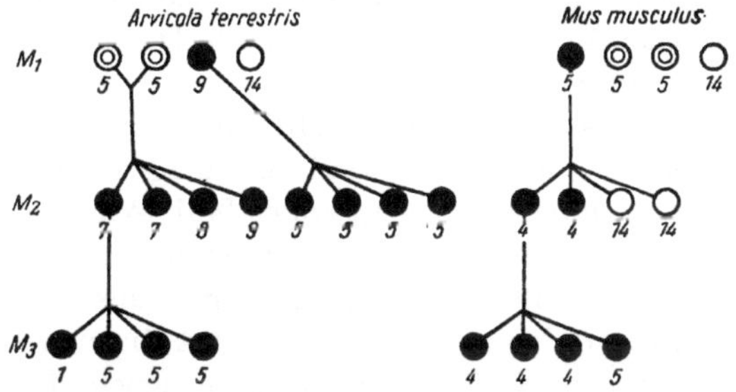

Abb. 41. Isolierung des Virus der Zeckenenzephalitis von Nagetieren im Gebiet der Hohen Tatra im Jahre 1956

Bei der Isolierung des Virus aus Gehirn und Rückenmark von an Zeckenenzephalitis Verstorbenen stellen wir aus den am stärksten betroffenen Partien beider Organe eine 10%ige Suspension in gepufferter phys. NaCl, p_H 7,4, mit einem Gehalt von 10% inaktiviertem Meerschweinchenserum her.

Bei der Entdeckung von bisher unbekannten Naturinfektionsherden der Zeckenenzephalitis bewähren sich sehr gut Virusisolierungen aus dem Gehirn kleiner, in Fallen gefangener Nager. In den Jahren 1954/55 isolierten wir 5 Stämme aus dem Gehirn von Sorex araneus und Clethrionomys glareolus [33] und im Jahre 1956 isolierten Bárdoš u. a. [42] zwei Stämme aus dem Gehirn von Arvicola terrestris und Mus musculus, die in den Bergen in 1000 m über dem Meeresspiegel gefangen wurden (Abb. 41). Auch hier wird eine 10%ige Suspension weißen Mäusen intracerebral und intraperitoneal eingeimpft und bei jeder positiven Isolierung noch der Reisolierungsversuch unternommen. Wichtig ist, das gewonnene Material den Versuchstieren möglichst schnell einzuimpfen.

Aus den Zecken wird das Virus isoliert durch Zerreiben der Nymphen- oder Imagostadien in einer 10% Meerschweinchenserum enthaltenden gepufferten Kochsalzlösung und durch intracerebrale und intraperitoneale Inoculation dieser Suspension bei weißen Mäusen [43], [34], [36]. Bewährt hat sich auch die Aufbewahrung vollgesogener Imagoweibchen unter Laboratoriumsbedingungen sowie der Versuch der Virusisolierung durch Ansaugen ausgebrüteter Nymphen an weiße Mäuse mit Hilfe der in der Parasitologie üblichen Methoden [44].

Sonstige virologisch-diagnostische Methoden

Viele Autoren [45], [46] beobachteten auch bei neurotropen Viren Hämagglutinine. In unserem Institut weist Čupková [47] beim Virus der Zeckenenzephalitis einen Hämagglutinationstiter von 1 : 250 nach, wenn aus dem Gehirn saugender Ratten nach Casals, Olitzky und Anslow [20] zubereitetes Antigen verwendet wird und wenn die Reaktion bei p_H 7,0 und 4° C verläuft. Verwendet wird eine 0,25%ige Blutkörperchen-Suspension von noch nicht 24 Stunden alten Kücken. Der Hämaglutinationshemmungstest bei der Zeckenenzephalitis wird auch in unserem Institut ausgearbeitet. Über die praktische Anwendung dieses Testes für die Diagnostik der Zeckenenzephalitis oder für epidemiologische Studien zu sprechen, erscheint derzeit noch verfrüht. Die diesbezüglichen weiteren Arbeiten werden uns lehren, ob mit dieser Methode zu rechnen ist.

In Anbetracht dessen, daß die bisher angewendeten Methoden keine frühzeitige Diagnose ermöglichen und der behandelnde Arzt den positiven Befund erst nach der Entlassung des Patienten aus der Krankenhausbehandlung erhält, versuchten die Virologen die Einführung solcher Methoden, die eine exakte Diagnose gleich in den ersten Tagen der Erkrankung ermöglichen.

Iljenko empfiehlt die KBR zum Antigennachweis im Serum des Kranken im virämischen Stadium. Sie verwendet auf Vorschlag von Smorodinzew zur Reaktion große Mengen (4,4 ml) des zu untersuchenden Serums [48]. Wir versuchten die Reproduktion dieser Methode und untersuchten Meerschweinchenseren, in denen wir im Isolierungsversuch das Virus nachweisen konnten. Trotzdem gelang es uns nicht, mit der KBR das Antigen im Serum nachzuweisen. Unsere Erfahrungen mit Antigenen des Zeckenenzephalitisvirus sprechen dafür, daß sich für die KBR nur die Antigene eignen, die aus dem Gehirn getöteter Tiere (Infektiositätstiter LD_{50} 10^{-6}) zubereitet wurden. Derartige Titerwerte sind jedoch nicht während des virämischen Stadiums im Blut der Kranken vorhanden. In zwei Fällen von Zeckenenzephalitis führten wir außer der Isolierung des Virus gleichzeitig eine Titration durch und stellten fest, daß bei einem Patienten der Virustiter im Blut $10^{-3,4}$ LD_{50} betrug, während er bei dem anderen einen Wert von $10^{-2,5}$ LD_{50} erreichte. Unserer Ansicht nach sind zur Anwendung dieser Methode noch weitere Studien erforderlich, und dies um so mehr, als damit ein beachtlicher Beitrag zur virologischen Diagnostik der Zeckenenzephalitis geleistet würde.

Bisher wurde bei der Zeckenenzephalitis noch nicht versucht, mit Hilfe der physikalischen Methode der Lichtstreuung die Bindung des Antigens an ein bekanntes Hyperimmunserum während des virämischen Stadiums festzustellen [49], [50], [51].

In der letzten Zeit wurde die Aufmerksamkeit der Virusforscher auf die immunocytochemische Methode von Coons [52] gelenkt, der zur Identifizierung des Antigens im infizierten Gewebe fluoreszierende Antikörper benutzt. Diese Methode läßt hoffen, daß sie sich zu einer frühzeitigen Identifizierung des isolierten Zeckenenzephalitisvirus eignen wird.

Neue Möglichkeiten für die Diagnostik der Zeckenenzephalitis scheint uns außerdem die Anwendung der Gewebekulturmethoden zu bieten.

LITERATUR

[1] Gallia, F., Rampas, J., Hollender, L.: Čas. lék. čes. 88, 224 (1949).
[2] Krejčí, J.: Lék. listy. 4, 73 (1949); Ibid. 4, 112 (1949); Ibid. 4, 132 (1949).
[3] Fornosi, F., Molnár, E.: Orv. hétil. 93, 993 (1952) (ungar.).
[4] Autorenkollektiv unter d. Red. von D. Blaškovič: Die Enzephalitisepidemie im Naturinfektionsherd von Rožňava. SAV, Bratislava 1954, S. 197.
[5] Bárdoš, V., Šomodská, V., Fischer, J.: Čsl. hyg., epidem., mikrobiol., immunol. 3, 105 (1954).
[6] Przesmycki, F., Taytsch, Z., Semkow, R., Walentynowitz-Stanszyk, R.: Przegl. epidemiol. 8, 205 (1954) (poln.).
[7] Vesenjak-Zmijanac, J., Bedjanič, M., Rus, S., Kmet, J.: Bull. World. Health. Organizat. 12, 513 (1955).
[8] Verlinde, J. D., van Tongeren, H. A. E., Pattyn, S. R., Rosenzweig, A.: Bull. World. Health. Organizat. 12, 565 (1955).
[9] Smithburn, K. C., Kerr, J. A., Gatne, P. B.: J. Immunol. 72, 248 (1954).
[10] Libíková, H.: Bratislavské lek. listy. 34, 1305 (1954).
[11] Nicht veröffentlicht.
[12] Slonim, D.: Čsl. hyg., epidem., mikrobiol. immunol. 2, 366 (1954).
[13] Daneš, L., Benda, R.: Sammelband der Arbeiten der Militärakademie. J. E. Purkyňe. 3, 36 (1955).
[14] Strauss, J.: Persönliche Mitteilung.
[15] Ráthová, V.: Persönliche Mitteilung.
[16] Bárdoš, V., Čupková, E.: Nicht veröffentlicht.
[17] Casals, J., Palacios, R.: J. Exper. Med. 74, 409 (1941).
[18] De Boer, C. J., Cox, H. R.: J. Immunol. 55, 193 (1947).
[19] Casals, J.: J. Immunol. 56, 337 (1947).
[20] Casals, J., Olitzky, P. K., Anslow, R. O.: J. Exper. Med. 94, 123 (1951).
[21] Smorodinzev, A. A.: Neurovirusinfektionen Medgis, Leningrad 1954 (russ.).
[22] Bárdoš, V., Šomodská, V.: Čsl. hyg., epidem., mikrobiol., immunol. 5, 274 (1956).
[23] Bárdoš, V.: Acta virolog. 1, 172 (1957).
[24] Mayer, M. M., Groft, Ch. C., Gray, M. M.: J. Exper. Med. 88, 427 (1948).
[25] Collier, F. C., Reich, A. King, F. W.: J. Laborat. Clin. Med. 39, 778 (1952).
[26] Takátsy, G.: Acta microbiol. hung. 3, 191 (1955).
[27] Bárdoš, V., Čupková, E.: Vortrag auf der Konferenz des Instituts für Epidemiologie und Mikrobiologie in Prag. Dezember 1953.
[28] Slonim, D.: Čsl. hyg., epidem., mikrobiol., immunol. 3, 35 (1954).
[29] Žáček, K.: Čsl. hyg., epidem., mikrobiol., immunol. 3, 98 (1954).
[30] Slonim, D.: Persönliche Mitteilung.
[31] Málková, N., Króo, H., Žáček, K.: Čsl. hyg., epidem., mikrobiol., immunol. 3, 110 (1954).
[32] Blaškovič, D.: Die Enzephalitisepidemie im Naturinfektionsherd von Rožňava. SAV. Bratislava 1954. S. 245.
[33] Bárdoš, V.: Persönliche Mitteilung.
[34] Strauss, J., Kolman, J.: Čsl. hyg., epidem., mikrobiol. immunol., 3, 67 (1954).
[35] Hammon, W. M.: Diagnostic Procedures for Virus and Rickettsial Diseases. New York, Amer. Publ. Health. Assoc. 187 (1948).
[36] Bárdoš, V.: Bratislavské lek. listy. 36, 65 (1956).
[37] Casals, J.: Exper. Med. 79, 3 u. 1 (1944).
[38] Jandásek, L., Dluhoš, M.: Scripta Med. Univer. Masaryk. Brno. 27, 159 (1954).
[39] Šimková, A.: Persönliche Mitteilung.
[40] Edward, D. G.: Brit. J. Exper. Path. 31, 515 (1950).
[41] Pond, W. L., Russ, S. B., Warren, J.: J. Infect. Dis. 93, 294 (1953).
[42] Bárdoš, V. u. Mitarb.: Persönliche Mitteilung.
[43] Rampas, J., Gallia, F.: Čas. lék. čes. 88, 1179 (1949).
[44] Libíková, H.: Vortrag auf der I. Konferenz der Tschechoslowakischen Virologen. Smolenice, Oktober 1955.

[45] Sabin, A. B.: Proc. **10**, 573 (1951).
[46] Casals, J., Brown, L. V.: Proc. Soc. Exper. Biol. Med. **83**, 170 (1953).
[47] Čupková, E.: Nicht veröffentlicht.
[48] Smorodinzev, A. A.: Neurovirusinfektionen. Medgis, Leningrad 1954 (russ.).
[49] Gitlin, D., Edelhoch, H.: J. Immunol. **66**, 67 (1951).
[50] Goldberg, R. J., Campbell, D. H.: J. Immunol. **66**, 79 (1951).
[51] Winkler, A., Hupka, Š., Oravec, C., Winklerová, I.: Chem. listy. **49**, 1075 (1955).
[52] Coons, A. H., Kaplan, M. H.: J. Exper. Med. **91**, 1 (1950).

F. Fornosi

Die Diagnostik der Zeckenenzephalitiserkrankung

Die Zeckenenzephalitiserkrankung ist beim Menschen symptomatologisch außerordentlich variabel. Das klinische Bild wird durch die Lokalisierung und die Dynamik der pathologischen Veränderungen bestimmt. Im allgemeinen sind auch bei der Zeckenenzephalitis prädilektisch veränderte Stellen vorhanden, auf Grund derer die Erkrankung pathologisch systematisiert werden kann. Nach Környey [1], [2] ist „auf Grund der experimentell-histologischen Befunde die in Ungarn bzw. in Böhmen beobachtete Zeckenenzephalitis der Gruppe der fleckförmigen Polioenzephalitiden mit Bevorzugung des Hirnstammes (Spatz) zuzuweisen". Auf klinischer oder histologischer Basis kann eine wahrscheinliche Differenzierung von den anderen Arten dieser Gruppe auch in typischen Fällen ausnehmend selten vorgenommen werden. Wenn atrophische Lähmungen vorkommen, können die Sensibilitätsstörungen evtl. behilflich sein, die Erkrankung von der Poliomyelitis zu differenzieren, doch kann in schwereren oder leichteren Fällen von mehreren primären oder sekundären Meningo-Enzephalomyelitis-Erkrankungen die Rede sein (Polio, LCM, Coxsackie, Mumps usw.). In Tierexperimenten haben wir bei histologischer Untersuchung keine Einschlußkörperchen gefunden.

Unter Berücksichtigung der epidemiologischen Verhältnisse kann die Wahrscheinlichkeit der Diagnose der Zeckenenzephalitis erhöht werden, obwohl es angezeigt ist, auch in dieser Hinsicht sehr vorsichtig zu sein. Die im an die Tschechoslowakei grenzenden Komitat Nograd vorkommenden Fälle von Meningitis serosa sind ätiologisch gemischt. Hier kommen Zeckenenzephalitiden, Leptospirosen und LCM [3] gleichzeitig vor. In der Zeckenenzephalitisepidemie im Jahre 1950/51 in Tatabánya kamen auch ätiologisch unaufgeklärte Meningoenzephalitiden vor [4]. Auch der Verlauf der Krankheit kann je nach dem Epidemiegebiet verschieden sein. Im Gegensatz zu dem nördlichen Teil Ungarns verlief an der rumänischen Grenze (Komitat Békes) die Krankheit häufig in zwei Phasen, wogegen in Tatabánya der Krankheitsverlauf gemischt war und dem im Komitat Somogy ähnelte, das im südlichen Grenzgebiet Ungarns liegt [5, 6, 7, 8]. Die Variabilität der Zeckenenzephalitis, zu deren Illustrierung ich nur einige in Ungarn vorgekommene Beispiele angeführt habe, bewog uns, die Zeckenenzephalitiserkrankung ohne Berücksichtigung ihres geographischen Vorkommens oder der Art der Infektion in allen Gebieten von der Taiga bis Schottland solange als eine nosologische Einheit zu betrachten, wie die Verschiedenheit der Krankheitserreger mit exakten Laboratoriumsmethoden nicht nachgewiesen werden kann. Wir dürfen aber nicht vergessen, daß die Erkrankungen in den Taigen schwerer sind als die in Europa, während in Schottland die Erkrankungen beim Menschen heute so gut wie bedeutungslos sind. Eine der Ursachen dieser Verschiedenheit liegt in der Variabilität der Krankheitserreger. Mit der Entwicklung der diagnostischen Methoden wird wahrscheinlich auch diese Verschiedenheit geklärt werden können.

Gestatten Sie mir, daß ich auf Grund der in Ungarn gesammelten Erfahrungen auf die Fehler und Möglichkeiten der virusdiagnostischen Verfahren bei der Zeckenenzephalitis hinweise.

Im frühen Stadium der Erkrankung ist nur die *Isolation des Virus* beweiskräftig. Zu Isolierungsversuchen haben wir bisher nur Mäuse und in einem Fall Gewebekulturen von Hühnerembryonen verwendet. An Mäusen führten wir Isolationsversuche mit Blut und Liquor von 20 Kranken durch, bei denen die Zeckenenzephalitiserkrankung serologisch nachgewiesen war. Das Material nahmen wir innerhalb von 3 Tagen nach Beginn der Erkrankung ab. Außerdem haben wir 1951 von 342, 1952 von 2485 und im Frühjahr 1956 von 7000 in endemischen Gebieten gesammelten Zecken, ferner von 200 Apodemus flavicollis und agrarius, in einigen Fällen von Mücken, Abwässern und Ziegenmilch die Isolierung versucht. In Abhängigkeit von der Menge des Materials haben wir gleichzeitig nach Möglichkeit intracerebrale und intraperitoneale Impfungen vorgenommen. Das Untersuchungsmaterial wurde meist sofort verimpft oder in der Zeit zwischen Abnahme und Verimpfung bei — 70° C aufbewahrt. Im Jahre 1952 haben wir 2 Virusstämme (KEm_1 und KEm_2) aus Ixodes ricinus isoliert [9, 10]. Alle anderen Isolierungsversuche waren ergebnislos. Die zu Isolationszwecken beimpften Mäuse haben wir 1951 nach 30—50 Tagen gruppenweise intracerebral mit einem tschechoslowakischen Zeckenenzephalitisstamm (Ri) und 1952 mit einem einheimischen Stamm (KEm_1) infiziert. Das Ergebnis war, daß sich 13 Gruppen als signifikant resistent erwiesen [11, 12]. In diesen letzteren Fällen können wir die erfolglose Isolation nur damit erklären, daß die uns zur Verfügung stehenden 2 Mäusestämme dem Virus der Zeckenenzephalitis gegenüber nicht genug empfänglich sind. Diese Tatsache wird durch die relative Resistenz gegenüber der peripheren Infektionsart bestätigt. So konnten wir in subcutanen Titrationsversuchen an 12—14 g schweren erwachsenen Mäusen und an 4—5 Tage alten Säuglingsmäusen beweisen, daß die Empfänglichkeit der Tiere mit zunehmendem Alter abnimmt. Diese Beobachtung berücksichtigten wir auch im weiteren, wenn sich dafür nur irgendeine Möglichkeit ergab. Und wie zweckdienlich dies war, zeigte sich bei der Isolierung unseres zweiten Stammes, denn die mit ausgewachsenen Mäusen durchgeführten 11 Blindpassagen blieben erfolglos. Es gelang uns aber, das Virus aus einer einzigen erkrankten Maus der ersten Blindpassage, die wir an 3 Wochen alten Mäusen vornehmen, zu isolieren. Die Blindpassagen wurden intracerebral durchgeführt. Auf Grund der Beobachtungen der letzten 2 Jahre erhebt sich nun die Frage, ob die derzeitige Art des Übertragungsversuches wohl die beste ist. Während des Studiums des Pathomechanismus machten wir nämlich die Beobachtung, daß der

Tabelle 42. Nachweis des Virus der Zeckenenzephalitis (Stamm „KEm_1“) aus dem Blut subcutan infizierter Mäuse (Infektionsdosis: 0,05 ml einer 1 : 100000-Verd.)

Infizierte Mäuse	Der Erfolg des Virusnachweis am											
	1.	2.	3.	4.	5.	6.	7.	8.	9.	10.	11.	12.
	Tage nach der Impfung											
G 14	0/3		1/3		3/3		1/3	0/3				
7 +	0/2		2/3		1/3		0/2					
11kr 12 +	0/3		0/3		2/2		2/3	0/3			1/3	2/3
1 +	1/3											
4 +	3/3		2/3									
G 14		0/3		0/3		3/3		0/3				
6 +		0/3		1/3								
6kr 8 +		2/3		3/3		1/3						
2 +												
8 +		1/3		1/3		1/3						

Tabelle 43. Nachweis des Virus der Zeckenenzephalitis (Stamm „KEm$_1$“) aus dem Blut subcutan infizierter Mäuse (Infektionsdosis: 0,05 ml einer 1 : 10-Verd.)

Infizierte Mäuse	Der Erfolg des Virusnachweises am									
	1.	2.	3.	4.	5.	6.	7.	8.	9.	10.
	Tage nach der Impfung									
8 +	3/3		3/3		3/3		2/3			
4 +	2/3		0/2							
7kr 8 +	2/3		1/3		0/4		1/3			
7kr 8 +	2/3		3/3		0/3		0/3			
7kr 8 +	3/3		0/3		0/3		0/3			
7kr 9 +		2/3		3/3		1/3		0/3		
4 +		2/3		2/3						
4kr 6 +		2/3		3/3		2/3				
2 +										
7 +		2/3		2/3		2/3				

Krankheitserreger im Blut auch dann nachweisbar ist, wenn sich die Krankheit nicht manifestiert. Als Beispiel seien zwei Virusisolationsversuche demonstriert, zu denen wir Blut von mit niedrigen und hohen Virusdosen subcutan infizierten Mäusen verwendet haben (Tab. 42 und 43). In diesen Versuchen konnte der Krankheitserreger auch im Blut von klinisch gesunden Mäusen nachgewiesen werden.

Als wir die histologischen Eigenschaften der einheimischen Stämme untersuchten, wurde es offensichtlich, daß im Brutei nach Beimpfung des Dottersackes ein höherer Virustiter zu erreichen war als in der Maus. Durch das Virus wird der Hühnerembryo ödematös. Der Erfolg ist daher klar ersichtlich und das Ergebnis leicht abzulesen. Die Ergebnisse der im Ei durchgeführten Titrationen sind einheitlicher als die bei Mäusen. Wir entschieden uns dafür, diese Beobachtung für Isolationsversuche auszunutzen. Bisher hatten wir hierfür nur eine Gelegenheit, der Erfolg war aber — wenn auch nicht positiv — ermutigend.

Es muß jedoch in Betracht gezogen werden, daß zwischen den einzelnen Stämmen Unterschiede bestehen können. Das durch den ungarischen Stamm hervorgerufene Embryoödem ist bei dem tschechoslowakischen Stamm „Ri“ nicht zu beobachten [14].

Die Möglichkeit der Züchtung des Virus in vitro ist noch nicht genügend erforscht. Das Virus vermehrt sich im menschlichen embryonalen Hautmuskel, im Nervengewebe, im hühnerembryonalen Gewebe, in den überlebenden und aktiven Gewebekulturen der Nieren von erwachsenen Mäusen, ferner in den HeLa-Krebszellkulturen. Die Möglichkeiten, die Vermehrung auf direktem Wege zu bestimmen, sind jedoch noch ungeklärt.

Auf Grund der obigen Erfahrungen müssen bei der Ausarbeitung der optimalen Methoden für die Virusisolierung die biologischen Eigenschaften des Virus berücksichtigt und weiter untersucht werden. Wegen der erwähnten Schwierigkeiten kann die diagnostische Methode der Virusisolation nur in einem gut ausgerüsteten Speziallaboratorium von entsprechenden Fachleuten angewendet werden.

Auf die Typisierung der isolierten Viren mit Hilfe von serologischen Methoden will ich hier nicht näher eingehen.

Für diagnostische Zwecke kann im späteren Verlauf der Erkrankung der Nachweis *virusneutralisierender* und *komplementbindender Antikörper* herangezogen werden. Bezüglich Spezifität und Sensibilität wird die Komplementbindungsreaktion von dem Neutralisationstest übertroffen. Wir führen die Virusneutralisationsprobe nach der allgemein bekannten Methode von OLITZKY und CASALS [15] durch. Die Beobachtungszeit beträgt 30 Tage. Als spezifischen Ausfall bezeichnen wir jede typische Erkrankung, wenn die Inkubation nicht länger als 14 Tage dauert, selbst dann, wenn das Tier während der Beobachtungszeit am Leben bleibt. Von den bis jetzt durchgeführten 337 Neutralisationsversuchen waren 102 positiv. In 10 Fällen konnte der positive Befund erst im Wiederholungsversuch mit Sicherheit erhoben werden. Die neutralisierenden Antikörper konnten bisher frühestens am 8. Tag nach der Erkrankung nachgewiesen werden [16]. Der Neutralisationsindex betrug dann 100, später erhöhte er sich bis auf 700. In zwei Fällen konnten wir noch 24 Jahre nach der Erkrankung einen Neutralisationsindex von 100 feststellen [17]. Die restierenden neutralisierenden Antikörper ermöglichen eine retrospektive Diagnose während des ganzen Lebens.

Im allgemeinen verursacht die Auswertung des Index bei und über 100 nie Schwierigkeiten. Das Ergebnis ist klar ablesbar und läßt sich leicht reproduzieren. Die Werte bei 50 sind schon eher problematisch. Als unterste Grenze des positiven Ausfalles bezeichnen wir einen Wert von 50, müssen aber bemerken, daß bei Wiederholung des Versuches häufig eine Streuung von ± 10 vorkam. Bemerkenswert ist, daß ein Wert von 30—50 bisher nur bei Einwohnern von endemischen Krankheitsherden gefunden wurde.

Die Neutralisation des ungarischen Stammes ist auch im Brutei durch Beimpfung des Dottersackes durchführbar. Zwischen dem an der Maus und dem im Ei gefundenen Neutralisationsindex war kein merklicher Unterschied vorhanden. Nach den Literaturangaben ist besonders zur Messung des Antikörpergehaltes von minderwertigen Seren der empfindlichere extraneurale Virusneutralisationstest am geeignetsten. In dieser Hinsicht verfügen wir über keine eigenen Erfahrungen. Es ist noch eine offene Frage, ob die Empfindlichkeit der Maus beim Neutralisationsversuch eine entscheidende Rolle spielt oder nicht. Ökonomische Gründe und die lange Beobachtungszeit setzen der Anwendung dieser Probe Schranken.

Weil die *Komplementbindungsreaktion* einfacher und billiger ist, kann sie bei Massenuntersuchungen vorteilhaft angewendet werden. Besonders zweckdienlich ist die Methode von Takátsy [18]. Mit der KBR haben wir leider noch keine positiven Erfahrungen, weil unsere Arbeit den Rahmen der ersten Versuche noch nicht überschritten hat. Das gesetzte Ziel, die Reaktion routinemäßig bei Massenuntersuchungen anzuwenden, konnte leider noch nicht erreicht werden. Der Hauptgrund hierfür ist, daß wir die ausgetesteten Antigene in Anbetracht ihres Gehaltes an aktivem Virus für gefährlich hielten. Die Infektionsgefahr steigt besonders bei Anwendung der Plattenmethode. Wir bereiteten Antigene mit der Aceton-Äther-Extraktionsmethode nach Casals, Palacios, de Boer und Cox sowie Casals. Bezüglich der Spezifität ist die letztere Methode fehlerfrei. Bei der Methode von de Boer und Cox ist die Entnahme des pulverisierten Antigens vom Filtrierpapier ohne Gefahr ziemlich umständlich, wenn nicht unmöglich. Wir versuchten nach Iwanenko die Verwendung des im Ehrlichschen Ascites-Tumor gezüchteten Virus. Es ist uns aber niemals gelungen, einen so hohen Titer im Ascites-Tumor zu erreichen, wie es Iwanenko glückte. Andererseits verminderte die häufige bakterielle Kontamination den Wert des Antigens. Die Inaktivierung durch Formalin verminderte den Wert aller Antigene. Die von Lewkovitsch kürzlich mitgeteilte Inaktivierungsmethode durch UV-Strahlen haben wir noch nicht versucht. Im Augenblick wollen wir diese Inaktivierungsmethode bei Gewebekulturen anwenden, und zwar in erster Linie zur Herstellung von inaktiven Antigenen aus in HeLa-Zellkulturen vermehrten Viren. Die Versuche sind noch ganz im Anfangsstadium, und ich kann deshalb noch nicht von Ergebnissen berichten. Ich glaube, daß die KBR bei Zeckenenzephalitiserkrankungen nur dann den ihr zukommenden Platz einnehmen wird, wenn ein dem aktiven virushaltigen gleichwertiges inaktives Antigen angewendet wird.

In meinem Bericht habe ich an Stelle positiver Ergebnisse eher die bei unserer Arbeit entstandenen Schwierigkeiten herausgestellt. Ich tat dies in der Erwartung, daß die gegenwärtige Konferenz nützliche Richtlinien zu deren Beseitigung geben wird.

LITERATUR

[1] KÖRNYEY, I.: Acta med. hung. 6, 119 (1954).
[2] KÖRNYEY, I.: Abh. Dtsch. Ges. inn. Med. 61. Kongreß, 1955.
[3] ÁBRAHÁM, K.: Orv. hétil. 96, 1177 (1955) (ungar.).
[4] FORNOSI, F., MOLNÁR, E.: Nicht veröffentlicht.
[5] JUBA, A.: Orv. hétil. 93, 196 (1952) (ungar.).
[6] GYERGYAI, K., KAMARÁS, J.: Orv. hétil. 94, 593 (1953) (ungar.).
[7] JUBA, A.: Orv. hétil. 94, 1185 (1953) (ungar.).
[8] JUBA, A.: Ibid. 96, 1239 (1955).
[9] FORNOSI, F., MOLNÁR, E.: Acta microbiol. hung. 1, 9 (1954).
[10] FORNOSI, F., MOLNÁR, E.: Orv. hétil. 95, 144 (1954) (ungar.).
[11] FORNOSI, F., MOLNÁR, E.: Ibid. 93, 993 (1952).
[12] ZOLTAI, N., SINKOVICS, J., FORNOSI, F.: Nicht veröffentlicht.
[13] MOLNÁR, E.: Dissertation als Kandidat der Medizinischen Wissenschaften.
[14] PINTÉR, M., BÉLÁDI, I.: Acta microbiol. hung. 1, 243 (1954).
[15] OLITZKY, P. K., CASALS, J.: J.A.M.A. 134, 1224 (1947).
[16] MOLNÁR, E., FORNOSI, F.: Orv. hétil. 93, 1032 (1952) (ungar.).
[17] FORNOSI, F., ERÖSS, A.: Ibid. 96, 1134 (1955).
[18] TAKÁTSY, G.: Acta microbiol. hung. 3, 191 (1955).

DISKUSSION

V. RÁTHOVÁ

Vergleichende Untersuchungen über die komplementbindende Aktivität von drei Enzephalitisvirus-Antigenen

Die Mehrzahl der Antigenzubereitungsmethoden zur Komplementbindungsreaktion (KBR) bei der Zeckenenzephalitis ist so anspruchsvoll im Hinblick auf notwendige Laboratoriumseinrichtungen und Schutzmaßnahmen, daß ihre Anwendung in der Alltagspraxis virologischer Arbeitsstellen undenkbar erscheint.

Da die Herstellung von Standardantigenen für die Zeckenenzephalitis-KBR bis heute nicht sichergestellt werden konnte, müssen für die Praxis die einfachsten und am wenigsten anspruchsvollen Methoden ausgewählt werden. Als solche bewerten wir die Antigenzubereitung mit Hilfe von Äther- und Chloroformextraktion nach ILJENKOWA und — von den älteren Methoden — die Methode des Gefrierens und Auftauens nach CASALS-PALACIOS.

Uns interessierte die Frage, welche von den genannten Methoden Antigene mit besserer komplementbindender Aktivität ergibt. Zu diesem Zweck führten wir vergleichende Untersuchungen durch. Sechsmal hintereinander stellten wir alle drei erwähnten Antigenarten für die russische Frühjahrs-Sommer-Enzephalitis immer aus ein- und derselben Suspension infizierter Mäusegehirne her. Alle diese Antigene, insgesamt also 18, haben wir gleichzeitig mittels Boxtitration untersucht, und zwar mit derselben Mischung immuner Hamstersera.

Aus den Ergebnissen in Tab. 44 ersehen wir, daß außer der ersten CASALS-PALACIOS-Antigencharge, die irrtümlicherweise nicht aus der Hirnsuspension getöteter kranker Mäuse,

Tabelle 44. Gleichzeitige Titration von 6 Antigenchargen des Virus der russischen Frühjahrs-Sommerenzephalitis in der Komplementbindungsreaktion

Alle 6 Antigene wurden aus derselben Virussuspension nach verschiedenen Verfahren zubereitet:
1. durch Ätherextraktion (Aeth.);
2. durch Chloroformextraktion (Chlor.);
3. nach der Methode von CASALS-PALACIOS (C. P.).

Zur Auswertung der Antigene wurde dieselbe Mischung immuner Hamsterseren verwendet.

		8	16	32	64	128	256		8	16	32	64	128	256		8	16	32	64	128	256		8	16	32	64	128	256		8	16	32	64	128	256		8	16	32	64	128	256
Aeth.	2	4	4	4	4	2	—	2	4	4	4	4	3	1	2	4	4	4	3	2	/2/	2	4	4	4	4	/3/	—	2	4	4	4	4	1	—	4	4	4	4	4	1	—
	4	4	4	4	4	2	—	4	4	4	4	3	3	1	4	4	4	4	4	3	2	4	4	4	/3/	2	/2/	—	4	4	4	1	1	—	—	8	4	4	1	—	—	—
	8	4	4	4	4	2	—	8	3	2	2	2	1	—	8	4	4	3	2	/2/	—	8	4	4	2	2	/2/	—	8	2	1	—	—	—	—	16	2	1	—	—	—	—
	16	2	/2/	1	—	—	—	16	/2/	—	—	—	—	—	16	2	2	—	—	—	—	16	2	1	—	—	—	—	16	1	—	—	—	—	—	32	1	—	—	—	—	—
	32	/2/	—	—	—	—	—	32	1	—	—	—	—	—	32	/2/	1	—	—	—	—	32	2	1	—	—	—	—	32	—	—	—	—	—	—	64	—	—	—	—	—	—

		8	16	32	64	128	256		8	16	32	64	128	256		8	16	32	64	128	256		8	16	32	64	128	256		8	16	32	64	128	256		8	16	32	64	128	256
Chlor.	2	4	4	4	4	3	/2/	2	4	4	4	4	3	—	2	4	4	4	4	1	—	2	4	4	4	4	2	—	2	4	4	3	3	/3/	—	4	4	4	2	2	—	—
	4	4	4	4	4	3	—	4	4	4	3	/2/	1	—	4	4	4	4	3	—	—	4	4	4	4	3	2	—	4	4	4	2	2	—	—	8	4	4	/1/	—	—	—
	8	4	4	4	4	2	—	8	2	/2/	1	—	—	—	8	4	4	1	—	—	—	8	4	4	3	2	1	—	8	4	4	1	—	—	—	16	/2/	—	—	—	—	—
	16	4	3	2	2	1	—	16	1	/1/	—	—	—	—	16	3	2	—	—	—	—	16	4	3	1	—	—	—	16	2	2	—	—	—	—	32	/1/	—	—	—	—	—
	32	2	/2/	1	—	—	—	32	1	/1/	—	—	—	—	32	2	/1/	—	—	—	—	32	3	2	/1/	—	—	—	32	2	1	—	—	—	—	64	—	—	—	—	—	—

		8	16	32	64	128	256		8	16	32	64	128	256		8	16	32	64	128	256		8	16	32	64	128	256		8	16	32	64	128	256		8	16	32	64	128	256
C. P.	2	3	2	/2/	1	/1/	—	2	3	3	3	2	2	/2/	2	4	4	4	4	4	2	2	4	4	4	4	3	/2/	2	4	4	4	4	4	2	4	4	4	3	2	2	1
	4	/1/	—	—	—	—	—	4	4	4	4	2	2	/1/	4	4	4	4	4	3	1	4	4	4	2	/2/	/1/	—	4	4	3	2	/1/	/1/	—	8	3	3	2	1	—	—
	8	—	—	—	—	—	—	8	2	/2/	1	—	—	—	8	2	2	—	—	—	—	8	4	4	4	4	2	/1/	8	4	4	2	2	/2/	1	16	2	1	—	—	—	—
	16	—	—	—	—	—	—	16	—	—	—	—	—	—	16	4	4	2	/1/	—	—	16	2	/1/	—	—	—	—	16	2	1	—	—	—	—	32	2	2	/1/	—	—	—
	32	—	—	—	—	—	—	32	—	—	—	—	—	—	32	4	3	2	/1/	—	—	32	2	—	—	—	—	—	32	2	1	—	—	—	—	64	1	—	—	—	—	—

sondern aus Gehirnen schon verendeter Mäuse zubereitet wurde, alle anderen Antigenchargen nahezu gleichwertig waren.

Da die Ergebnisse der vergleichenden Antigentitrationen keine signifikanten Unterschiede aufwiesen, nehmen wir an, daß die mittels Chloroform- oder Ätherextraktion zubereiteten Antigene ebenso wertvoll und verwendbar für die KBR sind wie die nach CASALS-PALACIOS hergestellten.

J. STRAUSS

Erfahrungen mit den benzenextrahierten Zeckenenzephalitisantigenen bei der Komplementbindungsreaktion (KBR)

Im Prager Institut für Epidemiologie und Mikrobiologie gebrauchten wir zur Reinigung der Antigene aus Mäusegehirnen anfangs die Auftauungsmethode nach CASALS-PALACIOS, später die Extraktionsmethode nach ESPAÑA-HAMMON, die wir als brauchbar für die Routinearbeit seit $1^1/_2$ Jahren verwenden. Bei dieser Methode wird das Antigen mittels Benzen extrahiert. Wir verglichen diese zwei Methoden im Hinblick auf die Spezifität der Antigene und ihre antikomplementären Eigenschaften, und es erwies sich, daß bei Verwendung des Antigens nach CASALS-PALACIOS bei der Untersuchung von 320 Seren in 9,3% der Fälle, bei Verwendung der Benzenextraktion in 8,4% der Fälle das Ergebnis nicht bewertet werden konnte. Zur Filtration benutzten wir Schottfilter G 3—5. Jede neuhergestellte Serie des benzenextrahierten Antigens wurde mit Mäuse- oder Rattenimmunseren (BÁRDOŠ) titriert. Das Antigen verwendeten wir in der optimalen Verdünnung von 1 : 4 für die KBR, d. h., wir benutzten 8—16 Antigeneinheiten. Die benzenextrahierten Antigene hatten positive Reaktionen mit den Immunseren in der Verdünnung von 1 : 64 bis 1 : 256. Der Vorzug des benzenextrahierten Antigens besteht darin, daß die Konservierung im lyophilisierten Zustande das Antigen für unbeschränkte Zeit zur Verfügung stellt.

L. JANDÁSEK

Ein Beitrag zur serologischen Diagnostik der Zeckenenzephalitis

In der Absicht, die übliche Seroneutralisationstechnik zu vereinfachen, haben wir die Möglichkeit verfolgt, Hühnerembryonen für diesen Zweck zu verwenden. Wir gingen dabei von unserer Beobachtung aus, die auch von SLONIM bestätigt wurde, daß die 7tägigen Embryonen nach der Injektion des Zeckenenzephalitisvirus in den Dottersack bis zum 8. Tag p. i. mit Sicherheit absterben. Unsere Technik ist folgende:

Die auf gewöhnliche Art und Weise vorbereiteten Serum-Virusgemische werden 30 Minuten lang im Thermostat inkubiert und dann den 7tägigen Embryonen in einer Menge von 0,1 ml in den Dottersack geimpft. Die Embryonen, die während der ersten 48 Stunden p. i. absterben, schließen wir von der Bewertung des Versuches aus (Impftrauma).

In einer vergleichenden Studie haben wir 57 Seren aus verschiedenen Stadien klinisch suspekter Zeckenenzephalitisfälle parallel an Mäusen und an Embryonen auf die Anwesenheit von neutralisierenden Antikörpern geprüft. Es zeigte sich, daß die Seroneutralisationsteste an Hühnerembryonen und Mäusen qualitativ in etwa 95% der Fälle übereinstimmen. Es traten jedoch quantitative Unterschiede auf, und zwar waren die Neutralisationsindexwerte an den Embryonen im Durchschnitt etwas niedriger. In etwa 5% der Fälle waren die Seroneutralisationsteste an Mäusen positiv und auf Eiern negativ.

Die Vorteile, die sich aus der Verwendung von Hühnerembryonen für den Neutralisationstest ergeben, sind folgende: Billigkeit, keine Gefahr einer Enzootie, Raumersparnis und besonders Arbeitsersparnis. Dagegen muß man bei Verwendung der Eier mit einigen Nachteilen rechnen. Abgesehen von niedrigeren Werten der Neutralisationsindices ist die Möglichkeit der Kontamination größer, die jedoch durch Zugabe von Antibioticis und durch das Inaktivieren der Seren beseitigt werden kann. Weiterhin stört das unspezifische Absterben der Embryonen die Ergebnisse.

Im großen und ganzen zeigen unsere Ergebnisse, die allerdings an einem größeren Material noch nachgeprüft werden müssen, daß die Hühnerembryonen sich für die Durchführung der Seroneutralisationsteste eignen.

LITERATUR

[1] JANDÁSEK, L., DLÚHOŠ, M.: Scripta Med. Univer. Masaryk. Brno. **27**, 159 (1954).
[2] BEDNÁŘ, B., SLONIM, D.: Čsl. hyg., epidem., mikrobiol., immunol. **5**, 63 (1956).
[3] JANDÁSEK, L., PEŠEK, J.: Zschr. Immunit. forsch. **113**, 261 (1956).

J. PEŠEK

Die Isolierung des Zeckenenzephalitisvirus an Säuglingsratten

In meinem Diskussionsbeitrag möchte ich unsere Erfahrungen über die Verwendung von Säuglingsratten zur Isolierung des Zeckenenzephalitisvirus mitteilen. Zur Isolierung dieses Virus werden hauptsächlich weiße Mäuse benutzt [1, 2]. Selten werden die Isolationsversuche an Hühnerembryonen, Rhesusaffen [3] oder Säuglingsmäusen [4] durchgeführt. Als kurios und vielleicht auch zweifelhaft muß der Bericht über die Isolierung des Zeckenenzephalitisvirus am Meerschweinchen angesehen werden [5].

Auf Grund von Erfahrungen mit der experimentellen Infektion von Säuglingsratten mit dem Zeckenenzephalitisvirus und anderen verwandten Erregern [6, 7] haben wir in diesem Jahr die Isolierung des Zeckenenzephalitisvirus an Säuglingsratten in die diagnostische Praxis eingeführt.

Methodik: Zur Isolierung wurden 2- und 3tägige Ratten (Stamm Wistar) und 15—20 g schwere weiße Mäuse verwendet. Die geimpften Versuchstiere wurden zweimal täglich kontrolliert und beim Erscheinen der ersten Krankheitssymptome zum Zwecke einer weiteren Passage getötet. Die annähernde Identifizierung des neuisolierten Stammes haben wir mittels KBR durchgeführt.

Kurze anamnestische Daten des Verstorbenen: Am 29. Juli schwaches Unwohlgefühl, Appetitlosigkeit, Temperatur 38° C. Am 31. Juli Parästhesien und Schwäche im rechten Oberarm. Am 1. August wurde der Patient ins Krankenhaus eingeliefert. *Status praesens:* Oberarm paretisch, der Patient kann kaum stehen, starkes meningeales Erbrechen, schwere Kopfschmerzen im Nacken. Am 2. August Obnubilation, Quadriplegie, Paresis des Facialis rechts und um 13 Uhr Exitus.

Der Verstorbene stammte aus einem Dorf in einer Waldgegend. Die *Laboratoriumsuntersuchungen* ergaben: Sedimentation (Westergren) 4/7; Liquor leicht getrübt, unter Druck; nach der Punktion Kollaps; Eiweiß positiv; 300/3 Lymphocyten, 810/3 Neutrophile, 57/3 frische Erythrocyten.

Sektionsbefund (Dr. Janousek): Oedema et petechiae medullae spinalis regionis cornuum ant. (Poliomyelitis ac. ant.?), Noduli albi (Meningitis?) partim confluentes lobi frontales lat. utr. Die *histologische Untersuchung*, die wir wegen Raummangel nicht in toto anführen wollen, kann man als für Meningoenzephalomyelitis sprechend zusammenfassen.

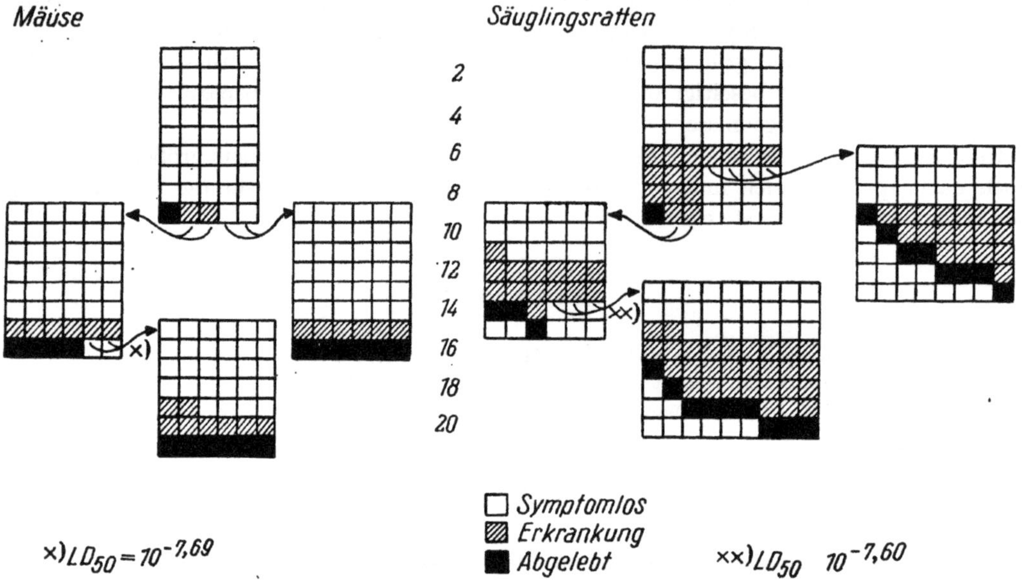

Abb. 42. Isolierung des Virus der Zeckenenzephalitis an Säuglingsratten

Der Isolationsversuch ist graphisch dargestellt (Abb. 42). Im ersten Abschnitt wird der Verlauf des Isolationsversuches an Mäusen, im zweiten an Ratten dargestellt. Es geht daraus hervor, daß die Krankheitssymptome bei Säuglingsratten wesentlich früher auftraten als bei Mäusen. Auch die Zeit bis zum Tode war bei den Ratten kürzer.

Durch Titration der Gehirne der ersten Passage wurden die Virustiter ($LD_{50} = 10^{-7,69}$ bei Mäusen und $10^{-7,60}$ bei Ratten) festgestellt. Parallel mit der dargestellten ersten Passage wurde eine weitere Gruppe von Säuglingsratten geimpft. Aus den Gehirnen dieser Ratten wurde ein Antigen nach Casals bereitet und mit Hilfe der KBR die annähernde Bestimmung des isolierten Stammes durchgeführt (Tab. 45).

Wenn sich auch die Identität des isolierten Stammes durch den Neutralisationsversuch aus zeitlichen Gründen noch nicht bestimmen ließ, so kann man vielleicht doch aus den hier vorgetragenen Daten deduzieren, daß Säuglingsratten auch zur Isolierung des Virus der Zeckenenzephalitis in der Praxis verwendbar sind.

Tabelle 45. Annähernde Bestimmung des an säugenden Ratten isolierten Virus mittels Komplementbindungsreaktion

Antigen	Serum				
	Hy	Cs Ri	No. 429*	No. 437*	No. 741**
Hy	1:16	1:8	1:16	1:32	0
Cs Ri	1:16	1:64	1:32	1:32	0
Neuer Stamm	1:64	1:64	1:64	1:64	0

* = Rekonvaleszentenserum
** = Negatives Kontrollserum
Hy und Ri = Zeckenenzephalitis-Virusstämme, von Kranken isoliert wurden

LITERATUR

[1] Autorenkollektiv unter d. Red. von D. Blaškovič.: Virologische Labormethoden. Bratislava 1954.
[2] Lépine, P., Schier, R.: Techniques de laboratoire appliquées au diagnostic des maladies a virus. Paris 1954.
[3] Verlinde, J. D., van Tongeren, H. A. E., Pattyn, S. R., Rosenzweig, A.: Bull. World. Health. Organizat. 12, 565 (1955).
[4] Vesenjak-Zmijanac, J., Bedjanić, M., Rus, S., Kmet, J.: Bull. World. Health. Organizat. 12, 513 (1955).
[5] Krejčí, J.: Lék. listy. 4, 132 (1949).
[6] Pešek, J., Dluhoš, N.: Scripta Med. Univ. Masaryk. Brno. 27, 193 (1954).
[7] Pešek, J., Doleželová, V.: Čsl. hyg., epidem., mikrobiol., immunol. 5, 178 (1956).

N. Oker-Blom

Zur Serodiagnostik der Zeckenenzephalitis

Als einen kleinen Beitrag zur Frage der serologischen Diagnostik der Zeckenenzephalitiden möchte ich kurz unsere Versuche über den Neutralisationstest beim Louping-ill-Virus in HeLa-Zellen vorlegen. Ich möchte betonen, daß die Resultate noch ganz geringfügig und nur als vorläufige aufzufassen sind. Es wurden also einige Seren sowohl an Mäusen als auch in Gewebekulturen nach der Methode, die ich schon beschrieben habe (siehe S. 98), parallel untersucht. Die Neutralisationsteste an Mäusen wurden intracerebral durchgeführt und der Neutralisationsindex berechnet. Die Neutralisationsteste in Gewebekulturen wurden mit 100 LD_{50} und verschiedenen Serumverdünnungen ausgeführt. Es konnte eine verhältnismäßig gute Übereinstimmung zwischen den beiden Testen nachgewiesen werden.

Tabelle 46. Neutralisation des Louping-ill-Virus in der Gewebekultur (Virusmenge: 100 LD_{50})

Serum	Neutralisationsindex	Serumverdünnung (Titer in der Gewebekultur)					
		1/4	1/16	1/64	1/256	1/1024	1/2048
Spez. Immunserum	6320	—	—	—	—	±	+
Normalserum	0	+	+	+	+	+	+
Meningoenzephalitisserum	4000	—	—	—	—	+	+
Schafserum	100	±	+	+	+	+	+

+ = cytopathogener Effekt vorhanden — = kein cytopathogener Effekt

Tabelle 47. Untersuchung verschiedener Seren im Gewebekulturneutralisationstest gegen Louping-ill-Virus (Serumverdünnung 1 : 4; Virusmenge = 100 LD_{50})

Serum	Anzahl der Seren		
	untersucht	positiv	negativ
Meningoenzephalitis „Kumlinge"	15	15	—
Schafserum „Kumlinge"	20	12	8
Poliomyelitis	16	—	16
Gesunde Kinder	10	—	10
Erwachsene	5	—	5

Mit der Gewebekulturmethode haben wir nun einige Seren untersucht. Dabei wurde eine Virusneutralisation nur mit den Seren beobachtet, die von Enzephalitis-verdächtigen Patienten stammten.

Leider haben wir in diesem Sommer keine typischen Fälle von Enzephalitis bemerkt, so daß ein typisches Ansteigen der Antikörper im Blut von Patienten noch nicht nachgewiesen werden konnte. Neutralisationsteste mit anderen spezifischen Enzephalitisseren (tschechische oder russische Enzephalitis) sind auch noch nicht durchgeführt worden. Infolge der antigenen Verwandtschaft der verschiedenen Viren ist es jedoch wahrscheinlich, daß dieser an HeLa-Zellen adaptierte Louping-ill-Stamm auch für immunologische Untersuchungen anderer als durch Zecken übertragener Enzephalitiden benutzt werden kann (Tab. 46, 47).

L. L. Fadejewa

Über die Virusantigene bei der Zeckenenzephalitis-Diagnostik

Im Laboratorium von Prof. Shdanow wurde eine Lyophilisationsmethode für das Zeckenenzephalitisvirus ausgearbeitet, mit der in 4—5 Stunden ein trockenes Zeckenenzephalitisvirus-Präparat hergestellt werden kann. Das lyophilisierte Virus behielt alle seine biologischen Eigenschaften. Der Titer dieses Präparates zeigte bei intracerebraler Titration an weißen Mäusen die gleiche Höhe wie das Ausgangsmaterial. Es ist somit zu keiner Titersenkung durch den Trocknungsprozeß gekommen.

Das Problem der Herstellung von standardisierten diagnostischen Antigenen für die Zeckenenzephalitis-Komplementbindungsreaktion (KBR) wird in der Sowjetunion schon seit einigen Jahren studiert. Außer den aus der Literatur schon bekannten aktiven und inaktiven Antigenen will ich von einem Antigen sprechen, das im Laboratorium von Prof. Shdanow hergestellt wird. Zur KBR wird ein hochaktives Antigen aus der Allantoisflüssigkeit von Bruteiern verwendet, die mit dem Zeckenenzephalitisvirus infiziert worden sind. Obgleich dieses Virus in der Allantoisflüssigkeit in kleineren Mengen (Infektiositätstiter 10^{-6}) als im Gehirn und in anderen Organen des Embryos vorhanden ist (Titer 10^{-7}), kann diese Allantoisflüssigkeit als ein wertvolles Antigen verwendet werden, da es arm an Eiweiß und seine Herstellung sehr einfach ist. Dieses Standardantigen wird lediglich durch ultraviolette Strahlen inaktiviert (Lewkowitsch) und nachfolgend lyophilisiert.

RESOLUTION ZUM THEMA V

Virologisch-diagnostische Methoden bei der Zeckenenzephalitis in Europa

Die Fortschritte in der Virologie ermöglichen es, neue Methoden auch bei der Diagnostik der Zeckenenzephalitis anzuwenden. Es ist deshalb folgendes notwendig:

1. Es ist die Möglichkeit einer Verfeinerung aller diagnostischen Methoden zu studieren und nach der empfindlichsten Methodik der Virusisolierung in vivo und in vitro zu suchen.
2. Die Methodik der serologischen Diagnostik ist zu vervollkommnen.
   a) Erforscht werden muß die Technik der Herstellung eines inaktiven, hochwirksamen Antigens, das sich einfach zubereiten läßt und eine lange Aufbewahrung verträgt; die Methodik der Herstellung von diagnostischen Immunseren ist zu verbessern und die Komplementbindungsreaktion in ihrer Methodik zu verfeinern.

b) Die Ausarbeitung und Standardisierung des Virusneutralisationstestes ist in Angriff zu nehmen (in Gewebekulturen, an Hühnerembryonen usw.).

3. Gleichzeitig mit der Verfeinerung der Diagnostik der Zeckenenzephalitis ist auch eine Vervollkommnung der Diagnostik bei den übrigen neurotropen Viruskrankheiten des Zentralnervensystems anzustreben. Weiter sollen methodische Wege zum Studium der antigenen Eigenschaften der Zeckenenzephalitisvirusstämme gesucht werden.
4. Um die Aufgaben schnell und erfolgreich erfüllen zu können, wird vorgeschlagen, die Bemühungen aller daran interessierten Arbeitsstätten im internationalen Maßstab zusammenzufassen und die Aufgaben aus dieser Problematik nach Übereinkommen mit dem Zeckenenzephalitis-Forschungszentrum in Moskau zu verteilen.
5. Es wird vorgeschlagen, bei dem genannten Zentrum eine internationale Subkommission für diagnostische Methoden zu schaffen, auf deren Sitzungen die Forschungsergebnisse ständig besprochen werden.

Prof. Lewkowitsch soll unter Mitarbeit von Prof. Sejtljonok und Dr. Iljenko die Organisation dieser Subkommission übernehmen.

Dr. W. I. Iljenko, Dr. F. Fornosi, Dr. V. Bárdoš

THEMA VI

Möglichkeiten der spezifischen Therapie und Prophylaxe bei den Zeckenenzephalitiden

Präsidium:

Dr. N. Oker-Blom, Dr. W. I. Iljenko, Dr. H. von Magnus, Dr. D. Málková

Sekretär:

Dr. J. Pešek

HAUPTREFERAT

D. SLONIM

Probleme der Schutzimpfung gegen die Zeckenenzephalitis

Seit dem Jahre 1948, als es gelang, die Ätiologie der tschechoslowakischen Zeckenenzephalitis (ZE) durch Isolierung des Virus nachzuweisen, ist diese Erkrankung nach und nach in allen Gebieten unserer Republik aufgetreten. Das zahlenmäßig höchste Vorkommen war 1953 zu verzeichnen. Seitdem ist die Erkrankung ziemlich selten geworden. Dies darf jedoch nicht dazu führen, die Gefahr, die in dem epidemiologischen Charakter der Enzephalitis begründet ist, aus dem Auge zu lassen. Ohne an irgendwelche bekannte zeitliche Periodizität gebunden zu sein, kann sie in jedem beliebigen Teil des Landes, in dem die ökologischen Bedingungen hierfür gegeben sind, plötzlich und in breitem Ausmaße aufflackern, ähnlich wie es 1953 der Fall war.

Wir hatten uns vorgenommen, mit dem Studium der Herstellung eines Impfstoffes gegen die ZE zu beginnen, den wir als Mittel für eine wirksame spezifische Prophylaxe ansehen. Experimentell wurde bei uns auch die Möglichkeit einer Vorbeugung der Enzephalitis durch spezifisches Gammaglobulin verfolgt.

Dieses Referat will kurzgefaßt unsere bisherigen Erfahrungen schildern, die jedoch nicht über den Rahmen des Versuchsstadiums hinausgehen, denn besonders in der Frage der aktiven Immunisierung stehen wir noch am Anfang der Arbeit.

Einige Tatsachen aus der Biologie des Virus der ZE, aus der Pathogenese und Immunogenese sowie aus Epidemiologie und Klinik der Erkrankung stehen in Beziehung zur Problematik der aktiven und passiven Immunisierung:

1. *Die antigene Einheitlichkeit der Virusstämme der ZE*

In den bisherigen Arbeiten, die sich mit dem Vergleich der antigenen Eigenschaften verschiedener Virusstämme der ZE befaßten, wurde nachgewiesen, daß das Virus der ZE eine einheitliche antigene Struktur besitzt. STRAUSS und KOLMAN (1954) fanden bei 16 Virusstämmen der ZE weder in der Komplementbindungsreaktion (KBR) noch im Neutralisationstest an Mäusen signifikante antigene Unterschiede. Unter besonders spezifisch gestalteten Bedingungen verglichen wir 1955 in der KBR und im Neutralisationstest (intraperitoneal und intracerebral) an weißen Mäusen den von GALLIA isolierten Stamm „HA" aus dem Jahre 1948 mit unserem Stamm „JIR" aus dem Jahre 1953. Es gelang uns dabei, die volle antigene Identität beider Stämme nachzuweisen.

Nach den bisherigen Erfahrungen bilden die Virusstämme der ZE eine homogene Gruppe, die nicht in antigene Typen zergliedert werden kann.

2. *Die antigene Verwandtschaft der Viren der ZE mit den Viren der russischen Frühjahrs-Sommerenzephalitis und der schottischen Schafenzephalitis*

Die Arbeiten von EDWARD (1950), STRAUSS und KOLMAN (1954) und unsere eigenen (1955) bestätigen die enge antigene Verwandtschaft unserer Enzephalitisstämme mit dem Virus des Louping-ill und besonders der russischen Frühjahrs-Sommerenzephalitis. Ein Beweis für die Zugehörigkeit dieser Viren zu einer Gruppe ist auch ihr übereinstimmendes Pathogenitätsspektrum für Versuchstiere und ihr Verhalten im Hühnerembryo (1956).

Die bisherigen Erfahrungen sowjetischer Fachleute mit der aktiven Immunisierung gegen die russische Enzephalitis sowie Versuche von Edward mit der aktiven Immunisierung gegen Louping-ill können uns für weitere Arbeiten in dieser Richtung nützlich sein.

3. *Das Stadium der Virämie bei der Pathogenese der ZE*

Es gibt bei uns bisher nur vereinzelte Arbeiten, die sich mit der Lösung der Frage der Pathogenese der ZE beschäftigen. Ganz klar geht jedoch daraus hervor, daß es bei Mäusen, die mit dem Virus der ZE infiziert wurden, immer zu einer Virämie mit einem hohen Virustiter im Blut (10^{-6} bis 10^{-8} LD_{50}) kommt. Auch bei peripher infizierten Goldhamstern tritt nach unseren Erfahrungen regelmäßig eine Virämie auf.

Obwohl die Probleme der Pathogenese beim Menschen bisher nicht systematisch verfolgt worden sind, beweist die Anzahl gelungener Virusisolierungen aus dem Blut kranker Menschen, daß es bei der Pathogenese der ZE des Menschen ein virämisches Stadium gibt.

Damit hat also die aktive Immunisierung als Vorbeugungsmaßnahme gegen die Enzephalitis Aussichten auf Erfolg. Sie regt die Bildung humoraler Antikörper an, die dann das Virus im Gefäßsystem neutralisieren, noch ehe es in genügender Menge das ZNS erreichen kann.

4. *Die humoralen Antikörper bei der Immunogense der ZE*

Bei an ZE erkrankten Personen werden zwei Arten von spezifischen Antikörpern nachgewiesen: komplementbindende (kb.) Antikörper und virusneutralisierende (vn.) Antikörper.

Wir haben ihre Dynamik beim Menschen studiert. Als Grundlage dienten die aus 71 Proben menschlicher Seren errechneten Durchschnittswerte der kb. und vn. Antikörper. Die Seren wurden zu verschiedenen Zeitpunkten nach Beginn der Enzephalitis entnommen. Die kb. Antikörper steigen ziemlich schnell an und erreichen bald ihren Kulminationspunkt, um dann wieder schnell abzufallen, so daß sie nach einem Jahr nicht mehr vorhanden sind oder nur einen niedrigen Titer aufweisen. Die vn. Antikörper steigen meist langsamer an, erreichen den Höhepunkt gewöhnlich später und überdauern die Krankheit lange Jahre mit hohem Titer.

Obwohl Patienten in später Rekonvaleszenz nach überstandener ZE keine nachweislichen kb. Antikörper haben, verfügen sie über eine gute Immunität. Bei ihnen lassen sich jedoch regelmäßig hohe Werte von vn. Antikörpern nachweisen. Daraus kann man schlußfolgern, daß die vn. Antikörper im humoralen Immunitätsmechanismus des Menschen die Hauptrolle spielen.

5. *Effektiver Schutz gegen eine Infektion mit dem Virus der ZE durch spezifische humorale neutralisierende Antikörper*

Einen Beweis für die entscheidende Rolle der vn. Antikörper bei der Abwehr des Organismus stellen auch die Versuche mit rekonvaleszentem menschlichem Gammaglobulin dar. Wir wiesen nach (1955), daß die aus der Gammaglobulinfraktion des menschlichen Rekonvaleszentenserums gewonnenen vn. Antikörper imstande sind, die Entstehung einer Enzephalitis bei Mäusen zu verhindern, falls sie bis zu einem gewissen Zeitpunkt nach der Infektion in genügender Menge verabreicht werden.

Unsere Arbeiten beweisen ebenso wie die Resultate von Bárdoš (1956), daß die vn. Antikörper den entscheidenden Faktor bei der Vernichtung des aus dem Blutkreislauf dem ZNS zustrebendem Virus darstellen.

6. *Epidemiologische und klinische Erkenntnisse*

Epidemiologisch-serologische Untersuchungen haben ergeben, daß die Infektion mit dem Virus der ZE bei einer bestimmten Anzahl von Menschen als inapparente, gegebenenfalls leichte abortive Allgemeininfektion verläuft. Das ZNS wird dabei nicht ernstlich geschädigt.

Unsere im Jahre 1954 an 50 Dorfbewohnern eines Naturherdgebietes unternommene Untersuchung ergab, daß bei 30% der Untersuchten spezifische vn. Antikörper mit einem signifikanten Titer von mehr als 100 vorhanden waren, wobei nur 40% der Reagenten eine Enzephalitis durchgemacht hatten, die sie zum Arzt oder in Krankenhausbehandlung geführt hatte. Die übrigen 60% hatten keine Enzephalitis-ähnliche Erkrankung durchgemacht. Ähnlich sind die nichtveröffentlichten Erfahrungen ŽÁČEKS. Seine systematischen Untersuchungen der Seren von Leuten in Naturherdgebieten mit Hilfe der KBR ergaben ein größeres Vorkommen von inapparenten und abortiven Erkrankungen, als wir selbst es 1956 feststellen konnten. Danach hat also der Mensch einen gewissen Grad von natürlicher Resistenz gegen die Infektion des ZNS durch das Virus der ZE. Wir sind noch nicht in der Lage zu sagen, welche Faktoren diese natürliche Resistenz beeinflussen.

PROCHÁZKA und KRÓO (1956) konnten den Beweis erbringen, daß einer dieser Faktoren die körperliche Überanstrengung ist. Sie machten von dieser Erkenntnis Gebrauch, indem sie durch extreme Ruhigstellung der Patienten in der ersten febrilen Phase der Erkrankung den Ausbruch der gefürchteten zweiten meningoenzephalitischen Phase hintanhalten konnten. Auf diese Art wurde die Entwicklung von Paresen verhindert.

Auf Grund der geschilderten epidemiologischen und klinischen Erkenntnisse über einen gewissen Grad von natürlicher Resistenz beim Menschen kann man annehmen, daß auch ein niedriger Spiegel von neutralisierenden Antikörpern zum Schutz des Organismus wirksam sein kann, indem er eine Infektion des ZNS durch das Virus der ZE verhindert.

I. Versuch einer aktiven Immunisierung

An einer Vaccine gegen die ZE wird in zwei Richtungen gearbeitet:

1. Versuch der Herstellung einer Vaccine aus infizierten Hühnerembryonen mit durch Formalin inaktiviertem Virus,
2. Versuch der Herstellung einer Vaccine mit aktivem, durch Hühnerembryopassagen modifiziertem Virus.

1. *Versuch der Herstellung einer Vaccine aus infizierten Hühnerembryonen mit durch Formalin inaktiviertem Virus*

Beimpft wurden die Hühnerembryonen mit den Stämmen „HA" oder „JIR" der ZE, die auf der Chorioallantois des Hühnerembryos gezüchtet waren. Als Inoculum dienten 20%ige Suspensionen der infizierten Chorioallantois, die auf $10^{-2,0}$ verdünnt wurden. Die LD_{50}-Werte wurden nach REED und MUENCH durch intracerebrale Infektion an weißen Mäusen festgestellt.

Beimpfung der Chorioallantois: Verwendet wurden 12tägige Embryonen. Die Dynamik der Virusvermehrung wird in einem Diagramm wiedergegeben (Abb. 43).

Beimpfung der Allantoishöhle: Verwendet wurden 10tägige Embryonen. Die Dynamik der Virusvermehrung wird in einem Diagramm wiedergegeben (Abb. 44).

Beimpfung des Dottersackes: Verwendet wurden 8tägige Embryonen. Die Dynamik der Vermehrung wird in einem Diagramm wiedergegeben (Abb. 45).

Unter Berücksichtigung der einfachen Manipulation und der hohen LD_{50}-Werte (10^{-7} bis 10^{-8}) entschlossen wir uns für die Dottersackbeimpfung, wobei wir die infizierten Embryonen und die Chorioallantoishäute am 3. Tage p. i. für die Zubereitung der Vaccineausgangssuspension verwendeten.

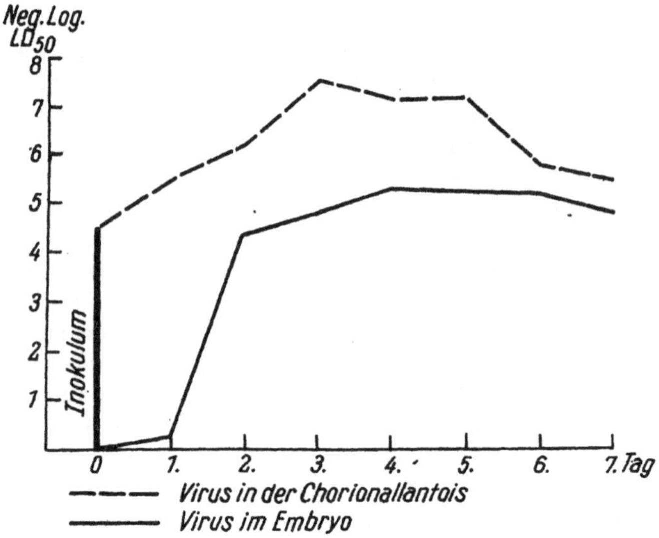

Abb. 43

Vermehrung des Virus der Zeckenenzephalitis im Hühnerembryo nach Verimpfung auf die Chorioallantoismembran

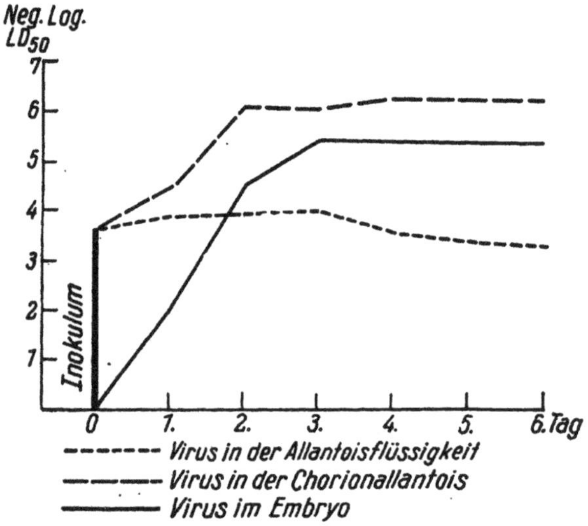

Abb. 44

Vermehrung des Virus der Zeckenenzephalitis im Hühnerembryo nach Verimpfung des Virus in die Allantoishöhle

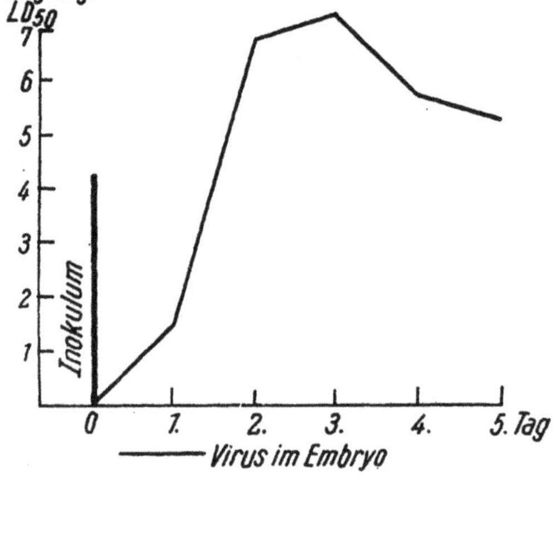

Abb. 45

Vermehrung des Virus der Zeckenenzephalitis im Hühnerembryo nach Verimpfung des Virus in den Dottersack

Nachweis des antigenen Vermögens des aus dem Eimaterial stammenden Virus

Material: Es wurde eine 25%ige Suspension aus infizierten Embryonen und Eihäuten zubereitet und 15 Minuten lang bei 2500 U/min zentrifugiert. Die überstehende Flüssigkeit wurde zweimal eingefroren (— 26° C), aufgetaut (+ 37° C) und danach wieder zentrifugiert. Dieser Überstand wurde zur Herstellung der Vaccine verwendet.

Zur Immunisation nahmen wir Meerschweinchen, da diese Tiere weder auf die intracerebrale noch auf die subcutane Infektion durch das Virus der ZE mit Fieber oder anderen Krankheitszeichen reagieren. Diese Widerstandsfähigkeit zeigten sowohl erwachsene als auch säugende Tiere.

Applikation von aktiven und probeweise inaktivierten Virussuspensionen

Impfung: subcutan 0,5 ml, im Abstand von 7 Tagen intradermal 0,1 ml oder subcutan 0,5 ml, 17 Tage danach Blutentnahme für den Serumneutralisationstest. Das Ergebnis dieses Testes ist in Tab. 48 und 49 wiedergegeben. Weiterhin wurde die Wirkung von Adjuvantien geprüft. Das Ergebnis des Neutralisationstestes ist in Tab. 50 wiedergegeben. Das Ergebnis eines Neutralisationstestes mit probeweise inaktiviertem Virus wird in Tab. 51 veranschaulicht.

Zusammenfassend kann gesagt werden, daß das im Hühnerembryo gezüchtete Virus im Meerschweinchenversuch antigen wirksam ist.

Tabelle 48. Ergebnis des Neutralisationstestes

Meerschweinchen Nr.	4	5
Neutralisationsindex	316,0	742,0

Impfung: Subcutan 0,5 ml, im Abstand von 7 Tagen intradermal 0,1 ml, im Abstand von 17 Tagen Blut für den Serumneutralisationstest entnommen.

Tabelle 49. Ergebnis des Neutralisationstestes

Meerschweinchen Nr.	6	7	8
Neutralisationsindex	4800	3280	2138

Impfung: Subcutan 0,5 ml, im Abstand von 7 Tagen subcutan 0,5 ml, 17 Tage danach Blut für den Serumneutralisationstest entnommen.

Tabelle 50. Ergebnis des Neutralisationstestes

Meerschweinchen Nr.	1	2	3
Neutralisationsindex	1033	692	10000

Impfung: Intramuskulär 1,0 ml, im Abstand von 30 Tagen Blut für den Serumneutralisationstest entnommen. Verabreicht wurden Suspensionen von aktivem Virus in lipoiden Adjuvantien (Arachiden-Öl + 4%iges Al.-Stearat mit gleichen Teilen der Suspension vermischt).

Tabelle 51. Ergebnis des Neutralisationstestes

Meerschweinchen Nr.	9	10
Neutralisationsindex	5248	1000

Impfung: Subcutan 1,0 ml, im Abstand von 7 Tagen subcutan 0,5 ml, im Abstand von 16 Tagen Blut für den Neutralisationstest entnommen. Verabreicht wurden Suspensionen mit probeweise inaktiviertem Virus (Formalin, 1 : 1000, 6 Tage lang bei + 4° C, nach 6 Tagen mit $NaHSO_3$ neutralisiert).

Inaktivierung des Virus durch Formalin bei + 4° C

Material: Es wurde eine 10%ige Suspension aus infizierten Embryonen und Chorioallantoishäuten hergestellt. Das Formalin war eine 30%ige Lösung von Formaldehyd (pro analysi, hiesiges Erzeugnis, $MgCO_3$ enthaltend) in Wasser. Tab. 52 zeigt die Zeit der Virusinaktivierung durch Formalin unterschiedlicher Konzentration bei 3 verschiedenen Mustern der Virussuspension. Es ist ersichtlich, daß mit niedrigerer Formalinkonzentration die Inaktivierung langsamer und ungleichmäßiger vor sich geht.

Tabelle 52. Virusinaktivierung durch verschiedene Formalinkonzentrationen

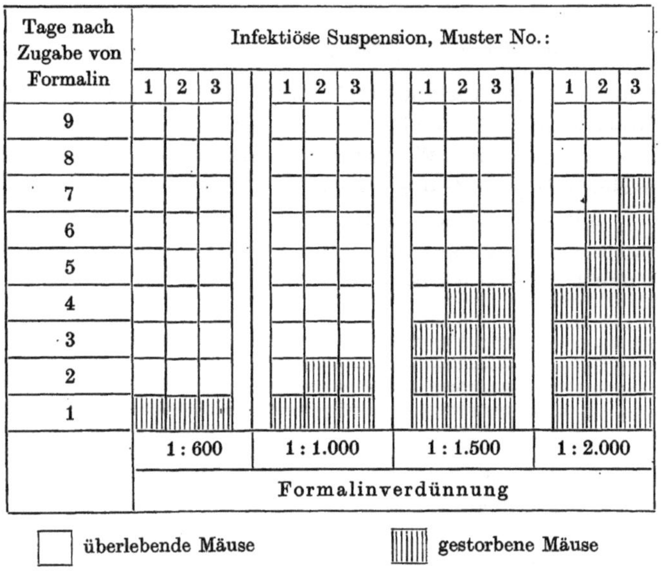

Immunisierungsversuche zur Bestimmung der optimalen Formalinkonzentration

Der Immunisationsindex wird als Antilogarithmus wiedergegeben, der sich aus dem log LD_{50} der Kontrollgruppe nach Abzug des log LD_{50} der immunisierten ersten Gruppe errechnet.

Vaccine V 4: Das Formalin wurde in allen 4 Mustern am 4. Tage durch $NaHSO_3$ neutralisiert. Immunisationsschema für weiße Mäuse: intraperitoneal 0,2 ml im Abstand von 4 Tagen, intraperitoneal 0,2 ml im Abstand von 7 Tagen. Das „challenge-Virus" wurde den Mäusen in steigenden Zehnerpotenzen appliziert; für jede Verdünnung wurden 7 Mäuse verwendet. Der Versuch wurde am 15. Tage nach der Probeinfektion abgeschlossen. Die Ergebnisse der Immunisationsteste sind in Tab. 53 wiedergegeben.

Tabelle 53. Ergebnis der Immunisierungsversuche zur Bestimmung des optimalen Formalingehaltes in der Vaccine

Formalinkonzentration in der Vaccine	log Immunisationsindex
1 : 200	0,83
1 : 500	1,65
1 : 600	1,74
1 : 1000	1,90

Das aus Hühnerembryonen stammende inaktivierte Virus weist im Versuch an weißen Mäusen immunisierende Fähigkeiten auf. Das angewendete Immunisationsschema ist zum Nachweis antigener Eigenschaften der Präparate geeignet. Die Immunisationsfähigkeit der Präparate steigt mit sinkender Formalinkonzentration an.

Vaccine V 6: Das Formalin wurde in den einzelnen Proben der Vaccine an den in Tab. 54 angegebenen Tagen durch $NaHSO_3$ inaktiviert. Die Vaccine wurden unmittelbar nach der Neutralisation verwendet. Das „challenge-Virus" wurde den Mäusen in Zehnerpotenzen appliziert; für jede Verdünnung wurden 7 Mäuse verwendet. Obwohl in allen Vaccinemustern vor der Verwendung an Mäusen kein aktives Virus nachgewiesen werden konnte, nehmen wir an, daß der hohe Immunisationsindex nach Anwendung von Präparaten mit 1 : 1500 und 1 : 2000 verdünntem Formalin durch die Anwesenheit von Spuren von aktivem Virus hervorgerufen wurde, die bei manchen Mäusen eine inapparente Infektion mit hoher Immunität bewirkt hatten. Diese Annahme ist umso wahrscheinlicher, als es sich um ein an Hühnerembryonen adaptiertes Virus handelte, dessen Invasivität für das ZNS der weißen Mäuse herabgesetzt war.

Tabelle 54. Ergebnis der Immunisierungsversuche zur Bestimmung des optimalen Formalingehaltes in der Vaccine

Formalinkonzentration in der Vaccine	Anzahl der Tage nach Zugabe des Formalins bis zu seiner Neutralisation und Applikation der Vaccine bei weißen Mäusen		Immunisationsindex
	I. Dosis	II. Dosis	
1 : 200	2	6	100
1 : 600	3	7	219
1 : 1000	5	9	295
1 : 1500	6	10	2042
1 : 2000	9	13	14455

Immunisationsschema: Intraperitoneal 0,2 ml im Abstand von 14 Tagen,
Intraperitoneal 0,2 ml im Abstand von 7 Tagen

Da unzweifelhaft aktives Virus in der Vaccine des vorhergehenden Versuches enthalten war, ließen wir das Formalin in dem nächsten Versuch 20 Tage lang einwirken. Nachher hat man das Formalin durch $NaHSO_3$ neutralisiert und die einzelnen Muster den Mäusen nach dem gleichen Schema wie im vorigen Versuch verabreicht (Tab. 55). Eine Formalinverdünnung von mehr als 1 : 1000 inaktiviert das Virus langsamer, hat aber bei Aufbewahrung im Kühlschrank bei + 4° C keinen günstigen Einfluß auf die Erhaltung der immunisierenden Fähigkeit.

Tabelle 55. Immunisierungsversuche zur Bestimmung des optimalen Formalingehaltes in der Vaccine

Formalinkonzentration in der Vaccine	Anzahl der Tage nach Zugabe des Formalins bis zu seiner Neutralisation und Applikation der Vaccine bei weißen Mäusen		log Immunisationsindex
	I. Dosis	II. Dosis	
1 : 200	20	24	0,40
1 : 600	20	24	1,03
1 : 1000	20	24	1,82
1 : 1500	20	24	0,85
1 : 2000	20	24	0,89

Die optimale Formalinverdünnung, die das Virus inaktiviert und dabei seine immunisierende Fähigkeit am wenigsten beeinflußt, liegt bei 1 : 1000 (Tab. 55). Eine höhere oder niedrigere Formalinkonzentration hat auf die antigenen Eigenschaften der bei + 4° C aufbewahrten Vaccine einen ungünstigen Einfluß.

Der vorherige Versuch wurde mit dem Unterschied wiederholt, daß Gruppen von je 20 Mäusen mit einer Vaccine immunisiert wurden, die man mit verschieden verdünntem Formalin inaktiviert hatte. Zusammen mit einer nicht-immunisierten Kontrollgruppe wurden alle Mäuse intraperitoneal mit einer Suspension infiziert, die einen Virusgehalt von 25 LD_{50} hatte. Immunisationsschema sowie Zeit der Belastung wie vorher. Das Ergebnis des Immunisationstestes ist in Tab. 56 wiedergegeben. Auch dieser Versuch ließ erkennen, daß das Präparat mit dem Zusatz einer Formalinverdünnung von 1 : 1000 die bessere immunisierende Fähigkeit aufwies.

Tabelle 56. Immunisierungsversuche zur Bestimmung des optimalen Formalingehaltes in der Vaccine

Formalinkonzentration in der Vaccine	Anzahl der Tage nach Zugabe des Formalins bis zu seiner Neutralisation und Applikation der Vaccine bei weißen Mäusen		Mortalität	Prozentzahl der Überlebenden
	I. Dosis	II. Dosis		
1 : 600	3	7	7/20	65
1 : 1000	6	10	4/20	80
1 : 2000	10	14	8/19	58
Kontrolle	—	—	16/19	16

Die hier kurz angeführten Versuche sind nur der Beginn unserer Bemühungen, eine Vaccine gegen die ZE herzustellen. Sie sagen im Grunde genommen nicht mehr aus, als daß das in Hühnerembryonen gezüchtete Virus als Ausgangsmaterial für die Herstellung einer Vaccine verwendbar ist. Sehr interessant ist die Frage nach der Wahl der geeigneten Formalinkonzentration für die Virusinaktivierung. Aus unseren Versuchen geht hervor, daß die optimale Konzentration bei einer Verdünnung von 1 : 1000 liegt und daß höhere Verdünnungen zwar das Virus schonender und langsamer inaktivieren, auf die Erhaltung seiner antigenen Eigenschaften jedoch keinen guten Einfluß haben. Gleiches kann auch für niedrigere Formalinkonzentrationen gesagt werden. Die endgültige Bestätigung dieser Annahme und eine weitere Bearbeitung dieser Probleme war uns bisher nicht möglich. Wir mußten unsere Arbeiten voriges Jahr zugunsten anderer Untersuchungen abbrechen.

2. *Versuch der Virulenzabschwächung beim Virus der ZE durch Passagierung über die Chorioallantois des bebrüteten Hühnereies*

Der als „JIR" bezeichnete ZE-Stamm wurde in 12tägigen Hühnerembryonen passagiert. Als Infektionsmaterial diente dabei eine 20%ige Chorioallantoissuspension. Die Veränderung der Invasionskraft des Virus für das ZNS von weißen Mäusen nach einer verschiedenen Anzahl von Passagen versuchten wir im Unterschied der LD_{50} nach intracerebraler Infektion sowie nach intraperitonealer und besonders subcutaner Infektion von Virus derselben Passage zu erfassen. Wir setzten dabei voraus, daß sich die durch fortgesetzte Eipassagen verringerte Pathogenität für die weiße Maus vor allem im Ergebnis der peripheren Inoculation bemerkbar machen würde. Wir nahmen an, daß der LD_{50}-Wert bei peripherer Applikation des Virus absinken, während er bei intracerebraler Infektion gleichbleiben und sich so der Unterschied zwischen den beiden Werten im Verlaufe der Passagen vergrößern würde. Als weiteres Kriterium einer veränderten Pathogenität des an den Hühnerembryo adaptierten Virus für die Maus wurde eine Verlängerung der Inkubationszeit bei peripher infizierten Mäusen gewertet.

Selbst nach 70 Chorioallantoispassagen konnten wir keine Zunahme des Unterschiedes zwischen dem intracerebral und subcutan oder intraperitoneal festgestellten Virustiter nachweisen. Bei Mäusen, die mit Virus aus hoher Eipassage infiziert worden waren, war jedoch die Inkubationszeit deutlich verlängert. Bei der intracerebralen Inoculation ist der Zeitpunkt der maximalen Mortalität für die 6. und 70. Chorioallantoispassage gleich, und zwar ist es der 7. Tag. Die Gipfel beider Kurven überdecken sich. Werden diese zwei Viruspassagen subcutan verabreicht, so kommt es zu einer Dissoziation beider Kurven, da die mit Virus aus der 6. Chorioallantoispassage infizierten Mäuse am 9. Tage und die mit Virus aus der 70. Passage infizierten Tiere am 11. Tage p. i. die maximale Sterblichkeit aufweisen. Versuche mit der 10. und der 73. Chorioallantoispassage ergaben die gleichen Resultate.

Nach 70 Hühnereipassagen war also die Invasionskraft des Virus der ZE für Mäuse mäßig herabgesetzt. Das fand in einer Verlängerung der Inkubationszeit nach subcutaner Applikation des Virus seinen Ausdruck.

Wegen anderer Arbeiten war es uns auch hier nicht möglich, die Versuche fortzusetzen. Nach unserer Meinung ist jedoch die Perspektive der Immunisation gegen die ZE mit aktivem modifiziertem Virus nicht ohne Aussicht auf Erfolg.

Der von uns auf die Chorioallantois adaptierte Stamm der ZE ist nicht imstande, bei Goldhamstern nach peroraler Applikation eine Enzephalitis hervorzurufen. Der gleiche Virusstamm verursacht aber nach intracerebraler Infektion bei Mäusen in 40—60% der Fälle eine tödliche Enzephalitis. Da der Mensch durch das Virus der ZE auch auf peroralem Wege infiziert werden kann und eine solche alimentär entstandene Erkrankung einen milderen, gutartigeren Verlauf aufweist, liegt die Annahme nahe, daß es möglich sein könnte, bei der aktiven Vaccination in erster Linie die Deglutition zu benutzen.

II. Versuch einer passiven Immunisierung

Aus dem vorhin über die Pathogenese und Immunogenese der ZE Gesagten kann man schließen, daß die in den Organismus eingeführten neutralisierenden Antikörper imstande sind, das Virus zu neutralisieren. Dies gilt natürlich nur insoweit, als das Virus noch nicht in Verbindung mit der Zelle steht oder sich bereits zu vermehren begonnen hat. Diese Vermutung haben Versuche an Mäusen bestätigt. Es war möglich, die Tiere mittels der Gammaglobulinfraktion aus dem Rekonvaleszentenserum menschlicher Enzephalitiker vor einer tödlichen Enzephalitis zu bewahren, falls das Gammaglobulin rechtzeitig und in genügender Menge verabreicht wurde (1955). Auch Bárdoš konnte 1956 auf ähnliche Weise die Schutzwirkung des spezifischen Gammaglobulins bei der ZE nachweisen (Tab. 57). Aus der Tabelle gehen die im Neutralisationstest erreichten Titer des Gammaglobulins aus menschlichen

Tabelle 57. Ergebnisse im Neutralisationstest mit einzelnen Fraktionen aus dem Rekonvaleszentenserum menschlicher Enzephalitiker

Fraktion nach Cohn	Plasma A	Plasma B	Elektrophoretisch
	Neutralisationsindex		
II — 1,2	14,790	820,000	Reines Gammaglobulin
II — 3	69,180	100,000	
III — 1	10,000	1,700	Globuline
III — 2	nicht verfertigt	11,400	(10–15% Gammaglobulin)
III — 3	549	371	Kein Gammaglobulin

Rekonvaleszentenseren hervor. Das Fraktionieren nach COHN wurde von Ing. F. ŠVAŘIL aus dem Institut für Hämatologie und Bluttransfusion in Prag durchgeführt. Die neutralisierenden Antikörper befinden sich vor allem in der II. Fraktion (reines Gammaglobulin). Die in den übrigen Fraktionen nachgewiesenen Antikörper lassen sich wahrscheinlich auf einen gewissen niedrigen Gammaglobulingehalt zurückführen, obwohl in der Fraktion III-3 elektrophoretisch kein Gammaglobulin nachgewiesen werden konnte. Aus menschlichem Rekonvaleszentenserum stammendes Gammaglobulin wurde in unserem Lande während der letzten zwei Jahre einige Male bei der Prophylaxe gegen die ZE benutzt, gelegentlich auch beim Versuch, den Verlauf der Erkrankung günstig zu beeinflussen. Es gibt aber noch zu wenig solcher Fälle, um die Wirkung des spezifischen Gammaglobulins vom epidemiologischen oder klinischen Standpunkt aus beurteilen zu können.

Obwohl sich die spezifischen Schutzstoffe vornehmlich in der Gammaglobulinfraktion des Serums befinden, halten wir es in Zukunft für geboten, prophylaktisch nicht nur reines Gammaglobulin, sondern dieses zusammen mit anderen Fraktionen des Serums zu verwenden. Diese übrigen Fraktionen enthalten einerseits noch einen geringen Teil des Gammaglobulins, andererseits aber auch manche unspezifischen Faktoren, die in der Abwehr des Organismus erfahrungsgemäß eine bedeutende Rolle spielen (Properdin!).

DISKUSSION

D. MÁLKOVÁ, V. RÁTHOVÁ

Auswahl der Virusstämme zur Herstellung der Vaccine gegen die Zeckenenzephalitis

Wir arbeiten an der Herstellung von Formolvaccine aus Mäusegehirnen. In diesem Diskussionsbeitrag wollen wir einige Erkenntnisse mitteilen, die wir bei der Auswahl der Virusstämme gewonnen haben.

Wir prüften die Virulenz, die immunogenen Eigenschaften und die antigene Struktur der Virusstämme. Für die vergleichenden Versuche verwendeten wir 4 Stämme des Zeckenenzephalitisvirus, die von Menschen aus verschiedenen Gebieten der Tschechoslowakei isoliert worden sind, ferner die 2 sowjetischen Stämme „Sofin" und „Absetarow", den Louping-ill-Stamm und aus Kontrollgründen den Stamm der Mäuseenzephalomyelitis „FA". Alle Versuche führten wir an hochempfänglichen weißen Mäusen aus den Mäusefarmen „Děčín" und „Terezín" durch.

Die Virulenzversuche an weißen Mäusen zeigten, daß alle tschechoslowakischen Stämme mit Ausnahme von einem sowie die beiden sowjetischen Stämme und der Louping-ill-Stamm im Gehirn der Mäuse nach intracerebraler und intraperitonealer Inoculation einen hohen Infektiositätstiter erreichten. Alle diese Stämme töteten die infizierten Mäuse noch bei einer Verdünnung der Virussuspension von 10^{-7} bis 10^{-8} (Tab. 58). Man sieht, daß der LD_{50}-Titer bei kleinen 5—8 g schweren weißen Mäusen Werte von 10^{-9} und höher erreichen kann. Den

Titer bei 6—7 und 9—10 Wochen alten Mäusen betrachten wir teils als Beweis einer hohen Virulenz nach der peripheren Inoculation, teils als Beweis für die große Empfänglichkeit der verwendeten weißen Mäuse.

Die immunogenen Eigenschaften der Virusstämme haben wir im kreuzweisen Resistenztest geprüft (Tab. 59).

Tabelle 58. Titration verschiedener Virusstämme an weißen Mäusen der Farm „Děčín"

Alter der Mäuse / Virusstamm	2—3 Wochen i. p. 0,06 ml*	6—7 Wochen i. p. 0,05 ml	9—10 Wochen i. p. 0,05 ml
Očenášek	9,5	8,3	8,1
Hypr	9,3	8,3	7,2
Hajek	9,0	8,5	6,8
Sofin	9,3	7,2	6,5
Absetarow	9,5	8,5	7,5
Louping-ill	8,5	7,6	6,8
Mäuseenzephalomyelitis, Stamm „FA"	3,0	nicht erkrankt	nicht erkrankt

i. p. = intraperitoneal
* = $-\log LD_{50}$

Tabelle 59. Kreuzweise Immunitätsprüfungen mit verschiedenen Stämmen an weißen Mäusen

Immunisation mit dem Stamm	Immunitätsprüfung mit dem Stamm				
	Očenášek	Hypr	Sofin	Absetarow	FA i. c.
Očenášek	> 50,100	> 15,900	> 2,500	> 3,200	2
Hypr	> 50,100	> 15,900	> 2,500	> 3,200	2
Sofin	> 50,100	> 15,900	> 2,500	> 3,200	0
Absetarow	> 50,100	> 15,900	> 2,500	> 3,200	0
Enzephalomyelitis der Mäuse, Stamm FA	0	0	0	0	125
LD_{50} der Kontrolltitration	$10^{-6,7}$	$10^{-6,2}$	$10^{-5,4}$	$10^{-5,3}$	$10^{-5,5}$

Die Tabelle zeigt, daß die Mäuse, die mit den tschechoslowakischen Stämmen „Očenášek" und „Hypr" sowie mit den sowjetischen Stämmen „Sofin" und „Absetarow" immunisiert worden sind, gegen den homologen wie auch gegen die anderen Zeckenenzephalitisvirus-Stämme in gleichem Maße (in den Grenzen, die man geprüft hat) resistent waren. Eine Ausnahme war ein Stamm aus Böhmen, der keine Verwandtschaft mit den anderen Zeckenenzephalitisvirusstämmen zeigte. Wie es sich später herausgestellt hat, handelte es sich um einen dem LCM-Virus verwandten Stamm. Wegen der Ungeeignetheit des Stammes haben wir einen anderen Stamm (Stamm „HI") in die Versuche eingereiht.

Der „HI"- und der Louping-ill-Stamm, die nachträglich geprüft wurden, zeigten dieselben Ergebnisse wie die vorher untersuchten Stämme des Zeckenenzephalitisvirus (Tab. 60).

Die verschiedenen Indices dieser beiden Stämme und der übrigen Stämme sind durch die unterschiedliche Titerhöhe des für die beiden Versuchsansätze verwendeten Virus bedingt.

Tabelle 60. Kreuzweise Immunitätsprüfungen mit verschiedenen Stämmen an weißen Mäusen

Immunisation mit dem Stamm	Immunitätsprüfung mit dem Stamm						
	Očenášek	Hypr	Sofin	Absetarow	Enzephalomyelitis der Mäuse Stamm FA	Hájek	Louping-ill
Očenášek						>676,100	>575,500
Hypr						>676,100	>575,500
Sofin						> 676,100	>575,500
Absetarow						>676,100	>575,500
Enzephalomyelitis der Mäuse Stamm FA						0	0
Hájek	>13,200000	>1,700000	224,000	>3,200000		>575,500	17,300000
Louping-ill	>13,200000	>1,700000	>295,000	>3,200000		>575,500	17,300000
LD_{50} in der Kontrolltitration	$10^{-8,12}$	$10^{-7,23}$	$10^{-6,47}$	$10^{-7,5}$	$10^{-6,0}$	$10^{-6,83}$ $10^{-6,76}$	$10^{-6,76}$ $10^{-8,24}$

Die antigene Struktur der Stämme studierten wir mit Hilfe des Neutralisationstestes und der Komplementbindungsreaktion. Für beide Reaktionen verwendeten wir immunes Hamsterserum (Tab. 61, 62). Im kreuzweisen Neutralisationstest (die Mäuse wurden mit dem Virus-Serumgemisch intraperitoneal geimpft) bestätigte sich ebenso wie in der kreuzweisen Komplementbindungsreaktion die nahe Verwandtschaft der Zeckenenzephalitisviren.

Zusammenfassend kann festgestellt werden, daß die tschechoslowakischen Stämme „Hypr" und „HI", die beiden sowjetischen Stämme und der Louping-ill-Stamm eine nahe Verwandtschaft aufweisen und sich alle zur Herstellung der Vaccine gegen die Zeckenenzephalitis eignen.

Tabelle 61. Kreuzweiser Seroneutralisationstest mit immunen Hamsterseren

Antigen / Immunes Serum	Očenášek	Hypr	Hájek	Sofin	Absetarow	Louping-ill	Enzephalomyelitis der Mäuse Stamm FA
Očenášek	>1,000000	>158500	>6,800000	>67600	1,600000	>1,400000	
Hypr	>1,000000	>158500	>6,800000	>67600	>1,600000	>1,400000	3
Hájek	>1,000000	>158500	>6,800000	67600	416900	436600	
Sofin	>1,000000	158500	6,800000	>67600	>1,600000	>1,400000	
Absetarov	>1,000000	>158500	6,800000	>67600	>1,600000	1,400000	15
Louping-ill	1,000000	158500	477700	>67600	>1,600000	>1,400000	
Enzephalomyelitis der Mäuse Stamm FA		2			7		80
LD_{50} in der Kontrolltitration	$10^{-7,0}$	$10^{-6,21}$	$10^{-6,21}$	$10^{-7,84}$	$10^{-7,21}$	$10^{-7,15}$	$10^{-5,0}$

Tabelle 62. Kreuzweise Komplementbindungsreaktion mit immunen Hamsterseren

Nr.	Antigen / Serum	Očenášek	Hypr	Hájek	Sofin	Absetarow	Louping-ill	St. Louis	Jap. B_3 P	EEE	EMC	LCM	FA
1.	Očenášek	16	32	32	8	32	32	—	—			—	—
2.	Hypr	16	64	32	64	16	16	2	—	—	2	2	2
3.	Hájek	16	64	64	16	32	64	—	—			4	
4.	Sofin	32	64	32	64	16	32	4	4			4	
5.	Absetarow	8	32	32	32	32	8	4	2	4	4	2	2
6.	Louping-ill	16	32	32	16	16	64	2	2	—	—	2	4
7.	St. Louis	—	—	—	—	—	—	64	—			—	—
8.	Jap. B_3 P	—	4	—	4	—	—	—	16				—
9.	EEE		—			—				32	—		—
10.	EMC		2			2				2	16		4
11.	LCM	—	—	—	—	—	—					128	—
12.	Enzephalomyelitis der Mäuse Stamm FA	—	—	—	—	—	—	—	—	—	—	—	32

Auf Grund dieser Untersuchungen ergibt sich die Möglichkeit, eine monovalente Vaccine herzustellen.

Aus dem tschechoslowakischen Stamm „Hypr" und dem sowjetischen Stamm „Absetarow" haben wir je 3 Formolvaccinen hergestellt. Wegen der noch nicht abgeschlossenen Wirksamkeitsprüfung können vorläufig keine näheren Angaben über die Qualität dieser Vaccinen gemacht werden.

E. Molnár

Zur Frage der Lebendvaccinen gegen die Zeckenenzephalitis

Mein Beitrag betrifft das Problem der avirulenten Lebendvaccine gegen die Zeckenenzephalitis. Wir untersuchten die Virulenzveränderungen unseres „KEm_1"-Stammes im Verlaufe von Gewebekulturpassagen. Die Gewebekulturen wurden aus Hühnerembryo-Zellmaterial hergestellt. Die Vermehrung des Zeckenenzephalitisvirus läßt sich außer in Titrationsversuchen an der Maus oder im Hühnerembryo nicht unmittelbar verfolgen. Der in der Virusforschung allgemein benutzte Hämaglutinationstest, der sich bei sehr vielen Virusarten gut bewährt hat, oder die Komplementbindungsreaktion waren bei dem in der Gewebekultur vermehrten „KEm_1"-Stamm für unsere Zwecke nicht geeignet. Auch hatte der Stamm keine cytopathogenen Eigenschaften. In Ermangelung eines anderen Nachweisverfahrens überzeugten wir uns daher von der Anwesenheit des sich in der Gewebekultur vermehrenden Virus durch intracerebrale Impfung von Mäusen. Nach einer Anzahl von Gewebekulturpassagen jedoch machte das Inoculationsmaterial die Mäuse nicht mehr krank, tötete aber, in den Dottersack des Bruteies verimpft, den Embryo ab. Vermehrungsfähige Virusteilchen waren also vorhanden. Diese Veränderung der Virulenz begannen wir systematisch zu untersuchen, indem wir den Ausgangsstamm und die nach einigen Gewebekulturpassagen entstandene „Variante" parallel im Mäusehirn und im Dottersack des Hühnerembryos titrierten (Tab. 63).

Tabelle 63. Veränderung der Mäusepathogenität des in hühnerembryonalen Gewebekulturen passagierten Virusstammes „KEm_1".

Nr. der Versuche	Ausgangs-material	Zahl der Passagen in Gewebekulturen	log LD_{50} in Maus	Ei	Differenz zwischen den in Maus und Ei erzielten LD_{50}-Werten
1.	Mgh. 40. P.	—	6,25	6,75	0,50
		15	5,70	7,60	1,90
		29	2,66	6,75	4,09
		45	1,20	7,50	6,30
2.	Mgh. 49. P.	—	4,30	$>$10,0	5,70
		10	$<$1,00	4,00	$>$3,00
		21	$<$1,00	4,00	$>$4,00
3.	Mgh. 53. P.	—	4,80	5,00	0,20
		5	3,00	4,50	1,50

Aus der Tabelle ist ersichtlich, daß in der ersten Versuchsserie die LD_{50} des Ausgangsmaterials für Maus und Ei fast identisch ist, während sich die LD_{50} des Virus nach der 15. Gewebekulturpassage für die Maus wesentlich vermindert hat. Noch größer ist die Virulenzverminderung für die Maus nach 29 Gewebekulturpassagen, und sie beträgt mehr als 6 Zehnerpotenzen nach 45 Gewebekulturpassagen. Die zweite Versuchsserie war weniger erfolgreich, denn die Mäusevirulenz des Ausgangsmaterials war so niedrig, daß im weiteren nur die Verminderung der Mäusevirulenz nach der 10. bzw. 21. Gewebekulturpassage festgestellt werden konnte. Die dritte, vor kurzem begonnene Versuchsserie zeigt eine ähnliche Tendenz wie die erste. Die Mäusevirulenz des Virus hatte sich schon nach der 5. Gewebekulturpassage wesentlich vermindert.

Diese Versuche gestatten die Schlußfolgerung, daß sich in der Hühnerembryo-Gewebekultur viele vermehrungsfähige Viren befinden, die aber ihren Mäuseneurotropismus verloren haben. Es taucht daher der Gedanke auf, ob sich vielleicht ein solches modifiziertes Virus zur Immunisierung von Menschen eignen könnte.

L. Daneš

Zur Problematik der Vaccine bei der tschechoslowakischen Zeckenenzephalitis

Wir haben auf die hohe Virusausbeute bei der Züchtung des Zeckenenzephalitisvirus in Gewebekulturen vom Maitlandschen Typus hingewiesen. Die LD_{50}-Werte des sich nach der Primoinoculation in Gewebekulturen aus menschlichem Gewebe oder embryonalem Hühnergewebe vermehrenden Virus waren regelmäßig hoch (etwa $10^{-7,5}$ bis $10^{-8,5}$, manchmal auch höher). Auch bei der Passagierung des Virus in der Kultur wurden ähnliche Werte beobachtet. Für das Wachstum des Virus eigneten sich besonders zwei Medien, und zwar einmal Hanks-Lösung mit einem Zusatz von Menschenserum und zum anderen das synthetische Medium Nr. 199. Bei Verwendung von Lactalbuminhydrolysat-Lösung war die Virusausbeute niedriger. Man kann auf diese Art und Weise ein relativ reines Virusmaterial gewinnen, das nur homologe oder gar keine sensibilisierenden Eiweißstoffe enthält. Wir meinen, daß ein solches Material für die Vaccineproduktion sehr geeignet ist, wie man übrigens am Beispiel der Poliomyelitisviren oder der APC-Virusgruppe beobachten kann. Wahrscheinlich bietet auch ein solch reines Material im Vergleich zu den virushaltigen Organsuspensionen Vorteile für den Inaktivierungsprozeß.

A. Šimková

Die Anwendung von Gammaglobulin im Experiment im Hinblick auf die Prophylaxe der Zeckenenzephalitis

Die Anwendung von Gammaglobulin bei der Prophylaxe der Zeckenenzephalitis betrachten wir aus praktischen Gründen in bestimmten Fällen auch in der Zukunft als gegeben. Demzufolge haben wir uns auch im vergangenen Jahr in unserer experimentellen Arbeit diesem Problem gewidmet. Einige Ergebnisse wollen wir dem Plenum vorlegen.

Es wurde nachgewiesen, daß sich im tschechoslowakischen normalen menschlichen Gammaglobulin verschiedener Herstellungschargen Antikörper befinden, die das Zeckenenzephalitisvirus neutralisieren. Analoge Ergebnisse erzielten wir auch mit einer Charge von schwedischem Gammaglobulin, während wir bei zwei Chargen von dänischem Gammaglobulin keine neutralisierenden Antikörper gegen das Zeckenenzephalitisvirus nachweisen konnten.

Die Wirkung des tschechoslowakischen Gammaglobulins prüften wir an Mäusen, denen 24 Stunden nach der Infektion mit dem Virus der Zeckenenzephalitis Gammaglobulin appliziert wurde. Das Gammaglobulin hat das Verenden der Tiere nicht verhindert. Aus diesem Grunde haben wir in weiteren Experimenten hyperimmunes Schafgammaglobulin eigener Herstellung verwendet. Bei diesem konnte eine Schutzwirkung nachgewiesen werden, auch wenn es 24 Stunden nach der Infektion appliziert wurde. Die Applikation 48 Stunden p. i. hat jedoch das Verenden der Tiere nicht verhindert.

Bei Experimenten, mit denen wir die Möglichkeiten der prophylaktischen Anwendung von Gammaglobulin prüfen wollten, gingen wir von 3 Fragestellungen aus. Erstens ging es um die Feststellung der Dauer eines passiven Impfschutzes, zweitens um die Bestimmung der optimalen Dosierung des Gammaglobulins pro Kilogramm Körpergewicht, und drittens interessierte die Feststellung, auf welche Weise das Gammaglobulin die Ausbildung der aktiven Immunität beeinflußt, wenn die Infektion zu einer Zeit erfolgt, in der der Schutz durch das Gammaglobulin noch andauert.

In den ersten Experimenten prüften wir das Niveau der Antikörper und die Dauer ihres Vorkommens in den Seren von Mäusen, die zu verschiedenen Zeitabständen nach Applikation verschiedener Mengen von 2%igem hyperimmunem Schafsgammaglobulin entblutet wurden. Wir benutzten den extraneuralen Neutralisationstest, der sich bei uns zur Feststellung von Serumantikörpern besser bewährt hatte als der intracerebrale Neutralisationstest.

Die höchsten Neutralisationsindices gegen das Virus der Zeckenenzephalitis wurden in den Seren von Mäusen festgestellt, die die größte Menge an Gammaglobulin pro Kilogramm Körpergewicht erhalten hatten. In dieser Gruppe betrug der Neutralisationsindex (NI) nach 24 Stunden 120, nach 7 Tagen 400 und nach 10 Tagen 640. Danach sank er ab, blieb aber mehr als 20 Tage in einer Höhe von 120 erhalten. Gleichzeitig mit der Verringerung der Konzentration des inoculierten Gammaglobulins verminderte sich die Menge der Antikörper im Serum der Mäuse. Es verkürzte sich auch die Zeit, während der die Antikörper im Serum nachgewiesen werden konnten. Bei einer Dosis von 5 cg war der NI am 10. Tage kaum noch nachweisbar.

Bei der „challenge"-Infektion von Mäusen, die mit Gammaglobulin gegen letale Dosen des Zeckenenzephalitisvirus (Stamm „O") geschützt waren, haben wir festgestellt, daß 98% der Mäuse, die das 2%ige hyperimmune Schafsgammaglobulin in Mengen von 0,05—1 g pro kg Gewicht bekamen, am Leben blieben, wenn die Tiere 24 Stunden, 3 Tage oder erst am 7. Tag nach Verabreichung des Gammaglobulins infiziert wurden. Bei der Infektion am 14. Tag blieben 86% aller Tiere am Leben, wobei z. B. noch 75% der Mäuse, die nur 0,05 g pro kg Gewicht erhalten hatten, überlebten. Durchschnittlich blieben 55% der am 30. Tag gespritzten Mäuse am Leben, wobei mit der kleinsten Menge des Gammaglobulins (0,05 g/kg Gewicht) noch 47% der Mäuse geschützt waren.

Dieses zweite Experiment zeigt, daß die „challenge"-Infektion mit letalen Dosen des Virus die Immunität der Versuchstiere nach Verabreichung des Gammaglobulins am besten erkennen läßt. Die Mäuse, die dieses Experiment überlebten, haben wir 30 Tage nach Beendigung der Versuche mit 270 LD_{50} reinfiziert. Bei der Zusammenstellung der Gruppen haben wir die ursprünglich verabreichte Menge von Gammaglobulin berücksichtigt, wobei wir zur Kontrolle Mäuse gleichen Alters und Geschlechtes sowie gleichen Gewichtes verwendeten, die kein Gammaglobulin erhalten hatten. In den zwei Versuchsgruppen, in denen die Mäuse 0,5 und 1 g Gammaglobulin pro kg Gewicht erhielten, haben wir bei der Reinfektion keine bedeutenden Unterschiede im Prozentsatz der verendeten Tiere im Vergleich zur Kontrollgruppe festgestellt. In jenen Gruppen, in denen die Mäuse 0,05—0,25 g 2%iges hyperimmunes Gammaglobulin vom Schaf pro kg Gewicht bekamen, haben wir statistisch signifikante Unterschiede im Prozentsatz der verendeten Tiere im Vergleich zur Kontrollgruppe festgestellt. Bei der Auswertung des mittleren Fehlers haben wir mit dem „T"-Test gearbeitet. Es ergab sich eine signifikante Differenz zwischen den arithmetischen Mitteln bei einer Wahrscheinlichkeit „P" = größer als 0,99. Auf Grund dieses Experimentes sind wir der Ansicht, daß bei der Prophylaxe der Zeckenenzephalitis als optimale Dosis des Gammaglobulins diejenige minimale Dosis angesehen werden sollte, nach der sich einerseits im Serum einzelner Personen eine genügende Menge von Antikörpern befindet, die die betreffenden Leute für eine kurze Zeit z. B. im Naturherd der Zeckenenzephalitis schützt, die aber andererseits die gleichzeitige Entwicklung einer aktiven Immunität bei einer zur Zeit des passiven Schutzes erfolgten Infektion nicht verhindert.

Als diese optimale Dosis kann bei Mäusen eine Menge von 0,15 pro kg Gewicht angenommen werden.

Um uns zu überzeugen, ob eine solche Menge von Gammaglobulin zum Nachweis von neutralisierenden Antikörpern im menschlichen Serum genügt, applizierten wir 0,2 und 0,3 g/kg Gewicht von normalem humanem Gammaglobulin Freiwilligen, bei denen wir vorher die Abwesenheit von Antikörpern gegen das Zeckenenzephalitisvirus festgestellt hatten. Die Menge von 0,3 g Gammaglobulin pro kg Körpergewicht entspricht besser als die Menge von 0,2 g.

Zur Zeit prüfen wir die Höhe des Antikörperspiegels bei Freiwilligen, denen wir immunes menschliches Gammaglobulin von Zeckenenzephalitis-Rekonvaleszenten verabreichten.

N. A. Sejtljonok

Ergebnisse der Vaccination und Seroprophylaxe gegen die Zeckenenzephalitis in der Sowjetunion

Hier sind die Resultate der spezifischen Prophylaxe und Therapie der Zeckenenzephalitis zusammengefaßt. Diese Fragen stehen im Vordergrund der Forschungsarbeiten des Moskauer Virologischen Institutes. Die wichtigsten Erfahrungen sind folgende:

Nach der Vaccination verringert sich die Anzahl menschlicher Erkrankungen um das 10- bis 12fache im Vergleich zu den nichtvaccinierten Menschen. Während einer Dauer von 16 Jahren wurde bei Vaccinierten kein tödlicher Fall beobachtet. Es wurde eine lyophilisierte Vaccine mit langdauernden immunogenen Eigenschaften gegen die Zeckenenzephalitis erarbeitet und in Produktion gegeben.

Zur Zeit werden kleinere Vaccinationsdosen angewendet und die Vaccinationsschemata neu ausgearbeitet. Wichtig ist die Auswahl frischer Vaccinestämme, da die alten Stämme ihre immunogenen Eigenschaften bereits verloren haben.

Es sei betont, daß durch Vaccinierung und durch Verabreichung von Gammaglobulin Laboratoriumsinfektionen gänzlich verhütet werden konnten.

Ich möchte noch einiges über die Vaccine gegen die „Omsksche hämorrhagische Fiebererkrankung" sagen. Die antigenen Eigenschaften dieses Erregers unterscheiden sich nicht von jenen des Zeckenenzephalitisvirus. Nachdem das Virus der „Omskschen hämorrhagischen Fiebererkrankung" von Tschumakow isoliert wurde, habe ich gemeinsam mit Beljazewa und Jablonskaja eine formolisierte Gehirnvaccine hergestellt. Die hohe Wirksamkeit dieser Vaccine konnte unter Beweis gestellt werden. Durch Vaccinierung aller Einwohner eines Naturherdgebietes gegen diese Erkrankung wurde in diesem Gebiet die Krankheit gänzlich ausgeschaltet.

Außer der Vaccination wurde in der Sowjetunion auch die Seroprophylaxe bei der Zeckenenzephalitis mit gutem Erfolg angewendet. Zu diesem Zwecke wurde in den endemischen Herden spezifisches Hyperimmunserum in einer Dosis von 10 ml verwendet (Pscheniznikow verwendete Ziegen- und Lewkowitsch Pferdeserum). Es wurde bewiesen, daß das aus spezifischem Hyperimmunserum zubereitete Gammaglobulin sehr wirksam ist.

Weiter wurde nachgewiesen, daß das Pferdeserum, das durch Immunisation von Pferden mit Mäusegehirnantigen gewonnen wurde, außer den Virusantikörpern auch cytotoxische Stoffe gegen das Mäusegehirngewebe enthielt. Bei Verwendung dieser Seren verenden die Mäuse, nicht aber Meerschweinchen und Kaninchen.

Die Applikation dieser Seren beim Menschen ist von keinerlei Nebenerscheinungen begleitet. Im Laboratorium von Prof. Kosjakow wurden in diesem Serum komplementbindende Antikörper gegen Mäuse- und Meerschweinchengehirne nachgewiesen.

F. HANZAL

Gammaglobulin gegen Zeckenenzephalitis in der klinischen Praxis

Die vorläufigen klinischen Erfahrungen mit hyperimmunem Gammaglobulin sind gering. Bei 2 geimpften erwachsenen Personen konnte dadurch nicht die Entstehung der zweiten Phase verhindert werden, nachdem das Präparat in der Intervallperiode in einer Menge von 0,05 bzw. 0,04 ml/kg Körpergewicht verabreicht wurde. Jetzt versuchen wir es mit wesentlich größeren Mengen. Soweit man diese geringen Erfahrungen überhaupt in Erwägung ziehen kann, entsprechen sie den experimentellen Resultaten von BÁRDOŠ und SLONIM.

RESOLUTION ZUM THEMA VI

Möglichkeiten der spezifischen Therapie und Prophylaxe bei den Zeckenenzephalitiden

Im Hinblick auf die Verbreitung der Zeckenenzephalitiserkrankungen in verschiedenen Ländern ist die breite Anwendung einer spezifischen Vaccine sowie geeigneter therapeutischer Maßnahmen erforderlich.

1. Nach den Angaben von Prof. SEJTLJONOK haben die langjährigen Erfahrungen der Sowjetunion die hohe Wirksamkeit der Formolvaccine gegen die Zeckenenzephalitis bewiesen, die aus den mit Zeckenenzephalitisvirus infizierten Mäusegehirnen hergestellt wird.
2. Bei der Durchführung der Vaccination in anderen Ländern sollen die Erfahrungen der Sowjetunion berücksichtigt werden, jedoch werden zur Vervollkommnung des Präparates folgende Untersuchungen empfohlen:
   a) Verbesserung der Herstellungstechnologie (Inaktivierungstemperatur, Formolkonzentration, Lyophilisation usw.);
   b) Erforschung der Verwendung von Hühnerembryonen und Gewebekulturen zur Herstellung der Vaccine gegen die Zeckenenzephalitis;
   c) Auswahl und Erforschung apathogener Virusstämme zur Herstellung von Lebendvaccinen.
3. Im Zusammenhang mit der Feststellung, daß in den einzelnen Ländern die Herstellung der Zeckenenzephalitisvaccine noch nicht eingeleitet wurde, muß die Frage der Beschaffung der Vaccine aus der Sowjetunion gestellt werden.
4. Das weitere Studium der Wirkung und der Anwendungsbedingungen von immunem Gammaglobulin ist notwendig.

Dr. W. I. ILJENKO, Dr. H. VON MAGNUS, Dr. D. MÁLKOVÁ, Dr. J. PEŠEK

THEMA VII

Konfrontation klinischer Erfahrungen und therapeutischer Methoden

Präsidium:

Dr. G. Grinschgl, Prof. E. F. Dawidenkowa, Dr. F. Hanzal

Sekretär:

Dr. F. Bálek

F. HANZAL, K. HENNER

Klinik der tschechoslowakischen Zeckenenzephalitis

Die tschechoslowakische Zeckenenzephalitis (ZE) ist seit 1948, dem Jahr der Isolierung ihres spezifischen Erregers, unter ständiger Kontrolle. Die klinischen Erscheinungen der Krankheit sind aus Erfahrungen der Experten verschiedener Arbeitsstätten bekannt. Die Erfahrungen stützen sich selbstverständlich auf Fälle, die durch fachgemäße virologische und verläßliche serologische Untersuchungen bestätigt worden sind. Wir überblicken heute ein Material von einigen hundert bestätigten Fällen. Die Ergebnisse fachgemäßer Studien sind der Praxis zugänglich gemacht worden.

In diesem Referat werden wir die Grundzüge des klinischen Bildes der ZE schildern. Sollte Interesse für detailliertere Angaben vorhanden sein, so steht unsere frühere zusammenfassende Arbeit zur Verfügung.

Das Virus der ZE wird auf den Menschen hauptsächlich durch Ektoparasiten (Zecken, vielleicht auch Stechmücken) oder auf peroralem Wege übertragen. Die Infektion erfolgt weiter durch Trinken roher Ziegenmilch, die von Tieren stammt, welche von infizierten Zecken befallen wurden.

Die Inkubation dauert meistens 1—2 Wochen mit Grenzwerten von 3 Tagen bis zu 3 Wochen.

Der Beginn der Erkrankung steht immer unter allgemeinen Symptomen, die fließend oder nach einem bestimmten Zeitintervall in die neurale Phase übergehen.

Der typische zweiphasige Verlauf kommt schätzungsweise bei 30—75% der Fälle vor. Diese Angaben hängen von der Sorgfältigkeit und Verläßlichkeit der anamnestischen Angaben und natürlich auch vom lokalen Typ der Infektion ab.

Die ersten allgemeinen Anzeichen bezeichnen wir zusammenfassend als *virämische Phase* der Krankheit. Zu diesem Zeitpunkt kann das Virus aus dem Blut isoliert werden. Die Symptome sind keinesfalls charakteristisch und unterscheiden sich im Grunde nicht von denen der virämischen Phase anderer saisonhafter Neuroinfektionen, wie z. B. der Poliomyelitis. Die Anzeichen sind vielleicht etwas heftiger und von längerer Dauer, besonders wenn sie durch eine atypische Pneumonie oder Nephritis kompliziert sind. Eine Analogie zur Poliomyelitis sehen wir auch darin, daß die erste Phase der Erkrankung die einzige Erscheinung der Infektion sein kann, ohne daß es zu Symptomen seitens des Nervensystems kommt. Aus serologischen Forschungen im Terrain läßt sich schließen, daß bei den Bewohnern endemischer Gebiete diese virämische Phase die häufigste Form der Erkrankung ist.

Bei der *nervalen Phase* der ZE unterscheiden wir vom klinischen Standpunkt aus 4 Formen:

a) die meningitische Form;
b) die enzephalitische Form;
c) die enzephalomyelitische Form;
d) die bulbocervicale Form.

Die *meningitische Form* ist von den erwähnten die leichteste. Sie entspricht dem Syndrom der serösen Meningitis. Die klinischen meningealen Anzeichen sind manchmal minimal, und dennoch ist der Befund im Liquor klar pathologisch. Das Entgegengesetzte, d. h. ein normaler Liquorbefund bei ausgeprägter Gehirnhautreizung, ist uns bei dieser Form nicht bekannt. BEDJANIĆ und Mitarbeiter sahen einen solchen Fall und geben diesen als ausnahmsweise Beobachtung an.

Die elektroenzephalographischen Befunde weisen auch bei dieser Form auf eine Beschädigung des Gehirnparenchyms hin, obgleich die neurologische Untersuchung in diesem Sinne negativ ist. Es ist dies für die Beurteilung der Rekonvaleszenz scheinbar leichter Fälle von Meningitis wichtig.

Die *enzephalitische Form* ist eine charakteristische Erscheinung der ZE. Neben dem meningealen Syndrom werden herdförmige und funktionelle Anzeichen cerebraler Läsionen manifest. Sie zeugen für einen pantropen Charakter der Enzephalitis, d. h. für eine Beschädigung beider Gehirnsubstanzen, wobei die graue mehr befallen ist als die weiße. Die corticalen Anzeichen sind häufiger funktioneller als topischer Natur, nur in einzelnen Fällen sahen wir JACKSONsche Epilepsie oder Anzeichen einer leichten Aphasie. Störungen der höheren Nerventätigkeit verschiedenen Grades sind jedoch die Regel (Verschlechterung des Gedächtnisses und der Konzentrierungsfähigkeit, Desorientierung). Manchmal kommt es auch zu psychotischen Erscheinungen, die zum Glück nur vorübergehender Natur sind. Bei schweren Fällen ist das Bewußtsein manchmal bis zum Koma, am häufigsten jedoch bis zum Subkoma gestört. Beinahe jeder Erkrankte hat Schlafstörungen entweder im Sinne von Hypersomnie oder inversen Typs. Hypersomnie ist viel häufiger. Gatismus kommt nicht vor, höchstens in den allerschwersten letalen Fällen.

Eine Schädigung der basalen Ganglien, des extrapyramidalen Systems überhaupt, manifestiert sich durch leichtes, aber fast konstantes pyramidales Syndrom. Es ist hyperkinetisch-hypertonischer Art: Hypomimie, Bradykinese, Bradypsychismus, erhöhte ERP. Dies alles pflegt nur leicht angedeutet zu sein, doch fällt das extrapyramidale Syndrom bei manchen Kranken auf.

Die Paresen der Gehirnnerven sind nuklearer Natur. Am häufigsten leidet der Nervus facialis. Eine Lähmung des Oculomotorius kommt häufiger vor als die des Abducens. Pupillare Symptome sind vorhanden. Die Nerven des seitlichen gemischten Systems und des Hypoglossus sind seltener befallen. Wir betonen die häufigen und selten länger andauernden Störungen der Statuakustik. Nystagmus ist daher eine geläufige Erscheinung. Manchmal kommt es zu Geruchsstörungen. Das Bild wird vervollständigt durch Erscheinungen seitens des Kleinhirns, die eher neocerebellarer als floccularer Natur sind. Ein charakteristisches Merkmal der ZE ist das Zittern, das am häufigsten die Hände, Finger, manchmal auch das Kinn und die Unterlippe befällt. In diesen Fällen ist auch die Sprache zittrig. Es kommt sowohl statischer als auch Intentionstremor vor; Ruhetremor ist selten. Das intensive Zittern der Hände behindert den Kranken beim Essen und Trinken.

In Übereinstimmung mit dem geringen Befallensein der weißen Substanz sind die zentralen Pyramidensymptome diskret, es kommen höchstens leichte Monoparesen oder Hemiparesen vor.

Die *myelitische Form* zeugt ebenfalls für die hauptsächlich poliotrope Natur der Erkrankung. Die größten Schäden entstehen in den Vorderhörnern des Rückenmarks. Es ist interessant und für die ZE charakteristisch, daß die Läsionen hauptsächlich in den Segmenten C 5—7 und in geringerem Ausmaß in den Segmenten L 2—4 konzentriert sind. In den übrigen Abschnitten des Rückenmarkes sind sie bei weitem nicht so massiv. Deswegen begegnen wir ihnen am häufigsten bei schlaffen Lähmungen des scapulo-humoralen Geflechtes. Selten sind die Paresen beidseitig wie z. B. bei der ZE des Fernen Ostens. Die Lähmungen entstehen in den verschiedenen Phasen der Krankheit, oft erst nach Absinken der Temperatur, manchmal sogar erst in der Rekonvaleszenz.

Die weiße Marksubstanz ist wieder nur dispers und leicht befallen. Myelitische Anzeichen sind beinahe immer mit enzephalitischen kombiniert, wie wir dies schon oben angeführt haben.

Die *bulbocervicale Form* ist die schwerste Form der Erkrankung. Sie ist die Hauptursache der glücklicherweise nur seltenen Todesfälle bei der ZE. Der Prozeß beschränkt sich hier fast ausschließlich auf die Halssegmente und auf die Oblongata. Die befallene reticuläre Substanz führt zum Versagen der für das Leben wichtigen vegetativen Zentren. Klinisch läßt sich diese Form von der bulbären Poliomyelitis nicht unterscheiden. Sie befällt meist Leute nach dem 7. Lebensjahrzehnt.

Von den Hilfsuntersuchungen sind die Befunde im Liquor die wichtigsten. In der virämischen Phase ist dessen Zusammensetzung normal. In der nervalen Phase ist die Zusammensetzung des Liquors bedeutend verändert. Sie entspricht dem Entzündungstypus humoraler Veränderungen, der sich am Anfang durch gemischte, später durch mononukleare Pleocytose und durch Hyperalbuminose auszeichnet. Die kolloidalen Kurven sind bei der enzephalitischen und myelitischen Form auch auf der linken, dem Parenchym entsprechenden Seite ausgeflockt. In Übereinstimmung hiermit zeigt das Eiweiß-Elektrophoretogramm im Liquor eine Vermehrung der Gammaglobuline. Die Veränderungen des Liquors dauern noch lange in der Rekonvaleszenz an.

Die Senkungsgeschwindigkeit der Blutkörperchen ist mäßig erhöht. Das Blutbild ist in der virämischen Phase unverändert oder mit einem geringen Abfall der Leukocyten verbunden, wohingegen eine leichte Leukocytose in der zweiten Phase der Erkrankung vorkommt.

Die EEG-Aufzeichnungen weisen meistens eine diffuse Dysrhythmie auf. Bei der enzephalitischen Form ist ein relativ häufiger Befund eine episodische Aktivität mit paroxysmalem Vorkommen der Deltawellen in allen Ableitungen, die gewöhnlich bilateral synchron sind. Es gibt hier jedoch keine Spitzen wie die typischen epileptischen Aufzeichnungen.

Die pathologischen Veränderungen sind umfassender, als dies die klinischen Anzeichen verraten. Sie bestätigen den pantropen und vorwiegend poliotropen Charakter der ZE, wie dies auch aus dem klinischen Bild hervorgeht. Die entzündlichen Veränderungen sind auf die Gehirnrinde, das Kleinhirn, die Basalganglien, auf den Hypothalamus und die unteren Halssegmente lokalisiert. In der weißen Substanz sind die entzündlichen Erscheinungen unregelmäßig. Demyelinisation ist ebenfalls unregelmäßig, dispers verteilt und in geringem Ausmaße vorhanden.

Differentialdiagnostisch kommen bei der meningitischen Form alle solchen Erkrankungen in Betracht, die das Syndrom der serösen Meningitis hervorrufen. Die enzephalitische Form erinnert im akuten Stadium an basilläre tuberkulöse Meningitis, die myelitische und besonders die bulbocervicale an Poliomyelitis.

Die Therapie ist rein symptomatisch. Trotzdem empfehlen wir Aureomycin. Die symptomatische Behandlung darf nicht pauschal sein. Eine durchdachte symptomatische Behandlung kann nachweislich erfolgreich, ja sogar ausschlaggebend sein. Als Vorbeugung schwerer Nervenstörungen ist eine sorgfältige Behandlung in der virämischen Phase ebenso wie physische Schonung besonders anzuraten.

Oft treten nach überstandener ZE Folgen auf. Am häufigsten ist das pseudoneurotische Syndrom. Paresen und Atrophien der schwerbetroffenen Muskeln können als Dauerzustand Zeugen einer überstandenen myelitischen Form sein. Ebenso werden Störungen des vestibulären Systems und des Gehörs bei manchen Kranken nur teilweise behoben. Diese Folgen der ZE verursachen den Verlust eines gesunden Selbstbewußtseins auf lange Zeit, manchmal für immer. Oft vermindern sie die Arbeitsfähigkeit, und manche der Betroffenen werden sogar frühzeitig arbeitsunfähig. Die ZE bedeutet daher auch ein ernstes wirtschaftliches Problem.

Obgleich wir in unseren Kenntnissen über die Symptomatologie der ZE weit fortgeschritten sind, sind wir bis jetzt noch nicht genügend über die Pathogenese der Erkrankung unterrichtet. Damit hängen einige praktische Fragen zusammen, deren Aufklärung unser Bestreben gilt.

Die Beschreibung der klinischen Bilder der ZE in verschiedenen Ländern deutet auf eine nahe Verwandtschaft der Fälle hin. Etwa beim Vergleich auftretende Unterschiede sind nicht grundsätzlicher Natur.

Eine Ausnahme bildet die russische Frühjahrs-Sommer-Enzephalitis des Fernen Ostens, die ein spezielles klinisches Bild hat und einen außerordentlichen schweren Verlauf nimmt. Soweit uns bekannt ist, wurde diese Form anderswo bisher nicht beobachtet. Auch die chronisch-progrediente Form der ZE, die im europäischen Teil der Sowjetunion vorkommt, wurde woanders nicht beobachtet. Von der Konzeption Pawlowskis über die Naturherde der Infektion ausgehend, können wir die Unterschiede in der klinischen Symptomatologie in den einzelnen Ländern verstehen. Die Bedingungen der äußeren Umgebung im Naturherd sind für den Typus der Infektion des Menschen mitbestimmend. Einige dieser Bedingungen verändern sich im Laufe der Zeit. Insbesondere stößt das Virus bei seiner Zirkulation in der Natur auf verschiedene Umstände, die seine Eigenschaften beeinflussen. Trifft das Virus z. B. mit spezifischen Gegenstoffen im Blut infizierter Tiere zusammen, so kann es zu Veränderungen seiner biologischen Eigenschaften kommen, die natürlich nicht ohne Einfluß auf das klinische Bild der Infektion beim Menschen bleiben. Wir setzen voraus, daß die Dynamik der Ansteckung in den Naturherden von zwei entgegengesetzten Vorgängen abhängt: vom Bestreben des Virus, sich zu verbreiten und zu vermehren, und der entgegengesetzten Tendenz, das Virus abzuschwächen und zu neutralisieren.

Einige klinische Erfahrungen stützen diese theoretische Voraussetzung. Beobachten wir im Verlaufe der Jahre die ZE ein- und desselben Gebietes, so sehen wir, das die Krankheit allmählich an Gefährlichkeit einbüßt, wie z. B. in unserem Berouner Kreis.

Enzephalitiden in neu sich bildenden oder neu aufflackernden Herden haben durchschnittlich ein schwereres klinisches Bild als die Enzephalitiden älterer endemischer Gebiete. Selbstverständlich müssen wir bei Beurteilung einzelner Fälle auch andere Faktoren in Betracht ziehen, die bei der Pathogenese der Erkrankung zusammenwirken und individuell verschieden sind.

Es würde einer experimentellen Forschung wert sein, in welchem Maße die Annahme von einer Beeinflussung der biologischen Eigenschaften des Virus durch spezifische Antikörper gerechtfertigt ist.

Manche Beobachtungen deuten darauf hin, daß es eine gewisse Abhängigkeit der klinischen Erscheinungen von der Ansteckungsart gibt. Wir denken hierbei an die Ansteckung auf alimentärem Wege. In den tschechischen Gegenden ist eine perorale Ansteckung durch das Virus der ZE nicht häufig. Soweit wir jedoch Gelegenheit hatten, Kranke zu untersuchen, die sich durch Trinken ungekochter Ziegenmilch angesteckt hatten, stellten wir stets ein besonderes klinisches Bild fest: Es entsprach dem Typus der Rožňavaer Enzephalitis, d. h. einer vornehmlich subcorticalen Polioenzephalitis ohne myelitische Anzeichen und mit einem verhältnismäßig leichten Verlauf. Auf dem Höhepunkt der Krankheit war die extrapyramidale Komponente besonders akzentuiert. In dieser Hinsicht sind jedoch noch weitere klinische und experimentelle Erfahrungen notwendig.

Ein nur unvollständig gelöstes Problem der klinischen Praxis ist die Beurteilung der Folgen nach abortiven Formen der ZE. Zu einem residualen pseudoneurotischen Syndrom, zu Paresen und Atrophien der Extremitäten, Störungen des vestibulären, akustischen und vegetativen Systems kann es auch nach einer ambulant verlaufenden Enzephalitis kommen. Hier benötigen wir zur Bestätigung der Ätiopathogenese wenigstens eine einmalige Feststellung des Titers spezifischer Antikörper. Selbst ein positives Ergebnis ist kein direkter ätiologischer Beweis, da man den Titer der Antikörper nicht mit dessen Höhe in der akuten Phase vergleichen kann. Dennoch ist seine Feststellung nicht ohne Bedeutung für Kranke, die nicht in der endemischen Gegend leben.

Endlich ist es eine Angelegenheit gemeinsamen Interesses, mittels spezifischer Schutzimpfung die Prophylaxe und eine verbesserte Therapie einzuführen. Wir sind der Ansicht, daß die Häufigkeit der Erkrankungen an ZE und die Schwere ihrer Folgen volle Aufmerksamkeit verdienen. Das Bemühen um wirksame Präventivmaßnahmen ist bei weitem wichtiger als die Suche nach spezifischen Heilmitteln. Die Pathogenese der Virusneuroinfektionen hat nämlich ihre Eigenheiten. Enzephalitische und myelitische Anzeichen treten klinisch erst dann in Erscheinung, wenn bereits ein gewisser Grad von anatomischen Dauerschäden am ZNS eingetreten ist. Neben entzündlichen Vorgängen verlaufen bereits degenerative Prozesse und Reparation durch Gliazellen (Gliavernarbung). Ein spezifisches Heilmittel müßte daher entweder in den ersten Stunden der neuralen Phase oder besser vor deren klinischer Manifestation appliziert werden, z. B. in der virämischen Phase. Voraussetzung für diese Bedingung ist eine rasche virologische Diagnose. Aus praktischen Gründen sind daher Präventivmaßnahmen zweckdienlicher als die bestmögliche Therapie einer manifesten Erkrankung.

Selbstverständlich kann der Kliniker diese Probleme nicht selbst lösen. Es ist ja der Zweck dieser Konferenz, daß wir uns gegenseitig die Situation klarlegen und einen zielbewußten Weg zur Ausschaltung der ZE festlegen. Es steht zu erwarten, daß eine Zusammenarbeit im internationalen Maßstabe zum gemeinsamen Ziel um so rascher und vollkommener führen wird, je mehr sie systematisch und allseitig ist.

G. Grinschgl

Konfrontation klinischer Erfahrungen und therapeutischer Methoden bei der Zeckenenzephalitis

Durch Insekten direkt oder indirekt übertragene Meningoenzephalitiden (Arthropod borne — Enzephalitiden) werden in Österreich schon seit Jahren beobachtet. Im Jahre 1953 gelang die Isolierung eines Virus (Graz-Stamm), das der Gruppe der russischen Frühlings-Sommer-Enzephalitis (RSSE)-Louping-ill (LI) angehört. Seither gelang es, von vielen Fällen das gleiche Virus zu isolieren.

Wir kennen zur Zeit etwa 600 Fälle, die zum größten Teil an der Universitäts-Nervenklinik in Graz hospitalisiert wurden. Die meisten derartigen Fälle wurden in der Steiermark beobachtet, aber auch in Niederösterreich (Grenzgebiet zur Tschechoslowakei), im Burgenland (Grenzgebiet zu Ungarn) und in Kärnten (Grenzgebiet zu Slowenien), besonders in den Jahren 1953/54, weniger häufig in den Jahren 1955 und 1956.

Die Bezeichnung „zentraleuropäische Enzephalomyelitis“ (ZEE) für die in Mitteleuropa beobachteten Endemien der sogenannten Zeckenenzephalitis wurde aus verschiedenen Gründen gewählt:

1. Die Erkrankung wird häufig in Österreich, in der Tschechoslowakei, im nördlichen Jugoslawien, in Ungarn und in Polen beobachtet.
2. Das klinische Bild ist nach Verteilung der Verlaufsformen und nach Schweregrad sowie auch hinsichtlich der differentialdiagnostischen Fragestellung deutlich different von der östlichen und westlichen Form der RSSE. Ebenso bestehen klinisch eindeutige Unterschiede zum LI. Diese Erkrankung trat in Mitteleuropa bisher nur in Einzelfällen auf und kommt selbst in Schottland nur sporadisch beim Menschen vor.
3. Die Bezeichnung „Enzephalomyelitis“ wird dem klinischen Bild eher gerecht als die Bezeichnung „Enzephalitis“, da gerade die myelitischen bzw. die spinalparalytischen

Formen, die vielfach Anlaß zur Verwechslung mit Poliomyelitis geben, bei den zentraleuropäischen Endemien eine große Rolle spielen.

4. Aus der genauen anamnestischen Aufschlüsselung vieler Fälle kann man ersehen, daß die Übertragung auf den Menschen sicher nicht nur durch den Biß von Zecken verursacht wird. Übereinstimmend mit tschechoslowakischen Autoren konnten wir vielmehr feststellen, daß vielfach nur beim kleineren Teil der Erkrankten die Wahrscheinlichkeit eines Zeckenbisses besteht. Bei unseren serologisch verifizierten Fällen konnte zu etwa 35% ein vorangegangener Zeckenbiß eruiert werden. Andererseits gewinnt die Vorstellung der Übertragung des Virus durch Milch (Ziegenmilch, wohl aber auch Kuhmilch) immer mehr an Bedeutung; experimentell wurde die Ausscheidung von vermehrungsfähigem Virus mit der Milch artifiziell infizierter Ziegen nachgewiesen. Vielleicht kann auch durch andere blutsaugende Insekten das Virus übertragen werden. Wenn auch eine direkte Übertragung vom Menschen vielleicht keine besondere Bedeutung hat, so ist auch diese Möglichkeit nicht auszuschließen (siehe Laborinfektionen in der Tschechoslowakei, in Österreich und in den USA, ferner die Möglichkeit der peroralen Infektion von Versuchstieren).
5. Die Abkürzung ZEE entspricht der allgemeinen üblichen Nomenklatur, wie RSSE, WEE (Western equine encephalomyelitis), EEE (Eastern equine encephalomyelitis) usw.

Was die *Klinik* der ZEE betrifft, so halten wir eine exakte klinische Differenzierung der einzelnen Verlaufsformen für besonders wichtig. In manchen Publikationen kommt dies zu wenig zum Ausdruck, und wir sind der Ansicht, daß schon aus der prozentualen Verteilung der verschiedenen Verlaufsformen im Rahmen einer Endemie rein klinisch wichtige differential-diagnostische Schlüsse gezogen werden können, daß aber auch im Hinblick auf Therapie und Prophylaxe (Vorbeugung von Lähmungen) daraus Rückschlüsse gezogen werden können. Wir unterscheiden, entsprechend der neurologischen Symptomatik, folgende Formen:

a) aparalytische Formen } meningeale Formen;
b) präparalytische Formen }
c) spinalparalytische Formen;
d) spinobulbäre bzw. Landry-artige paralytische Formen;
e) bulbäre Formen;
f) enzephalitische Formen;
g) polyradikuloneuritische Formen (sehr selten).

Wo immer Fälle von ZEE hospitalisiert werden, erscheint es uns als wesentlich, einen Fachneurologen hinzuzuziehen. Schließlich handelt es sich um eine Erkrankung des Zentralnervensystems (ZNS) und seiner Hüllen, und eine exakte Diagnose der Verlaufsformen soll der neurologischen Untersuchung vorbehalten werden. Es ist wesentlich, die sogenannten präparalytischen Formen rechtzeitig zu erkennen, da sie nicht allzu selten das Vorstadium für eine paralytische Form sind. Unterschiedlich zur Poliomyelitis sehen wir häufig einen schleichenden Beginn der Lähmung, die oft erst 8 Tage oder noch später nach Beginn der zweiten Phase auftritt (wenn der Fall, was häufig ist, biphasisch verläuft). Auch das Paralysierungsstadium dauert vielfach länger und zieht sich bis zum Höhepunkt der Lähmungen manchmal 14 Tage hin. In manchen Arbeiten wird auch von rein neuritischen Formen gesprochen, deren Vorkommen uns jedoch zweifelhaft erscheint. Wir glauben, daß als Kriterium einer Infektion des ZNS der positive Liquorbefund, nämlich die Zellvermehrung vorhanden sein muß, wenn auch in manchen Fällen die Pleocytose nur gering ist und gerade über die obere Grenze der Norm hinausgeht, etwa zwischen 15/3 und 20/3 Zellen, wie dies vor allem bei rein monosymptomatischen bulbären Formen der Fall ist. Es muß berücksichtigt werden, daß manchmal Fälle mit vielleicht nur geringer Pleocytose erst relativ spät hospitalisiert worden sind. Die Zellvermehrung tritt dann gar nicht mehr oder nur minimal in Erscheinung.

Zur Diskussion sei jedoch noch die Tatsache gestellt, daß zu Zeiten gehäuften Auftretens von ZEE neben bulbären monosymptomatischen Formen vorwiegend solche mit Facialisparesen, auch ohne Liquorbefund, beobachtet werden. Jedenfalls erscheint zur Diagnose und zur Verlaufskontrolle die mehrfache Lumbalpunktion unbedingt notwendig. Im akuten Stadium bringt sie auch vielfach eine subjektive Besserung mit sich und wird häufig von einer raschen Abfieberung begleitet. Besonders in den Arbeiten der tschechoslowakischen Autoren finden wir eine sehr genaue Differenzierung der klinischen Verlaufsformen. Die Liquorbefunde unterscheiden sich von denen bei Poliomyelitis manchmal durch besonders hohe Pleocytose (über 4000/3 und mehr). Beachtenswert ist auch die Tatsache, daß anfangs rein meningeale Formen nach Tagen oder Wochen plötzlich unter Fieberanstieg und neuerlichem Zellanstieg enzephalitische Symptome entwickeln, die meist auch begleitet sind von psychischen Veränderungen, weshalb manchmal die Überweisung in eine psychiatrische Krankenstation notwendig ist. Erwähnt sei noch, daß die rein meningealen Formen sich prinzipiell im pathologisch-anatomischen Befund nicht von den paralytischen unterscheiden. Auch bei meningealen Fällen sind typische Infiltrationsherde im Rückenmark vorhanden, die aber wegen ihrer geringen Quantität nicht zur klinischen Manifestation von Lähmungen führen. Jeder meningeale Fall ist daher genauestens zu beobachten und neurologisch zu kontrollieren, weil die potentielle Möglichkeit einer folgenden Paralyse besteht. In den einzelnen Jahren verschieden schwankte die Mortalität unserer hospitalisierten Fälle zwischen 2 und 4,5%. Ein näheres Eingehen auf die pathologisch-anatomischen, insbesondere neurohistologischen Befunde kann im Rahmen der Diskussion noch geschehen.

An weiteren klinischen Befunden erscheint nur noch die Blutsenkung von Interesse. Diese ist in der Mehrzahl der Fälle stark erhöht, im Gegensatz zur Poliomyelitis, wo wir meist normale oder nur gering erhöhte Blutsenkungswerte finden. Alle weiteren klinischen Befunde, wie Blutbild, Liquorzucker, Leberfunktion usw., erscheinen uns differentialdiagnostisch zu anderen Virusinfektionen des ZNS nicht signifikant.

Von Bedeutung ist bei der ZEE die klinische Differentialdiagnostik vor allem zur Poliomyelitis, die in vielen Gebieten Zentraleuropas ebenfalls endemisch ist und sich auch jahreszeitlich oft mit ZEE überschneidet, besonders wenn sich Lokalepidemien entwickeln. Dies ist wohl das hauptsächlichste differentialdiagnostische Problem und sollte Anlaß zu einer speziellen Diskussion geben. Weiter sind auch die häufig vorkommende Mumpsmeningoenzephalitis sowie gelegentliche Fälle von lymphocytärer Choriomeningitis und Coxsackievirus-Infektionen zu nennen. Es scheint wichtig, darauf hinzuweisen, daß vielfach Fehldiagnosen gestellt werden, und manchmal Ischias, Polyneuritis, Osteomyelitis, traumatische Plexusschädigungen und bei älteren Personen auch vaskuläre Hirnschäden (Apoplexien) diagnostiziert werden, ganz abgesehen von den vielen meningealen Formen, die ohne Lumbalpunktion als „Sommergrippe" eingestuft werden. Auch aus diesen Gründen erscheint uns in jedem Fall die Hinzuziehung eines Fachneurologen von Bedeutung. Selbstverständlich bleibt die endgültige ätiologische Diagnosestellung den virologischen Methoden vorbehalten.

Nun zur *Therapie.* Über vorbeugende Maßnahmen und spezifische Behandlung wurde im vorangegangenen Referat bereits diskutiert. In dieser Hinsicht besitzen wir keine eigenen Erfahrungen. Wir konnten nur feststellen, daß die seinerzeit auch bei Poliomyelitis propagierte Behandlung mit Rekonvaleszentenserum völlig wirkungslos ist. Wir müssen uns daher derzeit auf die rein symptomatische Therapie beschränken. Bei den rein meningealen Formen sind das folgende Maßnahmen: Bettruhe, Dehydrierung des ZNS (um der Ödembildung und der dadurch bedingten oder verstärkten Paralysierungstendenz vorzubeugen), eventuell gefäßabdichtende Medikamente, Antipyretika, Herz-Kreislauf-Mittel, Vitamin-B-Komplex und Vitamin C. Inwieweit durch die Dehydrierung tatsächlich einer Lähmung vorgebeugt werden kann, entzieht sich natürlich einem kritischen Nachweis. Sehr wichtig erscheinen uns bei beginnender Paralysierung die richtige Lagerung der Extremitäten in Mittelstellung und die Durchführung feuchtwarmer Packungen. Es sind dies dieselben Methoden, die auch bei Poliomyelitis üblich sind. Ein spezielles therapeutisches Problem stellen die spinobulbären und ascendierenden Verlaufsformen dar. Hier ist eine besondere Kenntnis der Atemphysiologie und der Neuropathologie des Hirnstammes und der Medulla unbedingte Voraussetzung. Es muß differenziert werden, ob es sich noch um periphere Atemlähmungen mit alleiniger Parese der Interkostalmuskulatur und des Zwerchfells handelt oder ob die bulbären Zentren in der Formatio reticularis der Medulla bereits ergriffen sind und eine zentrale Atemlähmung sich zu entwickeln beginnt und schließlich ob durch Lähmung der Vaguszentren und der Pharynxmuskulatur eine sogenannte „feuchte Form“ entsteht, die durch Sekretionsabsonderung die Atemwege zusätzlich behindert. Nur im ersten Fall, bei der peripheren „trockenen“ Atemlähmung, ist die Behandlung in der eisernen Lunge (Tankrespirator) indiziert. Alle Fälle einer zentralen Atemlähmung und alle feuchten Formen benötigen die Behandlung mit einem Überdruckrespirator, wo die Luft nach Intubation direkt in die Lungen eingebracht bzw. das Atemgas aus den Lungen abgesaugt wird. Hier ist fast immer die Tracheotomie notwendig. Diese Methode der intermittierenden Überdruckbeatmung (z. B. mit dem Engströmrespirator) ist die einzige Möglichkeit, die bisher 90—100%ige Mortalität dieser Formen zu senken. Selbstverständlich muß hier neben gewöhnlicher Luft auch Sauerstoff in physiologisch optimaler Menge dem Atemgas zugesetzt werden. Auch muß sowohl physikotherapeutisch (Klopfmassage des Thorax) als auch medikamentös (Antibiotika) Pneumonieprophylaxe betrieben werden. Man muß weiterhin das Auftreten von Atelektasen verhindern und auch die drohende Gefahr eines Lungenödems infolge Überbelastung des Kreislaufes vermeiden. Die Behandlung von Fällen mit Atemlähmung muß unbedingt besonders eingerichteten Beatmungsstationen mit geschultem ärztlichem und Pflegepersonal vorbehalten bleiben. Diese Zentren sollten am besten in großen Städten errichtet werden und als Zentralbeatmungsabteilungen für eine Reihe von Stadt- und Provinzkrankenhäusern dienen. Vorbildlich sind hier die Empfehlungen der WHO zur Errichtung und Führung solcher Zentren, die natürlich ebenfalls für Poliomyelitis benötigt werden. Was die Nachbehandlung der Lähmungen betrifft, also physikalische Therapie (Massagen, Bewegungsübungen, Elektrotherapie mit Schwellströmen, Unterwasserbehandlung, spezielle gymnastische Methoden), Fieberkurven und orthopädische Maßnahmen (Operationen, Stützapparate usw.), so gilt hier dasselbe wie auch bei der Nachbehandlung der Kinderlähmung.

Am Ende meines Referates möchte ich noch einige Fragen zur allgemeinen Diskussion stellen, die nach Möglichkeit hier gelöst und in Form von Empfehlungen den einzelnen Ländern zugeleitet werden sollten. Dies sind: Die gesetzliche Anzeigepflicht und statistische Erfassung aller Fälle in den staatlichen Sanitätsberichten, die Einführung einer einheitlichen Nomenklatur für die infektiösen virusbedingten Erkrankungen des ZNS und schließlich die Frage, ob eine Isolierung der Kranken und irgendwelche Quarantänemaßnahmen der Umgebung sinnvoll sind oder nicht. Vom sozialmedizinischen Standpunkt aus wäre anzuregen, daß die Nachbehandlung von Lähmungsfällen, die sich ja oft über Jahre hinzieht, unter die gleichen fürsorgerechtlichen Bestimmungen fällt und in den gleichen Rehabilitationszentren durchgeführt wird, wie das bei poliomyelitischen Lähmungen der Fall ist. Schließlich sollten sich die staatlichen und privaten Institutionen zur Bekämpfung der Poliomyelitis auch in gleicher Weise mit den Fragen der wissenschaftlichen Erklärung und therapeutischen Betreuung von ZEE-Fällen befassen, da es ja für den Betroffenen naturgemäß gleich ist, ob seine Krankheitsfolgen durch diesen oder jenen Erreger verursacht sind. Letzten Endes bestehen ja die gleichen Restzustände.

E. F. DAWIDENKOWA

Klinische Eigenarten der zweiwelligen Virus-Meningoenzephalitis

Mit dem Studium dieser eigenartigen Erkrankung begannen die Leningrader Neuropathologen und Infektiologen im Sommer 1948. Zu dieser Zeit wurde am westlichen Ufer des Ladogasees, im Gebiet der Stadt Priozerska (früher Keksholm) das epidemische Aufflammen einer bisher unbekannten saisonhaften Neuroinfektion beobachtet[1].

Die Erkrankung nahm den Verlauf einer ziemlich milden Meningoenzephalitis mit benignem Ausklang. Sie kam oft zweiphasig vor. Fast in 90% der Fälle wurde anamnestisch Zeckenbiß angegeben. Nichtsdestoweniger unterschied sich das klinische Bild bei diesen Fällen völlig von der Frühjahr-Sommer-Enzephalitis mit ihren schon gut bekannten Symptomen. Insbesondere ist zu vermerken, daß hier die typischen atrophischen Muskellähmungen des Halses und der oberen Extremitäten ausblieben. Dies hatte zur Folge, daß sogar erfahrene Spezialisten anfangs geneigt waren, diese Symptome einer anderen Infektionskrankheit, z. B. der Listeriosis, zuzuschreiben. S. N. DAWIDENKOW und seine Mitarbeiter waren aber der Meinung, daß es sich um eine eigenartige Zeckenvirus-Neuroinfektion handelt. A. A. SMORODINZEW und seine Mitarbeiter studierten eingehend das von ihnen im Jahre 1949 isolierte Virus, worüber genauer in dem Referat von W. I. ILJENKO berichtet wurde.

Diese eigenartige und sehr stereotype Erkrankung benannten wir anfangs „Keksholmer Enzephalitis". Später (diese Krankheit kam nicht nur im Gebiete Priozerska vor) sprachen wir von einer „eigenartigen Form", „atypischen Form" oder „Variante" der Zeckenenzephalitis. Endlich wurde sie „zweiwellige Meningoenzephalitis" genannt, und diese Bezeichnung wird auch gegenwärtig angewendet.

Es sei betont, daß man diese Form auf Grund ihrer klinischen Eigenarten so bezeichnet hat. Erst später wurden die epidemiologischen Daten geklärt. Es wurde nachgewiesen, daß die zweiwellige Meningoenzephalitis (ZME) nicht nur durch Zeckenbiß hervorgerufen wird, sondern auch auf alimentärem Wege nach Genuß roher Milch von infizierten Ziegen entstehen kann[2]. Relativ häuften sich in den nachfolgenden Jahren die Fälle mit dem Vermerk „Milchgenuß" in den anamnestischen Angaben. Diese Infektionsweise stand im Einklang mit den häufig auftretenden Gruppenerkrankungen, als auch viele Kinder erkrankten, bei denen ja bekanntlich eine echte Frühjahr-Sommer-Enzephalitis sehr selten auftritt.

Wie oben erwähnt, verläuft diese Form nicht immer mit zwei nacheinanderfolgenden Fieberwellen, denn neben den Fällen mit ausgesprochen zweiwelligem Verlauf gibt es auch solche mit einer einzigen Fieberwelle. Es wurde die Frage gestellt, ob nicht prinzipielle, nosologische Unterschiede zwischen den einzelnen Krankheitsfällen bestehen. Die Antwort auf diese Frage konnte auf Grund der Analyse dieser Gruppenerkrankungen (Familien-Hof-Erkrankungen) gegeben werden. Augenscheinlich war, daß Menschen mit einer gemeinsamen Infektionsquelle auch eine identische Erkrankung aufwiesen. Trotzdem aber konnten wir beobachten, daß von einigen dieser gleichzeitig auftretenden Krankheitsfälle manche einen einwelligen, andere wieder einen charakteristischen zweiwelligen Fieberverlauf nahmen.

Zu lösen war auch die folgende Frage: Ist die Meningoenzephalitis, die durch Zeckenbiß hervorgerufen wird, und die Meningoenzephalitis, die durch den Genuß infizierter Milch entsteht, ein und dieselbe Krankheit? Diese Frage wurde im positivem Sinne gelöst, und zwar

[1] Den ersten Bericht darüber hatte am 26. Mai 1949 S. N. DAWIDENKOW in der Leningrader Gesellschaft der Neuropathologen gegeben.

[2] Die Vermutung, daß möglicherweise die Infektion durch Ziegenmilch übertragen wird, hat erstmalig I. I. STILBANS ausgesprochen. In der neurologischen Literatur finden wir diese Angaben schon im Jahre 1951.

auf Grund der klinischen Identität beider Arten von Krankheitsfällen, auf Grund ihres gemeinsamen zeitlichen Auftretens und auf Grund der virologischen Untersuchungen.

Die Erkrankungen an Meningoenzephalitis fallen in die Zeitspanne der Aktivität der bei uns einheimischen Zecken „Ixodes persulcatus" und „Ixodes ricinus", d. h., sie kommen im Frühjahr, Sommer und Herbst (von Mai bis inklusive September) vor.

Die relative Häufigkeit der direkten Infektion durch Zeckenbiß und der durch Milch kranker Ziegen hervorgerufenen variierte verständlicherweise in den verschiedenen Gebieten und Jahren.

Die Inkubationsperiode war je nach der Infektionsart verschieden lang. Bei direkter Zeckenbißinfektion betrug sie 20 Tage. Bei alimentärer Infektion war sie etwa 3—7 Tage kürzer.

Das klinische Bild der Erkrankung kann folgendermaßen zusammengefaßt werden:

Bei mehr als der Hälfte aller Fälle ist der Krankheitsverlauf durch zwei einzelne Fieberwellen gekennzeichnet. Die erste Fieberwelle (Dauer 5—6 Tage) wird von einem fieberfreien Stadium abgelöst, das durchschnittlich 7 Tage anhält. Dann folgt die zweite Fieberwelle mit einer durchschnittlichen Dauer von 7—8 Tagen.

Die erste Fieberwelle, die gewöhnlich durch einen akuten Anstieg gekennzeichnet ist, wird durch markante Symptome einer Allgemeinintoxikation charakterisiert. Das Fieber erreicht schon am ersten Tag 39—40° C. Die Kranken klagen über starke Kopfschmerzen, Schwindelgefühl, Erbrechen, Appetitlosigkeit, Muskelschmerzen und Schlafstörungen. Manchmal werden Halsschmerzen und Schnupfen angegeben. Meningeale Symptome sind in dieser Periode selten.

Das fieberfreie Stadium verläuft meistens unter dem Bild einer vollständigen Besserung, obwohl in einigen Fällen Kopfschmerzen, Schüttelfrost und allgemeine Schwäche angegeben werden.

Die zweite Fieberwelle nimmt einen schweren Verlauf und wird durch das Auftreten von meningoenzephalitischen Symptomen charakterisiert.

Das meningeale Syndrom beruht meistens auf einer nicht akuten serösen Meningitis. Die Zellvermehrung ist meistens gering (20—50 Zellen), die Lymphocyten überwiegen dabei. Die Eiweißwerte erreichen nur selten 1%, meistens sind sie nur wenig erhöht. In einigen Fällen bildet sich im Liquor ein Fibrinnetz. Die klinischen Symptome der Meningitis können bei einer Gruppe der Patienten betont sein, bei einer anderen sind sie weniger ausgeprägt oder fehlen sogar völlig. Die Liquorbefunde halten in der Regel länger an als die klinischen Meningitissymptome.

Im Verlaufe der zweiten Fieberwelle sind die Kranken meistens adynamisch, klagen über starke Kopfschmerzen, Schwindelgefühl, Brechreiz, Schüttelfrost, Myalgien, Schlafstörungen und Appetitlosigkeit. Psychische Störungen (Erregbarkeit, Halluzinationen) sind ziemlich selten zu beobachten. Oft werden Hyperämien des Gesichtes, des Pharynx und der Konjunktiven bemerkt. Häufiger besteht Verstopfung. Bei der neurologischen Untersuchung waren öfters Symptome einseitiger Pyramidenstörung feststellbar. Diese sind jedoch schwach ausgeprägt und erreichen nicht den Grad einer wahren Hemiplegie. Deutlicher sind typische Kleinhirnstörungen, wie z. B. Asynergie, Dysarthria, inten. Tremor usw. Diese Kleinhirnstörungen können länger andauern als die anderen neurologischen Symptome. In Einzelfällen kann man auch woanders lokalisierte Entzündungsprozesse feststellen, so z. B. extrapyramidale Störungen, Thalamus-Syndrom und epileptiforme Anfälle. Oft sieht man Anisokorie, Konvergenzschwäche, Schmerzen bei der Augapfeldrehung, Hyperästhesie, angedeutete Ptosis. Häufiger findet man Reflexe oralen Automatismus und die Hornersche Trias. Möglich sind Entzündungen des Nervus opticus und des Nervus facialis. Die Sehnenreflexe sind meistens verringert. In manchen Fällen kommt es zu lokaler, rasch abklingender Neuritis oder Radiculoneuritis der Extremitäten, sehr selten zu Lähmungen myeloradiculoneuritischen

Ursprunges, die aber einen ausgesprochenen benignen Verlauf zeigen. In Einzelfällen trat eine lokale, periphere Neuritis zu Beginn der Erkrankung als Vorbote der Infektion auf.

Im akuten Stadium werden vegetative Funktionsstörungen beobachtet, wie Bradycardie, arterielle Hypotonie, Temperaturregulationsstörungen, Verlängerung der Schmerzadaptation, Blutsenkung und eine Anzahl anderer Störungen, die meist länger als andere Krankheitssymptome andauern, doch nach Fieberrückgang rasch zurückgehen. In Einzelfällen wurde ein schnell heilender erythematöser Ausschlag beobachtet. Im Blutbild sehen wir während der ersten Fieberwelle Leukopenie mit relativer Leukocytose, während der zweiten Welle geringe Leukocytose mit relativ normalen Leukocytenformen. Der Fieberanstieg zeigt meistens den Typ einer verkürzten Lysis.

Es treten schwerere und leichte Erkrankungen auf. Die ersteren sind durch überwiegend enzephalitische Symptome charakterisiert, während die zweiten überwiegend meningeale Symptome aufweisen. In Fällen, wo die ganze Erkrankung in Form einer einzigen Fieberwelle verläuft, sind die charakteristischen Eigenarten der zweiten Fieberwelle bei zweiphasigem Verlauf zu beobachten.

Nach dem Abklingen der akuten Krankheitsperiode bleiben noch für eine gewisse Zeit subfebrile Temperaturen und einzelne neurologische Symptome zurück.

Schwere spinale oder bulbäre Lähmungen und das für die Frühjahr-Sommer-Enzephalitis so typische Syndrom des hängenden Halses und das nicht weniger charakteristische Syndrom der Koschewnikow-Epilepsie haben wir bei der eben beschriebenen Form kein einziges Mal festgestellt. Ebenso haben wir bei der ZME keinen einzigen Fall mit progressivem Verlauf bemerkt, wie er heutzutage so oft bei der klassischen Frühjahr-Sommer-Enzephalitis vorkommt. Im allgemeinen ist somit der Verlauf dieser Krankheitsform ein gutartiger. In den Jahren, seit wir uns mit dem Problem der ZME befassen, ist kein einziger Kranker an dieser Infektion gestorben.

Wir haben gesehen, daß das klinische Bild der Erkrankungen bei verschiedenem Infektionsmodus (Zeckenbiß und alimentär) grundsätzlich übereinstimmt. Doch bei einem genaueren Vergleich der beiden Gruppen mit verschiedenem Infektionsmodus sind einzelne Unterschiede feststellbar, die häufiger bei dieser oder jener Form auftreten. So sieht man z. B. nach direkter Infektion durch Zecken häufiger die einwellige Form der Fieberkurve und auch öfter Komplikationen in Form von peripherer Neuralgie und Neuritis. Nach Angaben aus Leningrad kommen die lokalen Neuralgien und Neuritiden bei sporadischen Erkrankungen (Infektion hauptsächlich durch Zecken) bei 25% der Fälle vor, während diese Symptome bei den Gruppenerkrankungen (Infektion hauptsächlich durch Milch) nur bei 15% der Fälle auftreten. Ähnlich liegen die Verhältnisse bei der Udmurder-ZME-Epidemie.

Wenn wir von den verschiedenen Einzelheiten des klinischen Bildes der ZME sprechen, so muß gesagt werden, daß die Erkrankung je nach den Bedingungen verschieden schwer verlaufen kann. So war z. B. die ZME-Epidemie in der Udmurder ASSR etwas bösartiger als die Leningrader. Im akuten Stadium wurden hier öfters psychische Störungen und unsicherer Gang, Nystagmus, Tremor, Asynergie sowie Ataxie der Augenapfelbewegung beobachtet. Es muß hinzugefügt werden, daß die Schwere des Krankheitsbildes auch bei einzelnen Gruppenerkrankungen desselben Gebietes unterschiedlich sein kann. So haben wir z. B. Gruppenerkrankungen mit ausgeprägten Kleinhirnstörungen beobachtet, während diese Störungen bei anderen Gruppenerkrankungen nur schwach ausgeprägt waren.

Wie oben erwähnt, verläuft die Erkrankung gutartig. Spätere Studien der Katamnese haben aber gezeigt, daß bei vielen Kranken nach überstandener ZME mehr oder weniger schwere Nervenstörungen noch längere Zeit andauern können. Bei sehr vielen dieser Fälle waren Kopfschmerzen zu verzeichnen, die anfallsweise vorkamen. Fast bei der Hälfte aller Fälle (42%) blieb eine allgemeine Nervosität zurück. Viele Leute klagten über erhöhte

Müdigkeit und Gedächtnisschwäche. Bei $^1/_4$ aller Fälle mit überstandener ZME wurden Schlafstörungen angegeben (Schlaflosigkeit oder Somnolenz). Öfters klagten die Patienten, daß nach der Erkrankung fixe Ideen und Angstgefühle auftreten. Fast in $^1/_4$ aller Fälle wurden bei genauer Untersuchung Mikrosymptome diagnostiziert (niedriger Tonus der Gesichtsmuskulatur, Reflexunterschiede, Koordinationsdefekte).

Ich muß bemerken, daß wir gute Erfolge nach der intramuskulären Applikation von 30—50 ccm Rekonvaleszentenserum verzeichnet haben. Dieses Serum bewirkte eine Besserung des Allgemeinzustandes und unterstützte die Beseitigung lokaler Symptome, wenn es in den ersten Tagen der Erkrankung appliziert wurde. Weniger erfolgreich waren Einspritzungen von hyperimmunem Pferdeserum. Lumbalpunktionen hatten im akuten Zustand augenscheinliche Besserungen zur Folge. Die Kopfschmerzen wurden schwächer, der Allgemeinzustand besser. Außerdem wurde intravenös Urotropin und Glucose appliziert. Antibiotica und Sulfonamide wurden nur bei Komplikationen verabreicht.

Wertvolle Erfolge ergaben Präventivmaßnahmen, wie rechtzeitige Vaccination von Menschen in gefährdeten Gebieten und eine auf breiter Basis durchgeführte sanitäts-hygienische Aufklärung. In einigen Infektionsherden haben diese Maßnahmen die Krankheit völlig beseitigt.

Wie bereits erwähnt, wurde diese eigenartige Erkrankung erstmalig in den nordwestlichen Gebieten der Sowjetunion beobachtet. Später aber wurde festgestellt, daß diese Form geographisch viel weiter verbreitet ist. Heute wissen wir, daß identische Erkrankungen in verschiedenen, weit voneinander entfernten Gebieten unseres Staates auftreten.

Im Leningrader Gebiet kommt die ZME in den nordwestlichen Gegenden vor. Interessant ist, daß in den südlichen und südöstlichen Gegenden, in denen keine ZME-Fälle beobachtet werden, Zeckenenzephalitiserkrankungen auftreten, die dem gut erforschten klassischen Typ der Frühjahr-Sommer-Enzephalitis entsprechen und schwere atrophische Lähmungen oder KOSCHEWNIKOW-Epilepsie hervorrufen. Diese südöstlichen Gegenden des Leningrader Gebietes wurden in den Kriegsjahren 1942/43 von einer großen Zeckenenzephalitisepidemie heimgesucht. Es sei bemerkt, daß schon früher neben schweren Formen der Frühjahr-Sommer-Enzephalitis bei einem kleinen Teil auch Erkrankungen mit leichterem Verlauf und ohne massive enzephalomyelitische Symptome auftraten, die nicht selten einen zweiphasigen Verlauf nahmen. Bei 3% der Fälle konnte man diese Formen auch während der Epidemie der Jahre 1942/43 im Leningrader Gebiet beobachten. Grundsätzlich unterscheiden sich aber diese Erkrankungen von der ZME dadurch, daß sie sich zu keiner einheitlichen Epidemie gruppierten, sondern sporadisch auftraten.

In den letzten Jahren wird die ZME auch in anderen Gebieten unseres Landes beobachtet. So ist die ZME in der Udmurder SSR verbreitet, wo sie schon im Jahre 1949 von E. M. VIGEN und Mitarbeitern unter der Benennung „akute saisonartige seröse Meningitis" beschrieben wurde. Bezeichnend ist aber, daß die Erkrankungen der Udmurder ASSR klinisch der Symptomatik der ZME entsprechen und daß sie als Gruppenerkrankungen dort auftreten, wo Genuß roher Ziegenmilch angegeben wird.

Ebenso wurden im Gebiet Swerdlowsk (Mitteilung von G. E. PYTEL, P. M. UTNITZKA, 1955) zweiwelliger Verlauf der Krankheit und Infektion durch den Genuß roher Ziegenmilch festgestellt. Bemerkenswerterweise treten diese Gruppenerkrankungen mit „Milchanamnese" im Gebiet Swerdlowsk in den letzten 4—5 Jahren auf, wohingegen früher die Erkrankungen unter dem klinischen Bild der klassischen Zeckenenzephalitis verliefen.

Wahrscheinlich war es dieselbe Erkrankung, die unter dem Namen „zweiwelliges Milchfieber" im Moskauer Gebiet von M. P. TSCHUMAKOW beschrieben wurde. Identische Erkrankungen wurden auch in den Gebieten Jaroslawl und Kostroma (W. N. KLJUTSCHIKOW und Z. J. JAKOWLEWA) sowie im Gebiet von Tomes (I. A. MINKEWITSCH und A. M. ZELISTOW) und in Estland (E. RAUDAM) beobachtet. Alle diese Mitteilungen stammen aus den letzten Jahren. Es ist noch nicht geklärt, ob diese Fälle tatsächlich nur in den letzten Jahren auftraten oder ob sie schon früher vorhanden waren, jedoch nicht beachtet wurden. Wir sind geneigt, das erstere anzunehmen.

Für mich persönlich ist es sehr interessant, mein Referat gerade hier in der Tschechoslowakei vorzutragen, wo die eigenartige tschechoslowakische Enzephalitis beschrieben wurde, die wahrscheinlich mit der bei uns vorkommenden Form identisch ist. Die gemeinsame Diskussion wird die Frage über die Identität oder Verschiedenartigkeit dieser Krankheiten klären. Außerdem ist die Diskussion der grundsätzlichen und bisher noch offenen Fragen über die Beziehungen zwischen der Frühjahr-Sommer-Zeckenenzephalitis in ihrer klassischen poliomyelitischen Form, der von uns beschriebenen zweiwelligen Meningoenzephalitis und der Schottlandenzephalitis, von außerordentlicher Wichtigkeit.

Zur Lösung steht hier noch eine sehr wichtige Frage. In welchen Jahren und in welchen Gegenden trat diese eigenartige Krankheit, die wahrscheinlich bis vor 6—8 Jahren noch unbekannt war, erstmalig auf. Die stereotype Art und die Deutlichkeit der klinischen Symptomatologie werden zweifellos zur Lösung dieser Frage beitragen.

DISKUSSION

F. HANZAL

Bemerkungen zum Referat von Dr. GRINSCHGL

Es ist die Frage, ob man eine polyradiculoneuritische Form der Zeckenenzephalitis anerkennen kann. Das polyradiculoneuritische Syndrom wird nämlich durch die symmetrische periphere Quadriparese charakterisiert, die gewöhnlich mehr an den unteren Extremitäten durch eine spontane schmerzhafte Palpation der Nervenstämme und Muskeln sowie durch die albumino-cytologische Dissoziation im Liquor zu erkennen ist. Eine solche Erscheinung ist bei der Zeckenenzephalitis unbekannt.

Spät entstehende Paresen sind um so seltener, je besser der Patient im akuten Stadium behandelt wird. Sie kommen hauptsächlich bei Patienten vor, die vorzeitig das Bett verlassen haben. Ebenso kann es zu einer Exazerbation der klinischen Symptome und des Liquorbefundes kommen. Früher waren derartige Exazerbationen häufiger als in den letzten Jahren. Wir schreiben dies einerseits der besseren Pflege, andererseits dem Einfluß des Aureomycins zu, das zwar die Veränderungen des ZNS nicht heilt, aber wahrscheinlich die Entwicklung weiterer Veränderungen verhindert.

Das Rekonvaleszenten-Serum hat sich bei der Behandlung der Zeckenenzephalitis nicht bewährt. In der Therapie des Rekonvaleszenzstadiums hatte ŠERCL Erfolg durch Verwendung von Antihistaminika. Für die raschere und dauernde Behebung der Beschwerden in der Rekonvaleszenz bewährt sich sehr die Behandlung in einem Kurort. Besonders gute Erfolge hatte die Anstalt in Lářne bei Blatná, die im Jahre 1953 vorübergehend für Rekonvaleszenten nach überstandener Zeckenenzephalitis eingerichtet wurde.

Der Kollege Grinschgl betont sehr richtig die Notwendigkeit einer neurologischen Fachuntersuchung und den weiteren fachärztlichen Verfolg von Enzephalitisfällen. Das ist eine selbstverständliche Forderung schon vom differential-diagnostischen Standpunkt her. Es sind Fälle bekannt, wo Patienten mit der Diagnose „Zeckenenzephalitis" ins Krankenhaus eingeliefert und als solche lange behandelt wurden. Dabei handelte es sich um Kranke mit Meningealblutungen, mit Sclerosis multiplex, mit Aneurysmen, Abscessen und Hirntumoren. Es wurde die Diagnose „Zeckenenzephalitis" gestellt, weil diese Leute während der Zeckenenzephalitis-Saison erkrankten oder deshalb, weil sie anamnestisch angaben, sie seien von Zecken gebissen worden. Zu Beginn der zweiten Phase können differentialdiagnostische Schwierigkeiten vorkommen. Eine große Hilfe ist dann eine elektrophoretische Untersuchung des Serums und der Cerebrospinalflüssigkeit, die wir an unserer Klinik gemeinsam mit Kollegen Vymazal schon seit zwei Jahren durchführen. Die Resultate haben wir zum Teil publiziert. Außerdem spricht darüber Kollege Vymazal auf der gesamtstaatlichen Neurologenkonferenz in Jeseník. Die Methodik ist technisch nicht besonders anspruchsvoll, so daß man sie in Zukunft routinemäßig in jedem biochemischen Laboratorium anwenden kann.

Obwohl ein nichtinformierter Teilnehmer dieser Sitzung den Eindruck haben könnte, daß der Kliniker nur ein Appendix der virologischen Arbeit ist, so verhält es sich in der Praxis doch wohl etwas anders. Der Kliniker muß zumindest eine ätiologische Gruppendiagnose weit eher stellen, bevor ihm der Virologe dabei helfen kann. Das Ideal seiner Bestrebungen ist die richtige Diagnose einer sogenannten „nosologischen Einheit".

Schon früher und während dieser Konferenz wurde die Frage aufgeworfen, ob es mehrere nosologische Einheiten der Zeckenenzephalitis gibt. Diese Unsicherheit ist Ausdruck der Tatsache, daß man auf virologischer Seite keine Unterschiede in der antigenen Struktur der einzelnen Zeckenenzephalitisviren festgestellt hat, die in den verschiedenen Gebieten und Ländern isoliert wurden, daß hingegen die Unterschiede zwischen den einzelnen klinischen Formen unbestreitbar sind. Sie kommen besonders in einem Vergleich der Frühsommer-Enzephalitis des Fernen Ostens mit der europäischen Meningoenzephalitis zum Ausdruck. Prof. Smorodinzew hat bei seinem letzten Besuch in Prag die Überzeugung geäußert, daß diese Unterschiede durch die Verschiedenheit der Erreger bedingt sind und daß es in der Sowjetunion wie auch in der Tschechoslowakei zwei Arten von Viren gibt, die ganz gesetzmäßig klinisch unterschiedliche Erkrankungen hervorrufen. Erlauben Sie mir, daß ich dazu meine sich auf eigene Untersuchungen stützende Ansicht äußere.

Bei unseren an Zeckenenzephalitis Erkrankten gibt es verschiedene klinische Erscheinungen, wie wir sie in unserem Referat geschildert haben.

Ich möchte folgendes betonen:

a) Kranke, die in ein und demselben Gebiet infiziert wurden, weisen verschiedene Formen der Zeckenenzephalitis auf.

b) Die Schwere der Enzephalitis ändert sich in einem Gebiet im Laufe der Jahre. Wenn Patienten eines Herdgebietes von diesem dynamischen Standpunkt aus beurteilt werden, sehen wir, daß in den letzten Jahren leichtere Krankheitsverlaufe vorkommen als in den vorhergehenden Jahren.
Dieselben Erfahrungen hat auch Prof. Przesmycki in seinem Vortrag mitgeteilt.

c) Die klinische Form der Zeckenenzephalitis kann sich im Verlauf der Erkrankung ändern. Es kann sich z. B. die Parese einer Extremität erst nach mehrtägiger Dauer der zweiten Phase einstellen, die zuerst als meningitische oder meningoenzephalitische Form hervorgetreten ist.

d) Ein Einfluß physischer Anstrengung auf die Form und Schwere der Enzephalitis ist unbestreitbar.

Wenn sich die Erkrankten im virämischen oder cerebralen Stadium physisch übermäßig anstrengen, kommt es mit größerer Wahrscheinlichkeit zur zweiten Phase und zu schweren Krankheitszeichen. Paresen der oberen Extremität sind fast regelmäßig bei Rechtshändern rechts und bei Linkshändern links. Lehrreich ist der Fall einer Patientin, die bei der geologischen Durchforschung des Gebietes an einer Zeckenenzephalitis erkrankt war. Sie hat dabei Mineralsteine in einer Tasche gesammelt, die sie am linken Arm aufgehängt hatte. Sie bekam eine Parese des linken Armes, obwohl sie Rechtshänderin war.

Interessant ist, daß bei Patienten mit einer Parese des Armes in sehr vielen Fällen röntgenologische Störungen des Intervertebraldiskus an einer Stelle festgestellt wurden, die den betroffenen Halsegmenten entspricht.

e) Anscheinend hat auch der Infektionsweg Einfluß auf das klinische Bild.

f) Bei Kindern ist der Verlauf milder als bei Erwachsenen.

Aus dem Gesagten geht hervor, daß mehrere Momente auf das klinische Bild Einfluß haben. Es sind nicht nur Eigenschaften des Mikroorganismus, sondern auch des Makroorganismus maßgebend. Beide hängen von der Umgebung ab, in der sie leben. Diese ändert sich aber laufend.

Als gemeinsame Eigenschaft ist allen verschiedenen Formen der Zeckenenzephalitis eigen, daß vorzugsweise die graue Nervensubstanz befallen wird. Dieser pantrope, überwiegend poliotrope Charakter zeichnet die Zeckenenzephalitis in allen Gebieten und Ländern aus.

Wir können also von verschiedenen klinischen Formen sprechen, doch nur von einer einzigen nosologischen Einheit, wie dies auch bei der Poliomyelitis der Fall ist.

H. LIBÍKOVÁ

Bemerkungen zum Referat von Dr. GRINSCHGL

Dr. GRINSCHGL spricht in seinem Referat über quantitative Unterschiede des Neutralisationstestes bei Virusstämmen der Zeckenenzephalitis, die in der Sowjetunion und in Europa isoliert wurden. Diese Unterschiede sind sicher methodisch bedingt. Sie sind nicht reproduzierbar, wenn man mehrere Virusstämme aus den einzelnen Ländern überprüft und wenn man mit diesen die Untersuchungen einschließlich Herstellung der Immunseren mehrmals wiederholt.

Ich glaube, daß die experimentellen Ergebnisse die Behauptung von der Übertragbarkeit des Zeckenenzephalitisvirus auf den Menschen durch Stechmücken bisher nicht gestatten. Dies ist nur eine, allerdings sehr interessante, Hypothese.

Die Bezeichnung „zentraleuropäische Enzephalomyelitis“ (ZEE) erscheint uns für die Zeckenenzephalitis in Europa unpassend. Erstens kommt diese Krankheit nicht nur in Mitteleuropa, sondern auch in Nordeuropa (Polen, Finnland, Leningrad), in Südeuropa (Jugoslawien) und vielleicht sogar in Osteuropa (Bulgarien, Rumänien) vor. Den Terminus „russian-spring-summer-encephalitis“ (RSSE) finden wir zwar in der westlichen Fachliteratur sehr oft, aber bei einer Gesamtbetrachtung entspricht dieser nosologischen Einheit besser die Bezeichnung „Zeckenenzephalitis“, die in der sowjetischen Literatur geläufig ist.

N. A. Sejtljonok

Bemerkungen zum Referat von Dr. G. Grinschgl

Die meningealen und cerebralen klinischen Symptome, obwohl ein Teilbestand vieler Erkrankungsfälle, sind für die Zeckenenzephalitis nicht charakteristisch, da sie auch bei Enzephalitisfällen anderer Ätiologie auftreten.

Das charakteristischste Syndrom der Zeckenenzephalitis ist das polioenzephalomyelitische Syndrom, bei dem die Vorderhörner des Rückenmarkes in der Halsgegend geschädigt sind.

Die Angaben von Fornosi, Hanzal und Grinschgl und anderen bestätigen die Behauptung der nosologischen Einheit der Zeckenenzephalitis in der Sowjetunion wie auch in anderen Ländern Mitteleuropas. In allen diesen Ländern werden die obenerwähnten Syndrome hervorgehoben.

So wie Dr. Hanzal und Dr. Libíková kann auch ich mich der Behauptung von Dr. Grinschgl nicht anschließen, daß die Mitteleuropäische Zeckenenzephalitis eine selbstständige nosologische Einheit vorstellt. In allen diesen Ländern kommt beim Menschen einund dieselbe Zeckenenzephalitis vor.

Die Benennung „Zeckenenzephalitis" sollte richtiger durch „Zeckenenzephalitis des Menschen" ersetzt werden.

N. Oker-Blom

Bemerkungen zum Referat von Prof. Dawidenkowa

Mit großem Interesse habe ich den Vortrag von Prof. Dawidenkowa gehört. Es ist sehr auffallend, daß die Fälle der zweiwelligen Meningoenzephalitis im Leningrader Gebiet so sehr unseren Fällen von Meningoenzephalitis in Finnland, die ich schon kurz beschrieben habe, ähneln.

Ich habe verstanden, daß solche Fälle vor dem Jahr 1948 nicht vorgekommen sind. Bei uns traten die ersten Fälle 1942 auf, die aber leider nicht so genau untersucht wurden. Falls unsere Fälle wirklich zu der Gruppe der Zeckenenzephalitiden gehören, kann man die Frage stellen, ob es sich hier nicht um eine Wanderung der Erkrankung von Westen nach Osten handelt. Wir wissen doch, daß Louping-ill schon lange in Schottland vorkommt und daß es auch z. B. in Schweden zu dieser Gruppe gehörende Enzephalitiden gibt.

Wir hoffen, daß der Austausch von Erfahrungen (auch von Virusstämmen, Seren usw.) diese sehr interessante Frage, ganz speziell unter Berücksichtigung der russischen und finnischen Enzephalitiden, in Zukunft lösen helfen wird.

I. Kirkowska

Bemerkungen zu den Hauptreferaten

Als Mitglied der polnischen wissenschaftlichen Expeditionen habe ich das klinische Bild der Zeckenenzephalitis in Polen in den Gebieten Nisa und Bratowicza studiert.

Die Krankheitsbilder der hier vorkommenden Enzephalitiden stimmen mit denen von den Hauptreferenten beschriebenen überein, und die Mehrzahl der Fälle zeigt einen benignen Verlauf und tritt in Form von lymphocytärer Meningitis auf.

J. ČERNÁČEK, F. BALEK

Folgezustände, chronische und periphere Formen der Zeckenenzephalitis in der Tschechoslowakei

Seitdem bekannt ist, daß die Enzephalitis lethargica sich oft als ein chronisches Zustandsbild manifestiert, das als Parkinsonismus wohlbekannt ist, fahndet man bei allen Virusinfektionen des Nervensystems nach chronischen Formen und Folgezuständen. Die Enzephalitis lethargica ist nicht die einzige Enzephalitis mit chronischem Verlauf oder mit Folgezuständen. Auch bei der russischen Zeckenenzephalitis beobachtet man oft Folgezustände in Form der cervicobrachialen Atrophien und der sogenannten Epilepsia partialis continua KOSCHEWNIKOW. Die Beobachtung TSCHUMAKOWS, der bei diesen Kranken während neurochirurgischer Eingriffe aktives Virus im Gehirn fand, weist darauf hin, daß es sich bei diesen Zuständen nicht immer um Folgen, sondern um einen aktiven Prozeß handelt.

Tabelle 64. Entzündliche Erkrankungen des peripheren Nervensystems von 17 virologisch ausgewerteten Fällen (Verdacht auf Virusätiologie)

Art der Erkrankung	Anzahl
Polyradiculoneuritis	7
Polyneuritis	3
Polyradiculitis	6
Neuritis cranialis (n. V.)	1
Insgesamt	17

Bei der Zeckenenzephalitis in der Tschechoslowakei, die übrigens gutartig ist, wurden auch cervicobrachiale Atrophien und neurasthenische Syndrome beobachtet, wobei die letzteren meist vorübergehender Natur waren.

Wir nahmen daher bei einem Teil der bei uns in den Jahren 1951/53 beobachteten sporadischen Krankheitsfälle von Zeckenenzephalitis Kontrolluntersuchungen vor. In allen Fällen hatte die Komplementbindungsreaktion einen positiven oder suspekten Titer. Die Untersuchung fand 14—40 Monate nach der akuten Phase statt. Es handelte sich um 7 Fälle einer Erkrankung an Zeckenenzephalitis. Von diesen 7 waren es nur 2 Kranke, die ohne Folgezustände blieben. Wir fanden wenig Zusammenhang zwischen der Dauer der akuten Phase, der Dauer des Fiebers, der Dauer der Hospitalisation, der Dauer der Liquorveränderungen einerseits und der Entwicklung eines Folgezustandes andererseits. Es war aber zu beobachten, daß sich Residualsymptome nur in Fällen mit Liquorpleocytose in der akuten Phase entwickelte. Was den Zusammenhang des klinischen Bildes der akuten Phase mit dem Erscheinen von Residualsymptomen anbetrifft, so sahen wir, daß die reinen Cerebellitiden keine Folgen hinterließen. Die Residualzustände entwickelten sich aber nach den Formen, die mit einer Schädigung des Großhirns einhergehen. Die Folgen der Zeckenenzephalitis zeigten sich außer dem Kopfschmerz und dem neurasthenischen Syndrom in Schlafstörungen, durch fokale pyramidale und extrapyramidale Symptome und, in einem Fall, durch radikuläre Schmerzen. Bei 6 Patienten wurde eine elektroenzephalographische Untersuchung durchgeführt. Der Befund war in keinem Falle normal. Bei 2 Kranken war der Befund unsicher, bei 4 Kranken verschieden stark pathologisch, davon in einem Falle fokal.

Um eventuelle latente Störungen der peripheren Nerven zu finden, wurde bei der Kontrolluntersuchung der 7 Personen, die an Zeckenenzephalitis gelitten hatten, eine elektromyographische Untersuchung vorgenommen. In zwei Fällen konnten Zeichen einer Läsion des

Tabelle 65. Entzündliche Erkrankungen des peripheren Nervensystems
Übersicht der Fälle mit positivem oder suspektem virologischem Befund

Nr.	Name Alter Prot.-Nr.	Klinische Diagnose	Klinischer Befund	Liquor-befund	Virologischer Befund: Zeit seit Beginn der Erkrankung	Virologischer Befund: Serum ausgewertet in KBR	Virologischer Befund: Serum ausgewertet in NT
1	J. R. 55 J. 387/54	Polyradiculoneuritis	Schlaffe Quadriparese m. Sensibilitätsstörungen; leichte bulbäre Symptome; nach 3 Jahren nur leichte Residualsymptome	Albuminocytologische Dissoziation	8 Wochen 11 Monate 3 Jahre	1:8 1:2 neg.	
2	M. K. 38 J. 155/53	Polyradiculoneuritis	1 Woche nach peritonsillärem Abszeß Rhinolalie u. Dysphagie. 3 Wochen später progressive schlaffe Quadriparese m. Sensibilitätsstörungen (Zeckenbiß 1 Monat vor Beginn der Erkrankung; trinkt rohe Ziegenmilch)	Albuminocytologische Dissoziation	12 Wochen 15 Wochen	neg. neg.	100
3	E. D. 64 J. 630/55	(Myelo-) Polyradiculoneuritis	Chronisch progressive Paraparese mit Atrophien und Symptomen der Läsion peripheren motorischen Neurons, welche auch an den oberen Extremitäten bemerkbar sind. An den unteren Extremitäten außerdem spastische Erscheinungen; Sphincterstörungen; Sensibilitätsstörungen von polyradiculärem Charakter	Massive Globinose, Mäßige Pleocytose	1 Jahr	neg.	320
4	P. D. 68 J. 406/53	Polyradiculitis cervicalis	Beginn mit Sensibilitätsstörungen an der linken oberen Extremität von polyradiculärem Charakter; später schlaffe Paresen mit Muskelatrophien und trophischen Störungen; chronisch progressiver Verlauf (in der Anamnese häufig Zeckenbisse)	Albuminocytologische Dissoziation	6 Monate	1:4	

peripheren Neurons nachgewiesen werden. Bei dem ersten Kranken handelte es sich um ein neurasthenisches Syndrom mit Schlafstörung (Schlaflosigkeit, später Hypersomnie) und ein leichtes hypertonisch-hypokinetisches Syndrom, bei dem anderen fanden wir eine leichte Hemiparese und eine schlaffe Parese der Bauchmuskeln. Das Elektromyogramm war nicht nur bei den paretischen Bauchmuskeln pathologisch, sondern auch am M. tibialis anterior, der klinisch keine Anzeichen einer Schädigung aufwies.

Bei 3 Fällen von suspekter Zeckenenzephalitis war der Verlauf der Krankheit von Anfang an subakut oder chronisch ohne akute Phase. In einem Fall handelte es sich um eine langsam regredierende subakute Polyradiculoneuritis mit einer leichten residualen schlaffen Paraparese. Der zweite Fall wies das Bild einer langsam progredierenden chronischen Poliomyelitis anterior auf. Der dritte Kranke hatte Symptome einer chronischen circumscripten Myelitis mit schlaffer Parese einer unteren Extremität und segmentären Sensibilitätsstörungen. Bei diesem Kranken entwickelte sich dieser Zustand nicht weiter.

Wir betonen am Schluß dieses Teiles unserer Mitteilung, daß die Zeckenenzephalitis nicht nur ernste Folgezustände hinterlassen kann, sondern daß sie auch in gewissen Fällen einen von Anfang an chronischen Verlauf nimmt.

Wir untersuchten außerdem in den Jahren 1953/55 32 Kranke, die entzündliche Erkrankungen des peripheren Nervensystems aufwiesen, um festzustellen, ob bei ihnen das Zeckenenzephalitisvirus als ätiologischer Faktor in Betracht kam. Bei 17 Fällen ließ sich der virologische Befund auswerten. Die übrigen Fälle waren entweder aus verschiedenen Gründen nicht auswertbar, oder aber es wurde bei ihnen inzwischen eine andere Ätiologie ermittelt. Die Aufschlüsselung der 17 Fälle nach klinischen Symptomen ist aus Tab. 64 ersichtlich. Bei 4 von diesen 17 Fällen war der virologische Befund suspekt. Der klinische und virologische Befund ist in Tab. 65 veranschaulicht.

Da es sich um chronische Fälle handelt, die anamnestisch keine akute Phase der Zeckenenzephalitis aufweisen, war es nicht möglich, eine sukzessive Erhöhung des Titers nachzuweisen. Jedenfalls spricht der signifikante Neutralisationsindex im Falle 2 und 3 dafür, daß diese Kranken eine (eventuell inapparente) Infektion durch das Zeckenenzephalitisvirus durchgemacht hatten. Ob diese Infektion der Grund der Polyradikuloneuritis war, ist aus dem virologischen Befund nicht feststellbar. Jedenfalls besteht hier u. U. ein Zusammenhang, der darauf hinweist, daß wir bei der Polyradiculoneuritis, die ja meist eine ätiologisch ungeklärte Erkrankung ist, in einzelnen Fällen auch an das Zeckenenzephalitisvirus als ätiologischen Faktor denken müssen.

J. Hrúzik

Differentialdiagnose der Zeckenenzephalitis

Ich will ganz kurz über den Fall von Meningoenzephalitis berichten, den Dr. Bárdoš in seinem Referat erwähnt hat und bei dem virusneutralisierende Antikörper gegen das Virus der Nordamerikanischen Pferdeenzephalitis, Typ West, nachgewiesen wurden.

Es handelte sich um den 14jährigen Jungen V. S. (Krankengeschichte Pr. Nr. 17510/55) aus der Umgebung von Bratislava. Im Kindesalter Darmkatarrh und im Jahre 1951 Hepatitis epidemica. Die derzeitige Erkrankung wurde am 11. 9. 1955 durch Müdigkeitsgefühl und Frösteln eingeleitet. Danach erfolgte Fieberanstieg. Diese Beschwerden dauerten 3 Tage an, wonach eine Besserung eintrat und der Patient die Schule besuchte. Nach einer Woche, d. h. am 21. September wiederum Schüttelfrost, Kopfschmerzen, subfebrile Temperatur von 37,5° C. Am nächsten Tag Fieberanstieg auf 39,5° C, Magenbeschwerden, Erbrechen und Delirium. Bei der Hospitalisierung (am 23. September) wurden Symptome meningealer Irritation mit diskretem horizontalem Nystagmus und mit einer rechtsseitigen pyramidalen Läsion festgestellt. Die Leber ist vergrößert (1 Finger über den Rippenbogen). Die Leberfunktionsproben sprechen aber für keine Parenchymläsion. Liquordruck leicht erhöht. Pandy nur leicht opalescierend. Pleocytose mit 325 Elementen, davon 177 Polymorphkernige und 148 Monocyten. Im Haemogramm 7500 Leukocyten, Linksverschiebung und Aneosinophilie. Im Plasma und Harn erniedrigte Chloridwerte. Die übrigen Laboratoriumsbefunde waren normal, die Erythrocyten-Sedimentation hielt sich im gesamten Krankheitsverlauf auf normaler Höhe.

Das Fieber wies in den ersten Tagen den Charakter einer Kontinua auf, mit einem Maximum von 39° C. Nach dem 5. Tag sank das Fieber lytisch, und die Temperatur war nach dem 7. Tag normal. Im Liquor wurde zu dieser Zeit nur eine leichte Vermehrung zelliger Elemente beobachtet (24/3); die Monocyten überwogen. Die fruste rechtsseitige Hemiparese konnte noch nachgewiesen werden. Das Allgemeinbefinden war gut, und der Patient wurde nach Hause entlassen. Bei der Kontrolluntersuchung am 1. November, d. h. 6 Wochen nach Krankheitsbeginn, war der Befund normal, und der Patient konnte wieder die Schule besuchen.

Es handelte sich also um eine zweiwellig verlaufende Krankheit mit dem klinischen Bild einer Meningoenzephalitis. Wie schon gesagt, wurden im Serum des Kranken virusneutralisierende Antikörper gegen den westlichen Typ der nordamerikanischen Pferdeenzephalomyelitis nachgewiesen, die nach einem Jahr sinkende Tendenz zeigten. Es wurden keine virusneutralisierenden Antikörper gegen das Virus der tschechoslowakischen Zeckenenzephalitis, der lymphocytären Choriomeningitis und des östlichen Typs der nordamerikanischen Pferdeenzephalomyelitis nachgewiesen. Die Agglutinationsreaktion auf Leptospiren war auch negativ.

Auf Grund dieser Untersuchungen kann angenommen werden, daß es sich in diesem Falle um den westlichen Typ der nordamerikanischen Pferdeenzephalomyelitis gehandelt hat. Die Möglichkeit des Auftretens der Pferdeenzephalomyelitis bei Menschen in unserem Lande bestätigen auch zwei andere Fälle in der Ostslowakei. Bei einem hiervon waren virusneutralisierende Antikörper gegen den westlichen Typ des Virus der nordamerikanischen Pferdeenzephalomyelitis vorhanden, während im anderen Fall aus dem Gehirn des Verstorbenen der östliche Typ des Virus der nordamerikanischen Pferdeenzephalomyelitis herausgezüchtet werden konnte (Daneš).

Als Schlußfolgerung für die Praxis wäre zu sagen, daß man sowohl bei der klinischen wie auch bei der virologischen Diagnostik an diese Erkrankung denken muß.

RESOLUTION ZUM THEMA VII

Konfrontation klinischer Erfahrungen und therapeutischer Methoden

Klinisch müssen wir verschiedene Formen der Zeckenenzephalitis unterscheiden. Die klinische Unterscheidung ist vom praktischen Standpunkt aus notwendig, auch wenn Unterschiede in der Antigenstruktur der einzelnen Virusstämme nicht nachgewiesen worden sind.

Klinisch können wir nicht bei jedem Fall die Zugehörigkeit zu einer nosologischen Einheit feststellen. So fällt z. B. in manchen Fällen die Differentialdiagnose zwischen Poliomyelitis und Zeckenenzephalitis schwer. Deshalb benötigen wir eine virologisch-serologische Methode zur Schnelldiagnose. Weil diese Bedingung jedoch noch nicht erfüllt ist, muß eine exakte klinische, d. h. vor allem neurologische Untersuchung der Einzelfälle und der Epidemiefälle in jedem Lande durchgeführt werden.

Was die Terminologie anbelangt, so erachten wir es für begründet, von einer „Zeckenenzephalitis mit verschiedenen klinischen Formen" zu sprechen.

Es wird empfohlen, mit der Terminologischen Kommission der WHO in Verbindung zu treten.

Dr. G. Grinschgl, Prof. E. Dawidenkowa, Dr. F. Hanzal

I. Málek

Bewertung der Internationalen Tagung über die Zeckenenzephalitis in Europa

Gestatten Sie mir, daß ich in einigen Schlußworten zu der Frage Stellung nehme, ob diese Konferenz, die der komplexen Bewertung der Erkenntnisse über die Zeckenenzephalitis und dem Kampf gegen diese Erkrankung gewidmet war, ihre Bestimmung erfüllt hat.

Was den wissenschaftlichen Inhalt anbelangt, so ist ein ungemein wertvolles Material angesammelt worden, das es ermöglicht, das Problem von allen Seiten zu beleuchten. Es wurden aber auch gewisse gegensätzliche Ansichten offenbar, von denen manche bereits in der Diskussion geklärt worden sind, andere jedoch gezeigt haben, in welcher Richtung die weiteren Forschungsarbeiten zu lenken sind, um ein endgültiges Ergebnis zu finden. Die Menge des vorgetragenen Materials hat die unmittelbare Diskussion zu den einzelnen Hauptreferaten etwas in den Hintergrund rücken lassen. Dieser Nachteil ist jedoch meiner Meinung nach durch das vorgebrachte Material ausgeglichen worden. Die Beiträge der einzelnen Teilnehmer haben uns allen gezeigt, an welchen Fragen und in welcher Richtung in den einzelnen Ländern und den einzelnen Arbeitsstätten gearbeitet wird, wo Vorsprünge bestehen und wo energisch solche aufgeholt werden müssen. Damit konnte die Konferenz zu einer noch intensiveren Forschungstätigkeit anregen.

Besonders möchte ich aber hervorheben, wie wertvoll eine Arbeitsmethode ist, bei der ein Problem komplex von allen Seiten und durch die verschiedenen Fachleute bearbeitet wird. Eine solche Methode ist nicht nur dadurch gekennzeichnet, daß sie die verschiedensten Fachleute um sich gruppiert und dadurch eine wirklich wirksame Vorbeugung der Erkrankung ermöglicht, sondern sie bereichert durch gemeinsame Zusammenarbeit die wissenschaftlichen Kenntnisse aller Teilnehmer und schützt sie vor einseitiger Überbewertung von Teilproblemen derjenigen Prozesse, die zusammen gelöst werden sollen. Die internationale Zusammenarbeit, die hier begonnen worden ist, wird diese komplexen Untersuchungen in noch breiterem Ausmaße ermöglichen.

Die zweite positive Seite dieser Konferenz liegt darin, daß freundschaftliche Verbindungen zwischen Wissenschaftlern verschiedener Länder geknüpft worden sind. Wir wissen alle, wie wichtig die internationale Zusammenarbeit ist. Wir sind darum glücklich, daß die Konferenz in einer so angenehmen Atmosphäre des gegenseitigen Verstehens aller Teilnehmer ohne Unterschied des Heimatlandes und seines politischen Systems verlief.

Gestatten Sie mir, daß ich im Namen aller Teilnehmer denen meinen Dank ausspreche, die sich um den Erfolg der Konferenz verdient gemacht haben.

Vor allem danke ich allen Wissenschaftlern, die sich durch Vorträge und Diskussionsbeiträge zu dem reichen Ertrag der Konferenz beigetragen haben. Besonders danke ich dabei unseren verehrten Auslandsgästen. An zweiter Stelle gilt mein Dank allen, die sich um die gute Organisation der Tagung verdient gemacht haben, vor allem der wissenschaftlichen Sekretärin der Konferenz, Dr. Libíková, sowie allen ihren Mitarbeitern, die die Konferenz vorbereitet und geleitet haben.

Weiter gilt mein Dank allen jenen, die durch ihren Dolmetscherdienst allen Teilnehmern den Inhalt der Konferenz zugänglich gemacht haben (Dr. Kordová, Dr. Borecký, Dr. Albrecht und allen anderen).

Nicht weniger gern danke ich allen Angestellten in Smolenice, die mit ungewöhnlicher Sorgfalt und Gastfreundschaft unseren Aufenthalt so angenehm gestaltet haben.

Und zum Schluß bleibt mir noch übrig, allen Teilnehmern die besten weiteren Erfolge zu wünschen und zu hoffen, daß die angeknüpften schönen Verbindungen weiterentwickelt werden. Erlauben Sie mir, daß ich mit diesem Wunsch die Konferenz schließe.

Résumés zu den einzelnen Themen

I. Komplexe Erforschung der Naturherdenzephalitiden

Bei der Verhandlung über dieses Thema wurden die Erfahrungen konfrontiert, die bei der komplexen Erforschung der Zeckenenzephalitis in der Sowjetunion und mehreren europäischen Ländern gewonnen wurden. Im einleitenden Referat (Blaškovič) wurde auf die grundlegenden Punkte der Lehre von Pawlowski über die Naturinfektionsherde hingewiesen. Es wurde die Notwendigkeit einer komplexen Zusammenarbeit zwischen Zoologen, Parasitologen, Infektiologen, Epidemiologen, Pathologen, Veterinärärzten und manchmal auch Botanikern bei der Erforschung und Liquidierung von Naturinfektionsherden betont. In einigen Hauptpunkten wurden die Erfahrungen zusammengefaßt, die beim Studium einer großen Zeckenenzephalitis-Epidemie in einem Naturherd in der Ostslowakei im Jahre 1951 gesammelt worden sind. Bei der Erforschung dieses Naturherdes in den Jahren 1951 bis 1955 wurde die von Pawlowski vorgeschlagene komplexe Forschungsart angewendet. In der Tschechoslowakei werden auf diese Art auch andere Krankheiten mit Naturherdcharakter erforscht, wie z. B. Leptospirose, Tularämie, Q-Fieber, Bruzellose, parasitäre Erkrankungen der Fische sowie einige Pflanzenvirosen. Die komplexe Erforschung der Zeckenenzephalitis wurde auch in Polen (Przesmycki) und teilweise in Ungarn (Fornosi) durchgeführt. In Jugoslawien und Österreich hat man sich mehr auf klinisch-virologische und experimentelle Arbeiten konzentriert. In drei Beiträgen (Libíková, Bárdoš, Daneš) wurde über die Isolierung von Viren, die zur EEE-Gruppe gehören, aus kleinen Nagetieren und einem erkrankten Menschen berichtet. Es wird als notwendig erachtet, auch mit anderen Virusarten, die in Europa Krankheiten mit Naturherdcharakter hervorrufen, Untersuchungen anzustellen. So sollten z. B. die Arbeiten über die LCM und weitere transmissive Enzephalitiden und hämorrhagische Fiebererkrankungen in diesem Sinne besonders forciert werden.

Weiter ist eine enge Zusammenarbeit von Fachleuten aus einzelnen europäischen Ländern wünschenswert. Diese Zusammenarbeit könnte u. a. durch gegenseitigen Austausch von Fachleuten, durch Organisation gemeinsamer Expeditionen sowie durch Austausch von Virusstämmen und diagnostischen Präparaten gefördert werden.

II. Gegenüberstellung der epidemiologischen Erfahrungen in einzelnen Ländern

In einleitenden Referaten wurde über die reichen epidemiologischen Erfahrungen berichtet, die bei der komplexen Erforschung der Zeckenenzephalitis in der Tschechoslowakei und in Polen gewonnen wurden. K. Raška legte in seinem Referat eine Übersicht über die Zirkulation des Zeckenenzephalitisvirus in den Naturherden der Tschechoslowakei vor. Auf Grund des Vorhandenseins von Antikörpern in ihrem Serum konnten folgende Species als Wirtstiere ermittelt werden: Rehe, Hasen, Füchse, Wildschweine, eine Reihe kleiner Nagetiere (Familien Microtus, Apodemus, Clethrionomys, Sciurus) und freilebender Vogelarten sowie die Insectivora Sorex araneus und Sorex minutus. In endemischen Gebieten wurde eine bis zu 65%ige Durchseuchung der Vögel festgestellt, wobei die Arten Fringilla coelebs und Emberiza citrinella u. a. als die wichtigsten bezeichnet werden (Havlík, Kolman). Es wurde im weiteren ein Überblick gegeben über die Letalität der Erkrankung (im Durchschnitt weniger als 1%), über ihr Auftreten in der Tschechoslowakei seit 1928, über Gebiete mit stärkstem Vorkommen und über die Saisonartigkeit der Erkrankung, die eng mit der Zeckenaktivität zusammenhängt. Die Grundprinzipien zur Vorbeugung der Erkrankung beim Menschen wurden erläutert.

In Polen wurden Naturherde der Zeckenenzephalitis in der Umgebung der Nysa, in Białystok und dem nahegelegenen Olsztyn studiert. Mehrere Virusstämme konnten aus kleinen Säugern, aus Zecken sowie vereinzelt aus Mücken isoliert werden.

Auch in anderen europäischen Ländern konnten Naturherde der Zeckenenzephalitis mit Sicherheit nachgewiesen werden, wenn auch die komplexe Erforschung in der Natur keinen größeren Umfang annahm. In Ungarn wurde die Zeckenenzephalitis in der Umgebung von Tatabanya, in Jugoslawien in der Umgebung von Ljubljana (Kmet), in Österreich um Graz herum (Grinschgl) und in Finnland auf der Inselgruppe Kumlinge (Oker-Blom) beobachtet. Die Mehrzahl der diskutierten Angaben zeugt dafür, daß in den genannten Ländern uralte Naturherde der Zeckenenzephalitis existieren, die erst in den letzten Jahren dank der Entwicklung der virologischen und epidemiologischen Methoden entdeckt wurden.

Die in der Sowjetunion und in der Tschechoslowakei durchgeführten Forschungen haben wiederholt bewiesen, daß außer einer Übertragung des Virus durch Zecken auch die Übertragung durch den Genuß roher Milch von infizierten Ziegen möglich ist (Raška, Iljenko, Dsagurow). Die Frage einer Übertragung des Virus durch Mücken steht offen.

Viel Aufmerksamkeit wurde der Frage gewidmet, ob die zweiwellige Meningoenzephalitis nach Smorodinzew als selbständige nosologische Einheit angesehen werden kann. Die Mehrzahl der Diskutierenden neigte zu der Ansicht, daß ein diesbezügliches abschließendes Urteil erst nach Gewinnung weiterer experimenteller Ergebnisse möglich sein werde.

Ein ernstes Problem stellen die in der DDR im Raume von Potsdam und Magdeburg (Köhler) und in Dänemark in Jütland (von Magnus) vorkommenden Meningitiden und Enzephalitiden von ungeklärter Ätiologie dar. Die epidemiologischen, klinischen und virologischen Untersuchungsergebnisse sprechen jedoch nicht dafür, daß es sich herbei um Zeckenenzephalitis handeln könne.

III. Parasitologische Erforschung als Bestandteil der Forschungsarbeiten in den Naturherden der Enzephalitiden in Mitteleuropa

Im einleitenden Referat dieser Sektion (Rosický) wurde auf die komplizierten Beziehungen zwischen Reservoirtieren und Vektoren in einem Naturinfektionsherd hingewiesen. Diese Beziehungen zu erkennen, bleibt der Zusammenarbeit zwischen Epidemiologen, Parasitologen und medizinisch ausgerichteten Zoologen vorbehalten. Ihre Aufgabe ist es, eine biozönologische Beurteilung des Biotopes im Naturherd zu geben und ökologische Studien zu betreiben, die den Kreislauf des Virus in der Natur aufdecken sollen.

Durch die Entdeckung der Naturherde der Zeckenenzephalitis in Europa wurde der Beweis erbracht, daß diese Erkrankung nicht nur in der von Menschen nicht besiedelten Natur, etwa der sibirischen Taiga, sondern auch in längst bebauten Gebieten vorkommen kann. In Europa sind die für das Zeckenenzephalitisvirus günstigen Biozönosen nicht nur erhaltengeblieben, sondern durch den Wildtierschutz außerdem noch um Reservoirtiere und Zecken bereichert worden. Eine Liquidierung der Zeckenenzephalitis-Naturherde setzt nicht nur die wirtschaftliche Beherrschung dieser Gebiete voraus, sondern erfordert zusätzlich die Tilgung der wichtigsten Reservoirtiere und Vektoren.

Die Hauptaufgaben des Zoologen und Parasitologen bei der Erforschung der Naturherde sind folgende: Feststellung der Fauna in Beziehung zu den Reservoirtieren und Vektoren, Studium der Wechselbeziehungen zwischen den beiden, Bestimmung ihrer Populationsdynamik und ihres Aktionsradius, Feststellung des täglichen und jährlichen Aktivitätszyklus sowie der Beziehung dieser Tiere zum Menschen und seiner Behausung. Derartige Aufgaben erfordern allerdings ein langjähriges minutiöses Studium.

Einen Bericht über die Situation der Ektoparasiten, besonders der Zecken im Gebiet von Białowieża (Polen) gaben auf Grund der in den Jahren 1955 und 1956 gesammelten Beobachtungen LACHMAJER und KOZLOWSKI.

IV. Biologie der mitteleuropäischen Stämme des Zeckenenzephalitisvirus

In einleitenden Referaten wurde eine Übersicht der 56 Zeckenenzephalitis-Virusstämme gegeben, die bisher in europäischen Ländern von Menschen, kleinen Nagetieren und Zecken isoliert wurden. Die physikalisch-chemischen Eigenschaften einiger Stämme sowie ihre Kultivierungsbedingungen und ihre Pathogenität für Versuchstiere wurden erörtert (LIBÍKOVÁ, VESENJAK). Mehrere Diskussionsredner befaßten sich mit den Eigenschaften der unlängst in Polen isolierten Stämme (WROBLEWSKA, KAWECKI, TAYTSCH), von denen einige aus der Umgebung von Gdańsk und Szczecin dem Zeckenenzephalitisvirus verwandt sind.

Das Zeckenenzephalitisvirus kann erfolgreich im Hühnerembryo und in Kulturen aus menschlichem embryonalem Gewebe sowie aus Hühnerembryogewebe gezüchtet werden (MOLNÁR, DANEŠ). In HeLa-Zellkulturen wurde außerdem die Entstehung eines cytopathogenen Effektes beobachtet (OKER-BLOM, LIBÍKOVÁ). Eingehende Studien der histologischen Befunde in ZNS und Leber infizierter Hühnerembryonen (ALBRECHT) haben die früheren gegensätzlichen Ansichten in dieser Frage korrigiert.

Die Bestimmung der Wirkung von Chlorpräparaten (Chlorkalk, Chloramin) auf das Zeckenenzephalitisvirus (MÁLKOVÁ) hat praktische und theoretische Bedeutung. Die Feststellung, daß das Virus bei 65—70° C im Verlaufe von 20 Minuten, nicht aber bei 60° C in derselben Zeit inaktiviert wird, und daß es seine Infektiosität selbst bei 24stündiger Exposition einem p_H-Bereich von 2,55—11,85 gegenüber nicht völlig verliert (GREŠÍKOVÁ), ist für die Vorbeugung der Infektion durch den Genuß von Milch bedeutsam.

Die Pathogenese der Zeckenenzephalitis-Infektion wurde bisher hauptsächlich in Modellversuchen verfolgt. Nach subcutaner Infektion der Maus Micromys minutus mit kleinen Dosen des Zeckenenzephalitisvirus wurde aktives Virus noch 31 Tage später von anscheinend gesunden Tieren isoliert.

Die Virämie, die der peripheren Verimpfung des Zeckenenzephalitisvirus folgt, stand im Mittelpunkt der Aufmerksamkeit, da sie ein wichtiges Glied in der Pathogenese und Zirkulation des Virus darstellt (LIBÍKOVÁ, FORNOSI, DANEŠ).

Experimentelle Arbeiten über die Wanderung des Zeckenenzephalitisvirus im Organismus infizierter Tiere zeigten, daß das Virus in der Milch empfänglicher Tiere (Ziegen, Meerschweinchen und weiße Mäuse) anwesend ist, bei völlig unempfänglichen Tieren sich dagegen nicht einmal im Blut nachweisen läßt. Die Milch von Meerschweinchen enthält das Virus auch nach Infektion durch Zecken. Die perorale Infektion empfänglicher Tiere durch das Saugen an infizierten Muttertieren war ebenso wie durch künstlich infizierte Milch erfolgreich (Iljenko).

Viele morphologische, biochemische und biophysikalische Probleme harren noch der Aufklärung. Die Verhandlungen gaben hierzu nützliche Anregungen. Sie zeigten auch die weitere Richtung zur Erforschung der Pathogenese dieser Erkrankung.

V. Virologisch-diagnostische Methoden der Zeckenenzephalitis in Mitteleuropa

Die Komplementbindungsreaktion ist die bisher beste Methode für die Routine-Serodiagnostik. Die Antigene können aus Gehirnen infizierter Mäuse mittels der Aceton-Äther-Extraktion zubereitet werden (Bárdoš). Auch die nach España und Hammon mit Benzen extrahierten (Strauss) und die aus der Allantoisflüssigkeit von Hühnerembryonen gewonnenen und durch ultraviolette Strahlen inaktivierten Antigene (Fadejewa) haben sich als geeignet erwiesen. Diagnostische Immunsera können von syrischen Hamstern nach Slonim oder durch Immunisierung von ausgewachsenen weißen Ratten mit Gehirnsuspensionen infizierter säugender Ratten (Bárdoš) gewonnen werden.

Serumneutralisationsteste werden meistens an intracerebral oder intraperitoneal geimpften Mäusen durchgeführt, wobei die letztere Methode die empfindlichere ist. Da sich das Virus auch im Hühnerembryo vermehrt und dabei den Tod des Embryos oder gewisse spezifische Veränderungen hervorruft, wie z. B. Ödembildung nach Infektion mit dem ungarischen Zeckenenzephalitis-Virusstamm (Fornosi), können Neutralisationsversuche auch auf Hühnerembryonen vorgenommen werden (Jandásek). Auch die Neutralisation des durch das Louping-ill-Virus erzeugten cytopathogenen Effektes in HeLa-Zellen kann für die Serodiagnostik ausgenützt werden (Oker-Blom).

Für Schutzteste werden weiße Mäuse verwendet, denen die „challenge"-Dosis intraperitoneal verabreicht wird (Bárdoš).

Virusisolierungsversuche werden regelmäßig an weißen Mäusen durch intracerebrale Verimpfung durchgeführt. Für diesen Zweck eignet sich am besten Blut aus dem Stadium febrilis der Erkrankung, während Liquor weniger geeignet ist. Bei Sektionsmaterial wird der Isolierungsversuch mit Gehirn- und Rückenmarkzentrifugaten vorgenommen. Bei Untersuchungen in Naturherden wurde das Virus nicht nur aus Zecken, sondern auch aus dem Gehirn kleiner Nagetiere isoliert (Bárdoš).

Bei Virusisolierungsversuchen an Mäusen entstehen oft Schwierigkeiten, da sich gewisse Mäusezuchten gegenüber dem Zeckenenzephalitisvirus als teilweise resistent erwiesen haben. Dadurch kann die Anwesenheit von Virus im geprüften Material maskiert werden, wie es Ergebnisse der in Ungarn durchgeführten Versuche zeigten (Fornosi).

Die Methode zum Nachweis des komplementbindenden Antigens im Serum der Patienten ist ebenso wie der Hämagglutinations-Inhibitionstest noch nicht praxisreif ausgearbeitet.

In der Diskussion wurden die Hauptaufgaben für die zukünftige Arbeit entworfen. Es sind dies: Verbesserung der Herstellungsmethode hochwertiger komplementbindender Antigene, Produktion einer genügenden Menge diagnostischer Immunsera solcher Qualität, daß sie auch für die Komplementbindungsreaktion verwendet werden können, Ausarbeitung des Serumneutralisationstestes in Hühnerembryonen und hauptsächlich Gewebekulturen, Einführung der Hämagglutination und des Hämagglutinations-Inhibitionstestes in die Diagnostik und Praxis. Die Lösung dieser Aufgaben wird eine gute Basis für die Diagnostik und epidemiologische Erforschung der Zeckenenzephalitis schaffen.

VI. Möglichkeiten der spezifischen Therapie und Prophylaxe bei den Zeckenenzephalitiden

In der Sowjetunion verwendet man bereits 16 Jahre lang eine aus Mäusegehirnen zubereitete formolisierte Vaccine, die in lyophilisiertem Zustand versandt wird. Durch die Anwendung dieser Vaccine wurde die Anzahl menschlicher Erkrankungsfälle um das 10- bis 12fache gegenüber nicht vaccinierten Kontrollgruppen gesenkt. Hervorragende Ergebnisse wurden mit einer ähnlich zubereiteten Vaccine gegen das Omsksche hämorrhagische Fieber erzielt (SEJTLJONOK). Aus Mäusegehirnen zubereitete Vaccinen enthalten jedoch viel Ballaststoffe. Es werden daher neue Wege gesucht, um reinere Präparate zu gewinnen. Das Zeckenenzephalitisvirus vermehrt sich sehr gut in Hühnerembryonen, und das von diesen stammende Virusmaterial läßt sich gut formolisieren. Bei der Kontrolle der Dauer des immunogenen Vermögens solcher Präparate durch Überprüfung der Seren immunisierter Meerschweinchen im Neutralisationstest ergaben sich zufriedenstellende Resultate.

Selbst wenn das Virus 70mal im Hühnerembryo passagiert worden war, kam es zu keiner Änderung seiner Pathogenität für die weiße Maus (SLONIM). Ein geeignetes Ausgangsmaterial zur Herstellung der Vaccine gegen Zeckenenzephalitis wäre das in Gewebekulturen aus Hühnerembryofibroblasten gezüchtete Virus (DANEŠ), umsomehr als nachgewiesen wurde, daß nach 45 solcher Gewebekulturpassagen seine Pathogenität für die Maus beträchtlich abgesunken war (MOLNÁR). Bei Vergleich der antigenen Struktur mehrerer Virusstämme aus der Zeckenenzephalitis-Gruppe ergab sich eine solche Übereinstimmung, daß die Anwendung einer monovalenten Vaccine genügen dürfte (MÁLKOVÁ, RÁTHOVÁ).

Für prophylaktische Zwecke wird weiterhin hyperimmunes Ziegen- oder Pferdeserum verwendet (SEJTLJONOK). Immun-Gammaglobulin hat in Experiment und Praxis ebenfalls eine gute Wirkung gezeigt (ŠIMKOVÁ).

Als Hauptaufgabe für die Zukunft wurde die Herstellung einer Vaccine aus Gewebekulturen festgelegt. Gleichzeitig sollen die Herstellungsmöglichkeiten einer avirulenten Lebendvaccine geprüft werden. Die Lösung dieses Problems erfordert eine enge Zusammenarbeit der Länder, in denen die Zeckenenzephalitis beobachtet wird.

VII. Konfrontation klinischer Erfahrungen und therapeutischer Methoden

Trotz einheitlicher antigener Struktur der Krankheitserreger können nicht alle durch Viren der Zeckenenzephalitis-Gruppe hervorgerufenen Erkrankungen in einer nosologischen Einheit untergebracht werden, da das klinische Bild verschiedene Formen haben kann. In terminologischer Hinsicht wird die Benennung „Menschliche Zeckenenzephalitis mit verschiedenen klinischen Verlaufsformen" vorgeschlagen. Die Verschiedenheit dieser klinischen Formen wurde aus den einleitenden Referaten dieser Sektion ersichtlich, für die ein reiches klinisches Material aus der Tschechoslowakei (HANZAL, HENNER), aus Österreich (GRINSCHGL) und aus dem Gebiet der zweiwelligen Meningoenzephalitis in der Sowjetunion (DAWIDENKOWA) verarbeitet worden ist. Außer meningitischen Erkrankungen sind auch schwerere Formen bekannt, die unter einem enzephalitischen, spinal-paralytischen, myelitischen oder bulbären Bild verlaufen. Selten ist die polyradiculoneuritische Form. Auf Grund positiver serologischer

Befunde bei manchen Patienten können chronische Polyradiculoneuritiden als Spätfolgen einer Zeckenenzephalitis betrachtet werden (ČERNÁČEK, BALEK).

In der Diskussion und in einzelnen Referaten (HRÚZIK) wurden Schwierigkeiten bei der Differentialdiagnose der Zeckenenzephalitis erörtert.

Summaries of subjects

I. Complex Investigation of Encephalitides Occurring in Natural Foci

Experiences obtained in complex investigations of the tick-borne encephalitis problem in Soviet Union and other Europian countries were confronted. In the introductory lecture (BLAŠKOVIČ) a survey of the most important points in PAVLOVSKI's doctrine on natural foci of infections was given. The importance of cooperation of zoologists, parasitologists, infectiologists, epidemiologists, pathologists, veterinary physicians and sometimes also of botanists in investigation and liquidation of natural foci of infections was pointed out. The results obtained in studies on the large tick-borne encephalitis epidemic which occurred in a natural focus in eastern Slovakia in 1951 were summarized. In investigations of this focus undertaken in 1951—1955 a complex method of work as proposed by J. N. PAVLOVSKI was used. By this method also other infections occurring in natural foci are investigated in Czechoslovakia, for instance leptospiral infections, tularemia, Q-fever, brucella infections, parasitar illnesses, as well as virus infections of fishes and plants. Besides Soviet Union and Czechoslovakia complex investigations of tick-borne encephalitis were also done in Poland (PRZESMYCKI), and partly in Hungary (FORNOSI). The investigations in Yougoslavia and Austria were more of clinical, virological and experimental nature. Three contributions (LIBÍKOVÁ, BÁRDOŠ, DENAŠ) concerned the isolation of an EEE type virus from small rodents and from a patient in Czechoslovakia. There was felt the importance of studies on the presence and prevalence of other virus infections occurring in natural foci in Europe mainly the LCM, other arthropod-borne encephalitides and hemorrhagic fevers.

A narrow cooperation between investigators from various European countries is desirable. Such cooperation should be realized by exchange of specialists, organization of common expeditions, exchange of virus strains and diagnostic preparations.

II. Confrontation of Epidemiological Experiences from Individual Countries

In introductory lectures were presented the various epidemiological findings, obtained by complex investigation of tick-borne encephalitis in Czechoslovakia and Poland. A review of the circulation of tick-borne encephalitis virus in Czechoslovakia was given by K. RAŠKA. According to the presence of antibodies, the role of roes, hares, foxes, wild boars, of many small rodents (from the families Microtus, Apodemus, Clethrionomys, Sciurus), of the insectivores Sorex araneus and minutus and of many freely living bird species as reservoir animals, was stated. 65% of birds in endemic localities had antibodies against tick-borne encephalitis virus, the most important species being Fringilla coelebs, Emberiza citrinella and others (HAVLÍK, KOLMAN). Further lectures gave a survey on mortality rate (average being under 1%), the occurrence of encephalitides in Czechoslovakia since 1928, on localities with the most frequent occurrence, the seasonal character of the infection, which is in connection with the activity of ticks. The main principles of prevention in men were stressed.

In Poland were investigated natural foci in surroundings of Nysa, in Białystok and Olsztyn (PRZESMYCKI). More virus strains were isolated from small mammals and ticks, some isolations were made from mosquitos.

Natural foci of tick-borne encephalitis were doubtless proved also in other European countries, although complex investigations in nature of greater extent were not made. In Hungary the tick-borne encephalitis occurs in the region of Tatabánya, in Yougoslavia in the surroundings of Ljublana (KMET), in Austria near Graz (GRINSCHGL), in Finland in the Kumlinge island group (OKER-BLOM). Most of the discussed findings support the suggestion that in the named countries ancient natural foci of tick-borne encephalitis exist, which, however, were discovered only in last years ad result of development of virological and epidemiological methods.

Results of investigations made in Soviet Union and Czechoslovakia repeatedly proved the possibility of tick-borne encephalitis virus transmission by drinking row milk from goats infected by ticks (RAŠKA, ILJENKO, DSAGUROW). Whether the virus cán be transmitted by mosquitos is not yet clear.

Many interest awoke the question whether the biphasic meningoencephalitis described by Smorodincev has to be considered as a special nosologic unit. Most were of the opinion, that this question cannot be closed till more experimental data will be available.

Meningitides and encephalitides of unknown origin are a serious problem also in the German Democratic Republic, in the surroundings of Potsdam and Magdeburg (KÖHLER) and in Denmark at Jyllande (VON MAGNUS). Epidemiological, clinical and virological findings, however, do not support the supposition that these infections could be caused by the tick-borne encephalitis virus.

III. Parasitological Research as a Part of Investigation on Encephalitides Occurring in Natural Foci in Europe

The introductory lecture of this section (ROSICKÝ) concerned the complicated relations between reservoir and vector animals in the natural focus of infection. To elucidate these relations is possible only in cooperation of epidemiologists with parasitologists and medical zoologists. The purpose of this cooperation is to give a biocenological evaluation of the biotope in a natural focus and to perform ecological studies, important for understanding the circulation of virus in nature.

With the discovery of natural foci of tick-borne encephalitis in Europe the proof was given, that they may exist not only in areas not inhabited by people — for instance in the Siberian taiga — but also in regions colonized from long ago. Biocenoses suitable for persistence of the tick-borne encephalitis virus in Europe were not only maintained in nature, but as a result of the development of hunting they were even enriched by new reservoir animals and their tick-vectors. For the liquidation of natural foci of tick-borne encephalitis the agricultural control of a given locality is not sufficient, but a concentrated effort, directed towards the liquidation of important reservoir animals and vectors, is necessary.

The most important work of zoologists and parasitologists investigating the natural foci is: determination of the fauna with respect to reservoirs and vectors, learning of their mutual relations, their population dynamics and spread, their day and year cycle of activity, and their relationship to man and his settlement. The elucidation of these questions requires, naturally, long lasting detailed studies.

A report on the role of ectoparasites, especially of ticks in Białowieża (Poland) based on observations in 1955 and 1956 was given by LACHMAJER and KOZLOWSKI.

IV. Biological Properties of the European Strains of the Tick-Borne Encephalitis Group

In introductory reports a survey of 56 strains of tick-borne encephalitis viruses was given which were isolated up to date in European countries from human beings, small rodents and ticks. The physico-chemical properties of some strains, their cultivation and pathogenicity for experimental animals were presented (Libíková, Vesenjak). Some discussions concerned the properties of recently isolated strains of tick-borne encephalitis viruses from Poland (Wroblewska, Kawecki, Taytsch), some of which were isolated in the neighbourhood of Gdańsk and Szczecin.

The tick-borne encephalitis virus can succesfully be propagated in chick embryos, in tissue cultures from human and chicken embryonal tissues (Molnár, Daneš) and in HeLa cell cultures in which a cytopathic effect could be demonstrated (Oker-Blom, Libíková). A detailed study of histologic changes in the central nervous system, liver etc. of infected chick embryos (Albrecht) settled the controversy of foregoing investigations concerning this matter.

From a theoretical and practical point of view the evaluation of the effect of chlorine compounds (chloride of lime, chloramine) on the tick-borne encephalitis virus (Málková) is important.

For the prevention of milk-borne infections results are important, according to which the virus is inactivated in 20 minutes at 65—70° C but not at 60° C and that its infectivity is not completely lost even after 24 hour's exposition to a p_H range from 2,55 to 11,85 (Grešíková).

Problems of pathogenesis were investigated mainly by model experiments.

After subcutaneous infection of the mouse Micromys minutus with small doses of the tick-borne encephalitis virus, the agens could be isolated even 31 days p. i. from the brain of animals appearing completely healthy.

The viremia following after peripheral infection of various experimental and natural host animals with tick-borne encephalitis virus was subjected to careful investigations as an important factor in the pathogenesis of tick-borne encephalitis (Libíková, Fornosi, Daneš).

Investigations concerning the migration of the virus have shown, that in susceptible animals, e. g. in goats, mice, guineapigs, virus can easily be found in blood and milk, but no virus can be detected in blood of completely resistant animals. In the milk of guinea-pigs virus was found even after infection by ticks. The peroral infection of susceptible animals by drinking of milk from infected mothers or of artificially infected milk was successful (Iljenko).

Many of the morphological, biochemical and biophysical problems still wait for their elucidation. The reports and discussions in this section gave a hint for the way which has to be gone in future and for the problems of pathogenesis which are to be solved.

V. Diagnostic Methods Used in Control of Tick-Borne Encephalitis in Europe

For routine serologic diagnosis the optimal method is the fixation of complement. Antigens from infected mouse brains extracted by aceton and ether according to Casals (Bárdoš) or by benzol according to España and Hammon (Strauss) and antigens from the chorio-allantoic fluid inactivated by UV light (Fadejewa) are suitable. Hyperimmune diagnostic sera can be prepared by immunisation of syrian hamsters according to Slonim or by immunisation of grown up white rats with antigen from suckling rat brain (Bárdoš).

Neutralisation tests are mostly performed in white mice by intracerebral or intraperitoneal inoculation, the second method being more sensitive. Using the pathogenic property of the virus for chick embryos a neutralisation test was elaborated in which the lethal effect on the embryos (JANDÁSEK) or some specific alterations, e. g. edema of the embryo after inoculation by hungarian strains (FORNOSI) indicate the presence of virus. The neutralisation of the cytopathic effect of the louping-ill virus in HeLa cells (OKER-BLOM) provides a mean to perform serologic diagnosis of tick-borne encephalitis in tissue cultures.

For protection tests white mice are used which are challenged by the intraperitoneal route of infection (BÁRDOŠ).

Isolation tests for tick-borne encephalitis virus are done by intracerebral inoculation in white mice, the most suitable material is blood in the febrile phase, less suitable is the cerebrospinal fluid. In necropsies pieces of brain and spinal cord are prefered. In field investigations tick-borne encephalitis virus could be isolated from ticks as well as from brains of small rodents (BÁRDOŠ). Partial resistance of some mouse lines to tick-borne encephalitis virus interfered sometimes with isolation tests, masking the presence of virus — reference is made to the work of hungarian virologists (FORNOSI).

Other serologic procedures, e. g. demonstration of the complement-fixing antigen in sera of infected persons or the haemagglutination-inhibition test are not so far developed to be used in practice.

Attention has been directed to the main tasks which are to be solved primarily: improvement of the preparation of high quality complement-fixing antigens, production of immune sera in sufficient quality and able to be used for CFR too, further development of the neutralisation test in chick embryos and especially in tissue cultures. The solution of this tasks will provide a solid basis for diagnosis and epidemiological research of tick-borne encephalitis.

VI. Possibilities of Specific Treatment and Prevention of Tick-Borne Encephalitis

A formolized vaccine against tick-borne encephalitis prepared from infected mouse brains is used for more than 16 years in the USSR. The vaccine is distributed frozen-dried; its use lowers the incidence of human illnesses 10—12 times, as compared with non-vaccinated population. Excellent results were also obtained with a similarly prepared vaccine against Omsk hemorrhagic fever (SEJTLJONOK). Since the mouse brain vaccine contains much balast material, possibilities to obtain more pure preparations are examinated. The tick-borne encephalitis virus reproduces well in chick embryos and materials from these can be easily formolized. As can be seen from neutralization tests with sera of vaccinated guinea pigs, such material preserves its immunogenicity. Even 70 passages of the virus in chick embryos, however, did not lead to any basic change in its pathogenicity for mice (SLONIM). Virus from chicken embryo tissue cultures (DANEŠ) seems to be convenient material for the production of a vaccine, furthermore, the pathogenicity of the virus for mice lowered considerably after 45 passages in such cultures (MOLNÁR). Comparing the antigenic structure of a number of tick-borne encephalitis virus strains, an identity of such a degree was proved, that the use of a monovalent vaccine seems to be fully sufficient (MÁLKOVÁ, RÁTHOVÁ).

Hyperimmune sera prepared in goats and horses are used for prophylactic reasons (SEJTLJONOK), so immune gammaglobulin is valuable in practice and experiment (ŠIMKOVÁ).

Most effort in future work has to be directed to the production of vaccine from tissue cultures. The possibilities of the use of live attenuated strains for the preparation of a vaccine have to be investigated. A narrow cooperation between countries where tick-borne encephalitis occurs has been demanded in order to solve the problems of specific prevention.

VII. Confrontation of Clinical Experiences and Therapeutic Methods

In spite of the uniform antigenic structure of the tick-borne encephalitis viruses, it is impossible to order all infections caused by various strains of this virus into one nosologic unit because of the different clinical pictures the virus causes. The term „human tick-borne encephalitis with various clinical forms“ is proposed. The variety of clinical forms was stated in introductory lectures of this section, in which abundant clinical material from Czechoslovakia (Hanzal, Henner), Austria (Grinschgl) and from regions in Soviet Union where the benign biphasic meningoencephalitis occurs (Dawidenkowa) was presented. Besides the meningitic form also serious forms of illness occur which manifest themselves as encephalitic, spinal paralytic or myelitic and bulbar ones. The polyradiculoneuritic form is rare. Chronic polyradiculoneuritis can be a residue of tick-borne encephalitis, as judged according to positive serologic findings in some patients (Černáček, Balek).

In the discussion, as well as in some lectures (Hrúzik) the difficulties in differential diagnosis of tick-borne encephalitis were mentioned.

Выводы по отдельным темам

I. Комплексные исследования природноочаговых энцефалитов

В обсуждении этой проблемы был сопоставлен опыт, полученный при комплексных исследованиях клещевого энцефалита в Советском Союзе и во многих европейских странах. Во вступительном докладе (Blaškovič) приведены основные моменты учения Е. Н. Павловского о природной очаговости инфекций, отмечена необходимость комплексного сотрудничества зоологов, паразитологов, инфекционистов, эпидемиологов, патологов, ветеринаров, а иногда и ботаников при изучении и ликвидации природных очагов инфекции. В основных чертах были приведены результаты работ по исследованию крупной эпидемии клещевого энцефалита, возникшей в 1951 г. в природном очаге в восточной Словакии. При исследованиях этого природного очага, продолжавшихся с 1951 до 1955 г, применяли комплексный метод, предложенный Павловским. В Чехословакии этим путем исследуются и другие природноочаговые инфекции, как напр., лептоспирозы, туляремия, лихорадка Q, бруцеллез, паразитерные заболевания рыб и нектоорые вирозы растений. Комплексные исследования клещевого энцефалита — корме СССР и ЧСР — производились в Польше (Przesmycki), отчасти и в Венгрии (Fornosi). В Югославии и в Австрии больше разрабатывались клиническо-вирусологическая и экспериментальная стороны вопроса. В трех докладах сообщилось (Libíková, Bárdoš, Daneš) о выделении вируса, принадлежащего к типу EEE, из мелких грызунов и от больного человека в Чехословакии. Признается необходимость исследовать наличие и распространение и других вирусных природноочаговых инфекций в Европе, в особенности лимфоцитарного хориоменингита, других трансмиссивных энцефалитов и геморрагических лихорадок.

Желательно также сотрудничество специалистов отдельных стран Европы, осуществляемое путем обмена научными работниками, организации совместных экспедиций, как и обмена вирусными штаммами и диагностическими препаратами.

II. Сопоставление эпидемиологического опыта отдельных стран

Во вступительных докладах были представлены богатые эпидемиологические данные, полученные в результате комплексного исследования клещевого энцефалита в Чехословакии и в Польше. В своем докладе К. РАШКА (Raška) дал обзор циркуляции вируса клещевого энцефалита в природных очагах в ЧСР. По наличию антител были указаны его хозяева — козули, зайцы, лисицы, дикие кабаны, ряд мелких грызунов (роды Microtus, Apodemus, Clethrionomys, Sciurus), далее насекомоядные Sorex araneus и S. minutus и ряд дикоживущих видов птиц. В эндемических очагах антитела против клещевого энцефалита находились до 65% птиц, причем наиболее важными хозяевами считаются Fringilla coelebs, Emberiza citrinella и другие виды (Havlík, Kolman). Далее были приведены данные смертности (в среднем едва 1%), встречаемости энцефалитов в Чехословакии с 1928 г., областей с наибольшей заболеваемостью, сезонности заболевания, тесно связанной с активностью клещей. Были указаны главные принципы профилактики заболеваний человека.

В Польше природные очаги клещевого энцефалита исследовались в окрестностях Нисы, в Белостоке и в соседнем Ольштыне (Prześmycki). Несколько штаммов вирусов было выделено из мелких млекопитающих и клещей, а в отдельных случаях и из комаров.

Наличие природных очагов клещевого энцефалита было несомненно доказано и в других европейских странах, хотя комплексные исследования в природе здесь в крупных размерах не производились. В Венгрии клещевой энцефалит встречается в окрестностях Татабаньи, в Югославии — в окрестностях Любляны (Кмет), в Австрии — в окрестностях Граца (Grinschgl), а в финляндии — на группе островов Кумлинге (Oker-Blom). Большая часть обсуждавшихся данных свидетельствует о том, что в этих странах существуют очень старые природные очаги клещевого энцефалита, которые однако были открыты только в последние годы в связи с развитием вирусологических и эпидемиологических методов.

На основании исследований в Советском Союзе и в Чехословакии было неоднократно доказано, что кроме заражения вирусов клещами возможна и заражения возбудителя клещевого энцефалита потреблением парного молока коз, зараженных вследствие укуса клеща (Raška, ИЛЬЕНКО, ДЖАГУРОВ). До сих пор еще не окончательно решен вопрос о возможности переноса вирусов комарами.

Много внимания было обращено на вопрос, не является ли двухволновой менингоэнцефалит СМОРОДИНЦЕВА самостоятельной нозологической единицей. Большинство участников дискуссии склонялось к мнению, что для окончательного решения этого вопроса необходимо еще пополнить экспериментальные данные.

Менингиты, а также энцефалиты невыясненной этиологии являются важной проблемой и в Германской Демократической Республике в окрестностях Потсдама и Магдебурга (Köhler), а также в Дании в Ютландии (v. Magnus). Однако ни эпидемиологические и клинические, ни вирусологические данные не указывают на то, чтобы речь здесь могла идти о клещевом энцефалите.

III. Паразитологические исследования как составная часть изучения природноочаговых энцефалитов в Средней Европе

В своем вступительном реферате РОСИЦКИЙ (Rosický) указал на сложность взаимоотношений между резервуарами и переносчиками инфекций в природном очаге, которая может быть эпидемиологически изучена только при условиях сотрудничества с паразитологом и медицинским зоологом. Их задачей являются биоценологическая оценка биотопа природного очага и его экологическое исследование, необходимое для определения путей циркуляции вируса в природе.

Открытие природных очагов клещевого энцефалита в Европе доказало, что они могут существовать не только в необитаемой природе (напр., в сибирской тайге), но и в давно населенных человеком странах. В Европе биоценозы, удобные для циркуляции вируса клещевого энцефалита в природе, не только сохранились, но — в связи с развитием охотничьего промысла и защиты пушного зверя и дичи — еще обогатились животными-резервуарами инфекций и клещами-переносчиками вируса. Таким образом, для ликвидации природных очагов клещевого энцефалита недостаточно одного лишь экономического освоения данной области, а необходимо целенаправленное уничтожение наиболее важных животных-резервуаров и переносчиков инфекции.

Главные задачи зоолога и паразитолога при исследованиях природного очага следующие: изучение фауны с точки зрения животных-резервуаров и переносчиков; изучение отношений между резервуарами и переносчиками; определение динамики их размножения и радиуса распространения, дневного и ночного циклов их активности, их отношений к человеку и его жилищу. Решение этих задач требует, конечно, длительных и подробных исследований.

Сообщение о состоянии и роли эктопаразитов, в обосенности клещей в Беловежской пуще (Польша) сделали на основе наблюдений собранных в 1955 и 1956 гг. Lachmajer и Kozlowski.

IV. Билогические особенности европейских штаммов виpуза из группы клещевого энцефалита

H. Libíková и J. Vesenjak дали обзор 56 штаммов вируса клещевого энцефалита, выделенных до настоящего времени в европейских странах из человека, мелких грызунов и из клещей, а также физических и химических свойств некоторых из них, их культивации и патогенности для экспериментальных животных. Несколько выступлений в прениях было посвящено штаммам нейротропных вирусов, выделенным недавно в Польше (Wroblewska, Kawecki, Taytsch). Некоторые из этих штаммов родственные вирусу клещевого энцефалита, происходят из окрестностей Гданьска и Щечина.

Вирус клещевого энцефалита можно с успехом культивировать как в курином эмбрионе, так и in vitro в культурах человеческих и куриных эмбриональных тканей (Molnár, Daneš) и в культурах клеток HeLa, на которых был описан и цитопатогенный эффект (Oker-Blom, Libíková). Подробные исследования гистологических изменений в ЦНС и в печени зараженных куриных эмбрионов (Albrecht) принесли выяснение противоречий в произведенных ранее работах: противоречия обусловились, по-видимому, тем, что ранее обследовались уже погибшие, подвергающиеся автолизу эмбрионы.

И теоретическое и практическое значение имеет изучение действия на вирус клещевого энцефалита препаратов хлора (хлорная известь, хлорамин) (Málková).

Для профилактики переноса инфекции молоком важно открытие, что вирус клещевого энцефалита при 65—70° C через 20 минут инактивируется, но не инактивируется в течение того же срока при 60° C и что его заразность не утрачивается полностью даже после 24-часового действия pH в пределах от 2,55 до 11,85 (Grešíková).

Проблемы натогенеза клещевого энцефалита до настоящего времени решались, главным образом, на уровне экспериментальных работ.

После подкожного заражения небольшими дозами вируса клещевого энцефалита активный вирус был найден в мозге Micromys minutus еще через 31 день у вполне здоровых на вид животных.

В центре внимания была виремия после периферического введения вируса клещевого энцефалита различным подопытным животным и животным-резервуарам, так как она является важным звеном в патогенезе и циркуляции вируса клещевого энцефалита (Libíková, Fornosi, Daneš).

Интересные результаты принесли также экспериментальные работы по вопросу перехода вируса клещевого энцефалита: вирус переходит в кровь и молоко коз, морских свинок и белых мышей, но виремия не наблюдается у животных, совершенно нечувствительных к инфекции вирусом клещевого энцефалита. В молоко морских свинок вирус попадает и после заражения укусом клеща. Пероральная инфекция чувствительных животных — как в результате вскармливания молоком зараженных маток, так и в результате потребления искусственно зараженного молока показала успехи (Ильенко).

Что касается морфологических, биохимических и биофизических исследований, многое требует еще объяснения. Работы этой секции указали на пути дальнейшего развития исследований в этом направлении и в изучении патогенеза заболевания.

V. Методы вирусологической диагностики клещевого энцефалита, применяемые в Средней Европе.

Для практической серодиагностики наиболее удобной до настоящего времени является реакция связывания комплемента. Антигены можно приготовить из мозгов зараженных мышей путем экстрагирования ацетоном и эфиром по Casals (Bárdoš). Удобна также экстракция антигенов бензеном по España и Hammon (Strauss) а также инактивированные ультрафиолетовыми лучами антигены из аллантоисной жидкости куриного эмбриона (Фадеева). Иммунные дигиностические сыворотки можно приготовить путем иммунизации сирийских хомяков по методу Слонима (Slonim) или взрослых белых крыс — антигеном из мозгов крысят-сосунов (Bárdoš).

Для served нейтрализационных тестов употребляют большей частью белые мыши, которым вводят в мозг или в полость брюшины, причем вторая модификация более чувствительна. Так как вирус размножается и в курином эмбриное, можно ставить реакцию нейтрализации на куриных эмбрионах, причем критерием являются или гибель зародыша (Jandásek), или определенные специфические изменения, напр., отек зародыша после заражения венгерским штаммом вируса клещевого энцефалита (Fornosi). Нейтрализация цитопатогенного действия вируса louping-ill на клетки HeLa делает возможной серодиагностику клещевого энцефалита с помощью тканевых культур (Oker-Blom).

Для тестирования защитного действия применяются внутрибрюшинные разрешающие инокуляции белых мышей (Bárdoš).

Опыты выделения вируса делаются обычно с помощью прививки мышей в мозг; в качестве прививочного материала лучше всего подходит кровь, взятая в лихорадочной стадии, меньше — спинномозговая жидкость — а из материала вскрытий наличие вируса удобно доказать в частицах головного и спинного мозга. При исследованиях природных очагов клещевого энцефалита возбудитель — кроме клещей — был выделен и из мозгов мелких грызунов (Bárdoš). При опытах выделения вируса часто возникают затруднения из-за того, что мыши из некоторых питомников оказываются частично устойчивыми к вирусу клешевого энцефалита, чем маскируется наличие вируса в исследуемом материале, как показали результаты венгерских работ (Fornosi).

Из других вирусологических методов доказательство наличия связывающего комплемент антигена в сыворотках больных и реакция торможения гемагглютинации еще не настолько разработаны, чтобы они могли быть переданы практике.

В дискуссии были определены главные задачи, требующие первоочередной разработки: улучшение приготовления инактивированных высококачественных антигенов для связывания комплемента; производство иммунных диагностических сывороток в достаточном количестве и с такими качествами, чтобы ими можно было пользоваться для реакции связывания комплемента; разработка методов тестов served нейтрализации на куриных эмбрионах, а, главным образом, на тканевых культурах; внедрение гемагглютинационной пробы и реакции торможения гемагглютинации. Выполнение всех этих задач даст солидные основания для диагностики и эпидемиологического изучения клещевого энцефалита.

VI. Возможости специфической терапии и профилактики клещевого энцефалита

В Советском Союзе уже 16 лет применяется формоловая вакцина против клещевого энцефалита, приготовляемая из мышиных мозгов. Она поступает в продажу в лиофилизированном состоянии, и ее применение понижает число заболеваний человека в 10—12 раз в сравнении с невакцинированными лицами. Отличные результаты были получены и с вакциной против омской геморрагической лихорадки, приготовляемой аналогичным способом (ЗЕЙТЛЕНОК). Ввиду того, что вакцина из мышиных мозгов содержит большие количества балластных веществ, изыскиваются новые пути получения очищенных препаратов. Вирус клещевого энцефалита хорошо размножается в куриных зародышах. Этот материал обрабатывают формалином. Судя по реакции нейтрализации с сыворотками вакцинированных морских свинок, подобный препарат сохраняет и в удовлетворительной степени свою иммуногенность. Даже после 70 пассажей вируса в куриных зародышах не наблюдалось принципиальных измерений в его патогенности для мышей (SLONIM). Для приготовления вакцины против клещевого энцефалита удобным материалом является вирус из культуры куриных эмбриональных фибробластов (DANEŠ), тем более, что после 45 пассажей вируса в таких культурах резко понижалась его патогенность для мышей (MOLNÁR). Путем сравнения антигенной структуры нескольких штаммов из группы вирусов клещевого энцефалита было установлено такое взаимное соответствие между ними, что оказывается совершенно достаточным применять моновалентную вакцину (MÁLKOVÁ, RÁTHOVÁ).

С целью профилактики применяют далее козью или лошадиную гипериммунную сыворотку (ЗЕЙТЛЕНОК). Иммунный гамма-глобулин также оказывает хорошее действие в эксперименте и на практике (ŠIMKOVÁ).

В качестве главных задач для дальнейших работ были определены: разработка методов приготовления вакцин из тканевых культур и исследование возможности применения живой авирулентной вакцины.

Для решения проблем специфической профилактики клещевого энцефалита требуется тесное сотрудничество тех стран, где встречаются очаги клещевого энцефалита.

VII. Сопоставление клинического опыта и терапевтических методов

Несмотря на единство антигенной структуры возбудителей заболевания, невозможно — ввиду различий клинической картины — отнести все вирусные инфекции из группы клещевого энцефалита к одной нозологической единице. С точки зрения терминологии предлагают название ,,клещевой энцефалит человека с различными клиническими формами''.

Разнообразие этих клинических фори было подтверждено во вступительных докладах этой секции, в которых был разработан богатый клинический материал из Чехословакии (Hanzal, Henner), Австрии (Grinschgl), и тех облестей Советского Союза, где встречается доброкачественный двухволновой менингоэнцефалит (ДАВИДЕНКО). Кроме менингитической формы наблюдаются и тяжелые формы заболевания, проявляющиеся как энцефалит, спинальный паралич или миелитические и бульбарные поражения. Полирадикулоневритическая форма встречаестя редко. Хронический полирадикулоневрит может быть наблюден как остаточное явление после клещевого энцефалита, как можно судить по положительным серологическим данным у некоторых больных (Černáček, Balek).

В прениях и в некоторых докладах (Hrúzik) были отмечены трудности дифференциальной диагностики клещевого энцефалита.

AUTORENREGISTER

Albrecht, P. 96
Antolík, P. 122

Balek, F. 189
Bárdoš, V. 33, 131
Benda, R. 126
Blaškovič, D. 23, 39

Černáček, J. 189

Daneš, L. 36, 102, 125, 166
Dawidenkowa, E. F. 181
Dsagurow, S. G. 63

Fadejewa, L. I. 148
Fornosi, F. 37, 119, 138

Grešiková, M. 106, 107, 121
Grinschgl, G. 37, 101, 177

Hanzal, F. 30, 170, 173, 185
Havlík, O. 64
Henner, K. 173
Hrúzik, J. 191

Iljenko, W. I. 57, 112
Iwanenko, A. I. 93

Jandásek, L. 144

Kawecki, Z. 93
Kirkowska, J. 188
Kmet, J. 59
Köhler, F. 60
Kolman, J. M. 64
Kozlowski, Z. 78

Lachmajer, Z. 78
Libíková, H. 31, 69, 83, 100, 109, 187

Magnus, H. von 61
Málek, I. 193
Málková, D. 103, 108, 162
Molnár, E. 95, 165

Oker-Blom, N. 62, 98, 147, 188

Pešek, J. 145
Pospíšil, L. 124
Przesmycki, F. 29, 53

Raška, K. 43
Ráthová, V. 142, 162
Řehažek, J. 80
Rosický, B. 36, 73

Sejtlonok, N. A. 31, 169, 188
Šimková, A. 167
Slonim, D. 153
Strauss, J. 144

Taytsch, Z. 93

Vesenjak, J. 87

Wroblewska, Z. 92

Bei Fragen zur Produktsicherheit wenden Sie sich bitte an:
If you have any questions regarding product safety,
please contact:

Walter de Gruyter GmbH
Genthiner Straße 13
10785 Berlin
productsafety@degruyterbrill.com